D.J.W. Sjobbema

# Geschichte der Elektronik

## Vom Volta-Element zum digitalen Fernsehen

Aus dem Niederländischen übersetzt von Gerd Diethert.

Dieses Buch ist eine Übersetzung der Originalausgabe „Geschiedenis van de elektronica“ von D. J. W. Sjobbema.



Umschlaggestaltung: Tom Gulikers, Segment, Beek (NL)
Satz und Aufmachung: TYPOMEDIA, Thomas Geissler, Aachen
Belichtung: IMAGE, Bad Salzuflen
Druck: WILCO, Amersfoort, Niederlande

Printed in the Netherlands
ISBN 3-89576-066-8
Elektor-Verlag, Aachen
989020

# Vorwort

An der Schwelle zum nächsten Jahrtausend stehend, nehmen wir die meisten Errungenschaften aus den Bereichen der Elektrotechnik und Elektronik wie selbstverständlich hin, ohne einen Gedanken an ihre Entstehung oder an ihre Vorgeschichte zu verschwenden. Wenn es um die Anschaffung eines Computers, eines Faxgerätes oder eines Mobiltelefons geht, stehen Überlegungen im Vordergrund, die um die Auswahl aus dem Marktangebot und die Suche nach dem günstigsten Anbieter kreisen. Doch obwohl es so scheint, als sei alles schon immer verfügbar gewesen, war vieles vor verhältnismäßig kurzer Zeit noch nicht einmal vorstellbar.

Die historische Entwicklung der Elektrotechnik und Elektronik ist ein spannendes, faszinierendes Kapitel der Menschheitsgeschichte, das kaum ein Beispiel hat. Ideen, Erfindungen und Forschungsergebnisse, aus denen alltägliche Gebrauchsgegenstände hervorgingen, gab es zu allen Zeiten. Doch die Fortschritte der Elektrotechnik und Elektronik im 19. und 20. Jahrhundert haben, so kann man sicher sagen, das Leben der Menschen revolutioniert. Das 19. Jahrhundert war überwiegend von solchen Neuerungen geprägt, die auf die Erzeugung und Nutzung elektrischer Energie zielten; dazu kamen die Telegrafie und die Anfänge des Telefons. Vom Beginn des 20. Jahrhunderts an verschiebt sich der Schwerpunkt hin zur Elektronik: Die Rundfunk-, Fernseh- und Tontechnik, die Telekommunikation mit ihren vielfältigen Möglichkeiten, die Medizintechnik und nicht zuletzt die Computer sind Entwicklungen aus dem Jahrhundert, in dem wir leben.

Zwischen dem Volta-Element und unserer heutigen „Informationsgesellschaft" liegen noch nicht einmal zwei Jahrhunderte, und doch ist während dieser Zeit fast unendlich viel geschehen. Über alles angemessen und ausführlich zu berichten, würde den Umfang dieses Buches mit Sicherheit sprengen. Deshalb müssen wir uns in den folgenden Kapiteln auf das Wesentliche konzentrieren und aus dem, was nicht ganz so wichtig ist, eine Auswahl treffen. Jedes der sechs Kapitel beschreibt einen abgegrenzten Zeitabschnitt, an dessen Beginn eine wichtige Erfindung oder Entdeckung steht. Die Tragweite dieses Ereignisses ist jedesmal so groß, daß sie die nachfolgende Entwicklung maßgeblich beeinflußt. Die Batterie, die Dynamomaschine, die Elektronenröhre und der Transistor sind solche Meilensteine der Elektrotechnik-Geschichte.

Eine streng chronologische Beschreibung der Ereignisse hat den Nachteil, daß die geschichtlichen Zusammenhänge in den Hintergrund treten und die Sicht für das

Wesentliche erschwert wird. Deshalb wurde hier eine „fast-chronologische“ Form gewählt: Die wichtigsten Ereignisse werden so weit wie möglich geschlossen dargestellt, so daß ihr historischer Kontext sichtbar bleibt.

Ein trockenes, wissenschaftliches Werk für den professionellen Fachhistoriker zu erstellen, war sicher nicht das Ziel beim Schreiben dieses Buches. Trotzdem wurden, wie bei jedem Geschichtsbuch notwendig, alle verfügbaren Quellen sorgfältig ausgewertet und berücksichtigt. Auf einen Fußnotenapparat mit zugehörigem Quellenverzeichnis wurde jedoch zugunsten eines ausführlichen Personen- und Sachwortregisters verzichtet.

Ich wünsche mir, daß das Buch das Verständnis des Lesers für den geschichtlichen Rahmen der Zeit, in der er heute lebt, wecken und vertiefen kann.

*D. J. W. Sjobbema*

# Inhaltsverzeichnis

# Nobelpreisträger

Von den in den Kapiteln 1 bis 6 erwähnten Forschern und Wissenschaftlern leisteten die folgenden so herausragende Beiträge zur Entwicklung der Elektrotechnik und Elektronik, daß sie hierfür durch die Verleihung des Nobelpreises ausgezeichnet wurden.

## W. C. Röntgen (Deutschland) *1901*

Universität München

Als Anerkennung für herausragende Leistungen im Zusammenhang mit der Entdeckung der nach ihm benannten Röntgenstrahlen.

## H. A. Lorentz und P. Zeeman (Niederlande) *1902*

Universität Leiden

Als Anerkennung für herausragende Leistungen bei der Erforschung des Einflusses des Magnetismus auf Strahlungserscheinungen.

## A. H. Becquerel, P. Curie und Marie Curie (Frankreich) *1903*

Ecôle Polytechnique, Paris

Becquerel: Als Anerkennung für herausragende Leistungen im Zusammenhang mit der Entdeckung der spontanen Radioaktivität.
P. und M. Curie: Als Anerkennung für herausragende Leistungen bei der gemeinsamen Erforschung der von Becquerel entdeckten Strahlung.

1904 **J. W. Strutt, Lord Rayleigh (Großbritannien)**
Royal Institution of Great Britain, London

Für seine Untersuchungen zur Physik der wichtigsten Gase und die Entdeckung des Gases Argon.

1905 **J. J. Thomson (Großbritannien)**
Universität Cambridge

Als Anerkennung für die hohe Bedeutung seiner theoretischen und experimentellen Arbeiten zur elektrischen Leitung in Gasen.

1909 **M. G. Marconi (Italien) und K. F. Braun (Deutschland)**
Marconi: Marconi Wireless Telegraph Co. Ltd., London;
Braun: Universität Straßburg (damals Deutschland)

Als Anerkennung für ihre Beiträge zur Entwicklung der drahtlosen Telegrafie.

1913 **H. Kamerlingh Onnes (Niederlande)**
Universität Leiden

Für seine Forschungen zu den Eigenschaften der Materie bei tiefen Temperaturen, die unter anderem zur Gewinnung von flüssigem Helium führten.

1918 **M. K. E. L. Planck (Deutschland)**
Universität Berlin

Als Anerkennung für seine richtungweisenden wissenschaftlichen Beiträge, die zur Umgestaltung des physikalischen Weltbildes durch die Formulierung der Quantentheorie führten.

**Ch. E. Guillaume (Schweiz)** *1920*
Bureau International des Poids et Mesures, Sèvres

Als Anerkennung für seine Beiträge zum Problem des hochpräzisen Messens und die Entdeckung von Unregelmäßigkeiten bei Nickel-Stahl-Legierungen.

**A. Einstein (Deutschland)** *1921*
Kaiser-Wilhelm-Institut für Physik, Berlin (heute: Max-Planck-Gesellschaft)

Für seine Arbeiten und Beiträge zu den theoretischen Naturwissenschaften, insbesondere für die Entdeckung des foto-elektrischen Effektes und dessen Gesetzmäßigkeiten.

**O. W. Richardson (Großbritannien)** *1928*
Universität London

Für seine Forschungsarbeiten zur Elektronentheorie der Metalle und die Formulierung des nach ihm benannten Gesetzes.

**I. Langmuir (USA)** *1932*
General Electric Co., Schenectady, New York

Für seine Arbeiten zur Leitfähigkeit von Gasen und zur Oberflächenstruktur von Metallen.

**E. O. Lawrence (USA)** *1939*
University of California, Berkeley, Kalifornien

Für die Erfindung und Entwicklung des Zyklotron und den damit erzielten Forschungsergebnissen, insbesondere im Zusammenhang mit künstlichen radioaktiven Elementen.

*1947* **E. V. Appleton (Großbritannien)**

Department of Scientific and Industrial Research, London

Für seine Untersuchungen zu den Eigenschaften der oberen atmosphärischen Schichten und die Entdeckung der sogenannten Appleton-Schicht.

*1952* **E. Purcell und F. Bloch (USA)**

Purcell: Harvard University, Cambridge, Massachusetts;
Bloch: Stanford University, Stanford, Kalifornien

Für die Entwicklung neuer Methoden zur Messung von Kernspin-Erscheinungen und für verschiedene, damit verbundene Entdeckungen.

*1956* **W. B. Shockley, J. Bardeen und W. Brattain (USA)**

Shockley: Halbleiter-Forschungslabor von Beckman Instruments, Mountain View, Kalifornien;
Bardeen und Brattain: Bell Telephone Laboratories, Murray Hill, New Jersey

Für ihre bahnbrechenden Forschungsarbeiten auf dem Gebiet der Halbleiter und die Entwicklung des Transistors.

*1964* **C. H. Townes (USA)**

Massachusetts Institute of Technology, Cambridge, Massachusetts

Für seine fundamentalen Untersuchungen im Bereich der Quanten-Elektronik, die zur Realisierung von Oszillatoren und Verstärkern, basierend auf dem Maser-Laser-Prinzip, führten.

*1970* **L. E. F. Néel (Frankreich)**

Universität Grenoble

Für wissenschaftliche Grundlagenforschung zum Ferromagnetismus und Antiferromagnetismus als Basis für wichtige Anwendungen in der Festkörperphysik.

**J. Bardeen, L. Cooper und R. Schrieffer (USA)** *1972*

Bardeen: University of Illinois, Urbana, Illinois;
Cooper: Brown University, Providence, Rhode Island;
Schrieffer: University of Pennsylvania, Philadelphia, Pennsylvania

Für ihre gemeinsam entwickelte Theorie der Supraleitung, bekannt unter den Anfangsbuchstaben ihrer Namen als „BCS-Theorie".

**L. Esaki (Japan) und I. Giaver (USA)** *1973*

Esaki: IBM Thomas J. Watson Research Center, Yorktown Heights, New York;
Giaver: General Electric Company, Schenectady, New York

Für ihre experimentelle Erforschung von Tunneleffekten in Halbleitern bzw. Supraleitern.

**B. D. Josephson (Großbritannien)** *1973*

Universität Cambridge

Für seine theoretischen Arbeiten zur Supraleitung, insbesondere zum Suprastrom durch Tunnelbarrieren, und dem nach ihm benannten „Josephson-Effekt".

**A. M. Cormack und Sir Godfrey N. Hounsfield (USA/Großbritannien)** *1979*

Cormack: Tufts University, Medford, Massachusetts;
Hounsfield: Central Research Laboratories, EMI, London

Für die Entwicklung der Computertomografie.

**Bloembergen und A. L. Schawlow (USA)**

Bloembergen: Stanford University, Stanford, Kalifornien;
Schawlow: Harvard University, Cambridge, Massachusetts

Für ihre Beiträge zur Entwicklung der Laser-Spektroskopie.

*1985* **K. von Klitzing (Deutschland)**
Max-Planck-Institut für Festkörperphysik, Stuttgart

Für die Entdeckung des Quanten-Hall-Effektes.

*1986* **E. Ruska (Deutschland), G. Binnig (Deutschland) und H. Rohrer (Schweiz)**
Ruska: Fritz-Haber-Institut der Max-Planck-Gesellschaft, Berlin;
Binnig und Rohrer: IBM Research Laboratory, Zürich

Ruska: Für seine Grundlagenforschung zur Elektronenoptik und die Konstruktion des ersten Elektronenmikroskops.
Binnig und Rohrer: Für die Entwicklung des Scanning-Tunneling-Mikroskops.

*1987* **J. G. Bednorz (Deutschland) und K. A. Müller (Schweiz)**
IBM Research Laboratory, Rüschlikon

Für die Entdeckung und Erforschung der Supraleitung in keramischen Materialien.

# Einleitung und Übersicht

Vor rund zwei Jahrhunderten versetzte Alessandro Volta seine Zeitgenossen mit der Erfindung der elektrischen Batterie in Erstaunen. Er konnte nicht ahnen, daß damit die Geburtsstunde der Elektrotechnik und der Elektronik geschlagen hatte.

Als Geburtsjahr der Elektronik gilt das Jahr 1907, in dem Lee de Forest, aufbauend auf der 1904 von Fleming ersonnenen Vakuumdiode, die Vakuumtriode erfand. Die Triode mit ihren Verstärkereigenschaften wurde zum Urvater einer ständig wachsenden Familie von Röhren, deren Eigenschaften ständig verbessert und erweitert wurden. Über Jahrzehnte hinweg waren die Elektronenröhren die „Arbeitspferde" der Elektronik, sie wurden in allen Anwendungsbereichen der noch jungen Disziplin eingesetzt. Auch heute noch, nach mehr als 90 Jahren, ist die Elektronenröhre im Großeinsatz: Als Bildröhre des TV-Empfängers trifft man sie in fast jedem Haushalt an.

Fast alle grundlegenden Schaltungstechniken und zahlreiche, immer noch aktuelle Anwendungen stammen aus der Ära der Elektronenröhren. Telefon, Rundfunk und Fernsehen, Mobilfunk, Radargerät und Tonaufzeichnung, ja sogar die heutigen Computer haben ihre Wurzeln in einer Zeit, in der die Röhre das wichtigste Standardbauelement schlechthin war. Erst kurz vor dem Jahreswechsel 1947 wurde in den Laboratorien des amerikanischen Bell-Konzerns eine Erfindung gefeiert, die daran etwas ändern sollte. Der Transistor hatte das Licht der Welt erblickt, eine revolutionäre Entdeckung, auch wenn seine Väter, die Herren Brattain, Bardeen und Shockley, in jenen denkwürdigen Tagen noch nicht die Folgen absehen konnten. Nach Überwindung einiger Anlaufschwierigkeiten wurde der Transistor innerhalb eines Jahrzehntes zu einem zuverlässigen und preiswerten aktiven Bauelement. Durch ständige Weiterentwicklung konnten die Transistoren in Bereiche vordringen, die noch kurz zuvor den Röhren vorbehalten waren. Die Halbleitertechnologie war bald so weit fortgeschritten, daß die Erfindung der integrierten Schaltung schon fast in der Luft lag. Voneinander unabhängig meldeten die Amerikaner Kilby und Noyce im Jahr 1959 Patente auf die Integration von Halbleiterstrukturen an, – um sich danach um die Erfinderrechte zu streiten. Jedenfalls war dies die Sternstunde der Mikroelektronik, eines neuen Zweiges der Elektronik, der schon bald einen rasanten Auftrieb erleben sollte.

So neu und modern viele elektronische Geräte heute auch scheinen mögen, die grundlegenden Prinzipien und Verfahren reichen häufig bis in die Blütezeit der Elektronenröhren oder sogar noch weiter zurück. Als Beispiele seien die Telekommunikation, die Bild- und Tonaufzeichnung und das Fernsehen genannt. Die Wiege der heutigen Informationstechnologien stand jedoch dort, wo Alessandro Volta zu Beginn des vorigen Jahrhunderts die Batterie erfand. Auch aus diesem Grund beginnt das erste Kapitel mit seiner Erfindung aus dem Jahr 1800.

Die Geschichte der Elektrotechnik und Elektronik wurde in diesem Buch auf insgesamt sechs Kapitel verteilt. Jedes Kapitel setzt dort ein, wo eine neue, bahnbrechende Erfindung oder Erkenntnis den nächsten Entwicklungsschub auslöste.

*1800 bis 1866*

## Kapitel 1

Zwanzig Jahre nach Voltas Erfindung der Batterie folgen die Entdeckung des Magnetismus und der Induktion. Zahlreiche Wissenschaftler in aller Welt sind damit beschäftigt, elektrische und elektromagnetische Erscheinungen experimentell zu erforschen. Es wird vieles erfunden, was zum Teil erst nach Jahrzehnten größere technische Bedeutung erlangt. Dazu gehören die Gleichstrommotoren, die Telegrafie, das elektrische Licht und der Bleiakkumulator. Zu dieser Zeit glaubt der Durchschnittsbürger noch tatsächlich an ein Wunder, wenn er eine dampfende, sich von allein bewegende Dampfmaschine betrachtet.

*1866 bis 1907*

## Kapitel 2

Es folgen vier ungewöhnlich fruchtbare Jahrzehnte, in denen sowohl der Wissenschaft als auch der Ingenieurkunst gewaltige Sprünge nach vorn gelingen. Der Antrieb dieser Entwicklung ist die Dynamomaschine, mit der zum ersten Mal in der Menschheitsgeschichte größere Mengen elektrische Energie verfügbar sind. Wichtige und bedeutende Erfindungen aus dieser Zeit: Telefon, Fernsehen, Grammophon, drahtlose Telegrafie, Kathodenstrahlröhre, magnetische Tonaufzeichnung, Vakuum-Diode.

*1907 bis 1948*

## Kapitel 3

Mit der Erfindung der Vakuum-Triode beginnt das Zeitalter der Elektronik; dieser Begriff wurde übrigens erst viel später geprägt. Um das Jahr 1930 sind bereits die meisten Verstärker- und Oszillatorschaltungen bekannt, der drahtlose Rundfunk wird immer populärer. Dem Fernsehen gelingen die ersten Schritte, unter anderem durch die Erfindung des Ikonoskops. Die Entwicklung der Mikrowellentechnik fällt in die Zeit vor und während des Zweiten Weltkrieges; die Radartechnik wird von den Militärs vorangetrieben. Noch ausschließlich mit Röhren arbeiten die ersten elektronischen Digitalrechner.

## Kapitel 4

*1948 bis 1960*

Seit Anfang des Jahres 1948 steht die Entwicklung im Zeichen der Entdeckung des Tansistoreffektes und der schnellen Fortschritte auf dem Gebiet der Festkörperphysik. Die industrielle Fertigung von Halbleiterbauelementen beginnt; die Elektronenröhre wird in ihrer Eigenschaft als Verstärkerelement allmählich vom Transistor abgelöst. Ferrite ersetzen die bis dahin verwendeten metallischen Werkstoffe bei den Magneten, während vor den Augen des Publikums das öffentliche Fernsehen seinen Betrieb aufnimmt.

## Kapitel 5

*1960 bis 1971*

Die gerade erfundene integrierte Schaltung tritt einen unaufhaltsamen Siegeszug an. Für die weitere Entwicklung der Elektronik ist dies ein wichtiger und entscheidender Impuls. Schon in der zweiten Hälfte der sechziger Jahre sind die ersten digitalen Speicher-Chips verfügbar. Im Jahr 1962 wird der erste TV-Satellit erfolgreich in das Orbit geschossen. Andere bedeutende Entwicklungen dieser Zeit sind der erste brauchbare Laser, die Nachrichtenübertragung über Glasfasern, die akustischen Oberflächenwellenfilter und die schnell voranschreitende Digitalisierung in vielen Bereichen, die bis dahin der analogen Technik vorbehalten waren.

## Kapitel 6

*1971 bis 1998*

Die meisten Entwicklungen zwischen 1971 und heute sind direkt oder indirekt mit der Erfindung des Mikroprozessors verbunden. Der Personal Computer (PC) zieht in die Bürowelt ein. Digitale Verfahren führen zu einer Reihe neuer Produkte: die Compact Disc (CD) und die digitale Compact Cassette kommen auf den Markt. Der medizinischen Diagnostik werden neue Verfahren an die Hand gegeben (Röntgentomografie, Echografie), und das Mobiltelefon wird in Form des „Handy" zum Gebrauchsgegenstand für jedermann. Am Horizont erscheint das digitale Fernsehen. Die Entwicklungen in den Bereichen Telekommunikation, Computer-Hard- und Software, Rechnervernetzung und Informationstechnik wachsen in dem fast weltumspannenden Internet zusammen.

1

# Von der Batterie zur Dynamomaschine

1800 bis 1866

**Die Beobachtung elektrischer Erscheinungen in der Natur ist wohl so alt wie die Menschheit. Die technische Nutzung der Elektrizität gelang jedoch erst in neuerer Zeit. Daß der Beginn der Entwicklung genau auf den Anfang eines Jahrhunderts fällt, ist Zufall. In den rund 200 Jahren, die seitdem vergangen sind, haben Elektrotechnik und Elektronik die Welt wie nie zuvor verändert.**

Schon während der zweiten Hälfte des 18. Jahrhunderts zog die Elektrizität die Aufmerksamkeit der damaligen Wissenschaft immer stärker auf sich. Es galt bereits als sicher, daß die Blitze, die bei einem Gewitter am Himmel erschienen, von elektrischer Natur sein mußten. Für die genauere Erforschung der Elektrizität fehlten jedoch die Hilfsmittel, mit denen man einen elektrischen Strom längere Zeit aufrechterhalten konnte. Bei allen Experimenten war die Wissenschaft auf die sogenannte Elektrisiermaschine angewiesen, einen nach dem Prinzip der Aufladung durch Reibung arbeitenden elektrostatischen Generator. Die erzeugte Spannung erreichte bei genügend schnellem Antrieb so hohe Werte, daß man in der Lage war, im „Laboratorium“ meterlange Blitze künstlich zu erzeugen. Die damaligen Gelehrten hofften, das Wesen der Elektrizität durch genaues Stu-

*Elektrostatische Maschine von Ramsden (1768).*

*Alessandro Volta (1745 bis 1827).*

dium der künstlichen Blitze und ihrer Begleiterscheinungen ergründen zu können. Zu brauchbaren Ergebnissen und Erkenntnissen kam man aber nicht, unter anderem auch deshalb, weil die Elektrisiermaschine zwar hohe Spannungen, aber nur äußerst geringe Ströme liefern konnte. In dieser Situation kam, wie so oft, ein Zufall zu Hilfe. Die „Leidener Flasche" wurde erfunden, ein Vorläufer des modernen (Elektrolyt-)Kondensators, der die von der Elektrisiermaschine erzeugte elektrische Energie sammeln und relativ lange speichern konnte.

Im Jahr 1784 wurde in Haarlem die damals größte und leistungsfähigste Elektrisiermaschine der Welt in Betrieb genommen. Ihr englischer Erbauer übergab sie kurz vor den Weihnachtstagen seinem niederländischen Auftraggeber, dem Gelehrten Martinus van Marum (1750 bis 1837). Mit Hilfe der imposanten Maschine, an die rund 100 Leidener Flaschen angeschlossen waren, wollte van Marum der Wissenschaft den entscheidenden Impuls geben. Das gesellschaftlich und politisch so aufgeschlossene ausgehende 18. Jahrhundert nahm davon jedoch wenig Notiz. Erst zur Jahrhundertwende leitete eine neue Erfindung den Durchbruch ein: Es war die elektrochemische Batterie des Italieners Alessandro Volta. Zwar erzeugte Voltas Batterie wesentlich niedrigere Spannungen als die Elektrisiermaschine, doch sie war leicht reproduzierbar und dadurch überall verfügbar. Die Batterie gewann sehr schnell an praktischer Bedeutung, insbesondere auch in der Wissenschaft. Für den Fortschritt der Elektrotechnik während des ersten Jahrzehnts des 19. Jahrhunderts war sie die unverzichtbare Grundlage. Voltas Batterie, auch „Volta'sche Säule" genannt, konnte vergleichsweise sehr hohe Ströme bei fast konstanter Spannung abgeben. Das hatte zur Folge, daß sich immer mehr Gelehrte dem Studium elektrischer Phänomene zuwandten. Während dieser Zeit wurden unter anderem der Elektromagnetismus und der Zusammenhang zwischen Spannung, Strom und elektrischem Widerstand entdeckt. Auch erkannte man bereits, daß sich elektrische Energie in mechanische Energie umwandeln läßt. Das Relais wurde erfunden, und der Telegraf wurde zum wichtigsten Instrument der Nachrichtenübertragung. Alle Entdeckungen und Erfindungen aus dieser Zeit arbeiteten mit Gleichstrom, erzeugt von Volta'schen Batterien.

## Volta-Element, Batterie *1800*

Nach dem italienischen Anatom Luigi Galvani (1737 bis 1798) war sein Landsmann Alessandro Volta (1745 bis 1827) einer der ersten Italiener, die sich dem Studium elektrischer Erscheinungen widmeten. Der Naturwissenschaftler Volta, dem zu Ehren die Spannung später in „Volt" gemessen wurde, hatte die elektrochemische Zelle erfunden. Diese auch „galvanisches Element" genannte Zelle bestand aus einem gläsernen Becher, gefüllt mit verdünnter Schwefelsäure, in der sich im Abstand von wenigen Zentimetern eine Kupfer- und eine Zinkelektrode befanden. Die Potentialdifferenz zwischen den beiden Elektroden betrug ca. 1 Volt. Im Jahr 1800 kam Volta auf die Idee, mehrere solcher Zellen miteinander zu verbinden. Beim Hintereinanderschalten, so stellte er fest, erhielt er eine höhere Spannung, während bei der Parallelschaltung der maximal entnehmbare Strom größer wurde. Eine solche Serien- oder Parallelschaltung aus einzelnen Elementen nannte er Batterie.

## Erstes elektrisches Licht, Bogenlampe *1802*

Die Erfindung der Batterie eröffnete den Gelehrten bereits ein weites Betätigungsfeld. Man stellte zum Beispiel fest, daß sich dünne Stäbe aus Metall oder Kohlenstoff erwärmten, wenn ein elektrischer Strom ausreichender Stärke durch sie hindurchfloß. Diese Beobachtung machte auch der englische Naturwissenschaftler Sir Humphrey Davy (1778 bis 1829). Schon zwei Jahre nach Voltas Erfindung der Batterie führte Davy das erste elektrische Licht vor. Er leitete einen so starken elektrischen Strom durch einen Platindraht, daß der Draht zu leuchten begann. Die Freude war jedoch immer nur von kurzer Dauer, weil der Draht durchbrannte und das Licht erlosch. Um das Jahr 1809 stellte Davy mit Hilfe einer Batterie, die aus zahlreichen Volta-Elementen zusammengeschaltet war, viele unterschiedliche Experimente an. Das Ergebnis war die Erfindung der Bogenlampe, der ersten brauchbaren elektrischen Lichtquelle. Im Jahr 1813 trat Davy mit seiner Bogenlampe vor die „Royal Institution" in London, um seine Erfindung zu demonstrieren. Das Experiment beschrieb Davy so: „Werden zwei Holzkohlestifte von ungefähr 25 mm Länge und 4 mm Durchmesser über metallische Drähte mit einer starken Batterie verbunden und die Stiftenden im

Abstand von ca. 1 mm gehalten, so entsteht zwischen den Stiften ein heller Lichtbogen. Die Stifte werden dabei etwa zur Hälfte weißglühend." Bei dieser denkwürdigen Demonstration benutzte Davy 2000 Volta-Elemente als Stromquelle; sie waren für das Auditorium unsichtbar im Gewölbe unter dem Vorführsaal aufgestellt. Die Anwesenden konnten die leuchtende Bogenlampe allerdings nicht sehr lange bestaunen, denn die Kohlestifte brannten schnell ab, und der Lichtbogen erlosch. Immerhin war der Beweis gelungen, daß man mit elektrischem Strom Licht erzeugen konnte, eine Erkenntnis, auf der später wichtige Entwicklungen aufbauen sollten.

## *1820* Elektromagnetismus

Ungefähr sechs Jahre später, im Jahr 1819, entdeckte der dänische Physiker Hans Christian Oersted (1777 bis 1851) durch Zufall eine wichtige Eigenschaft des elektrischen Stromes. Oersted, Professor an der Kopenhagener Universität, experimentierte während einer Vorlesung mit einem metallischen Draht, durch den ein elektrischer Strom floß. Zufällig lag auf dem Experimentiertisch in der Nähe des Drahtes ein Kompaß. Oersted bemerkte, daß sich die Richtung der Kompaßnadel änderte, sobald er den Strom einschaltete. Beim Ausschalten des Stromes kehrte die Nadel in ihre ursprüngliche Lage zurück. Die Beobachtung nahm Oersted zum Anlaß, das Phänomen näher zu untersuchen. Er stellte fest, daß sich der Nadelausschlag verringerte, wenn er den Abstand zwischen dem stromführenden Draht und dem Kompaß vergrößerte. Ferner wurde auf den stromführenden Draht eine mechanische Kraft ausgeübt, wenn er einen Magneten in die Nähe des Drahtes brachte.

*Hans Christian Oersted (1777 bis 1851).*

Die Kraftwirkung zwischen zwei Magneten war schon lange bekannt, sie war von dem französischen Ingenieur Charles Augustin de Coulomb (1736 bis 1806) eingehend untersucht worden. Im Jahr 1786 hatte Coulomb das nach ihm benannte Coulomb'sche Gesetz formuliert. Es gibt den Zusammenhang zwischen der Kraft, die zwei Magnete aufeinander ausüben, dem Abstand zwischen ihren Polen und der Größe des Magnetismus am Ort der Pole an. Oersted schloß aus seinen eigenen Beobachtungen, daß die mechanische Kraftwirkung, die bei seinen Experimenten aufgetreten war, durch ein bis dahin unbekanntes magnetisches Feld hervorgerufen wurde. Das magnetische Feld konnte nur durch den elektrischen Strom verursacht worden sein, der durch den Draht geflossen war. Ein elektrischer Strom war also stets mit einem Magnetfeld gekoppelt. Diese Entdeckung hatte um so größere Bedeutung, weil die Elektrizität und der Magnetismus bis dahin als zwei voneinander völlig unabhängige Phänomene betrachtet worden waren. Am 21. Juli 1820 veröffentlichte Oersted einen Bericht über seine Experimente und die von ihm gezogenen Schlußfolgerungen.

*Charles Augustin de Coulomb (1736 bis 1806).*

Der französische Wissenschaftler Dominique François Arago (1786 bis 1853) berichtete am 11. September 1820 vor der Pariser Akademie der Wissenschaften über die Experimente von Oersted, denen er in Genf beigewohnt hatte. Unter Aragos Zuhörern befand sich André Marie Ampère (1775 bis 1836), damals Lehrer am Pariser Polytechnikum. Ebenso wie Arago (er war Naturwissenschaftler, Astronom und Staatsmann) galt auch Ampère als vielseitiger Gelehrter. Ampère machte sich sofort daran, den Elektromagnetismus weiter zu erforschen. Arago stellte inzwischen fest, daß ein eiserner Stab die Eigenschaften eines Magneten annimmt, wenn man ihn mit einem stromführenden Draht umwikkelt. Ferner entdeckte man die gleiche Erscheinung bei Stäben aus Weicheisen, doch hier verschwand der Magnetismus, sobald der Strom unterbrochen wurde. Die Erkenntnis, daß sich eine stromführende Drahtwindung wie ein Magnet verhält, gab Ampère den Anstoß zu weiteren Überlegungen. Er fragte sich, wie die magnetische Wirkung des Eisens zustande kommt. Die Antwort war, daß in einem magnetischen Stück Eisen viele schwache Kreisströme mit gleicher Umlaufrichtung fließen müßten. Jeder mikroskopisch kleine Kreisstrom erzeugt ein schwaches Magnetfeld im Innern, und nach außen tritt deren Summe als Magnetismus in Erscheinung.

Diese Hypothese aus dem Jahr 1822 sollte sich später als nicht ganz zutreffend erweisen. Nach den Erkenntnissen der modernen Physik ist nicht die Bewegung der Elektronen auf ihren geschlossenen Bahnen um den Atomkern für den Magnetismus verantwortlich, sondern die Drehung der Elektronen um ihre eigene Achse. Ein Elektron kann deshalb auch als „Elementarmagnet" betrachtet werden.

Ampère entdeckte ferner, daß sich zwei stromdurchflossene Drähte gegenseitig anziehen oder abstoßen, abhängig davon, ob die beiden Ströme in gleiche oder entgegengesetzte Richtung fließen. Die mechanische Kraft ist dabei proportional zu den Strömen, sie ist umgekehrt proportional zum Drahtabstand. Dieser auch „Ampère'sches Gesetz" genannte Zusammenhang führte später zur Definition der Einheit der Stromstärke. Auch die sogenannte „Korkenzieherregel" wird Ampère zugeschrieben: Dreht man einen Korkenzieher in der Weise, daß er sich in Richtung des Stromes durch den Korken bohrt, so ist seine Drehrichtung gleich der Richtung des vom Strom erzeugten magnetischen Feldes. Der erste praktisch brauchbare Elektromagnet wurde im Jahr 1825 von William Sturgeon

*André Marie Ampère (1775 bis 1836).*

*Der kontinuierlich drehende Magnet von Ampère.*

konstruiert; dieser Elektromagnet besaß einen Kern aus Weicheisen. Ampère veröffentlichte einige Zeit später die Beschreibung eines Instrumentes, mit dem man die Stromstärke magnetisch messen konnte. Bei diesem Instrument, von ihm „Tangenten-Kompaß“ genannt, richtete sich eine Kompaßnadel auf ein magnetisches Feld aus, das von einem horizontal angeordneten Permanentmagneten erzeugt wurde. Die Kompaßnadel lag außerdem im Mittelpunkt einer senkrecht stehenden Spule. Der durch die Spule fließende Strom hatte zur Folge, daß die Nadel ihre Ruhelage verließ. Der Tangens des Drehwinkels war ein Maß für das von der Spule erzeugte Magnetfeld, er war damit auch indirekt ein Maß für die Stromstärke.

***Tangenten-Kompaß (der horizontale Permanentmagnet ist nicht abgebildet).***

Nicht allein in Frankreich, sondern auch in Deutschland wurden die Entdekkungen von Oersted intensiv verfolgt. Insbesondere Karl Friedrich Gauß (1777 bis 1855), ein weit über die Grenzen hinaus bekannter Gelehrter, und der Physiker Wilhelm Weber (1804 bis 1891) gehörten zu den aufmerksamen Beobachtern. Beide Wissenschaftler waren eng mit der Universität Göttingen verbunden. Mit dem Tangenten-Kompaß von Ampère konnte man zwar im Labor elektrische Ströme messen, das Gerät war jedoch für den praktischen Gebrauch zu aufwendig und zu kompliziert. Deshalb wurde in den nachfolgenden Jahren versucht, ein Meßgerät zu bauen, das die Stromstärke unmittelbar anzeigt. Unter den verschiedenen Konstruktionen wurde das Gerät von Weston am bekanntesten, im Prinzip ein Drehspulinstrument; damals wurde es als „Galvanometer“ bezeichnet. Das Gerät arbeitete nach dem Prinzip der

***Versuchsaufbau zur Erzeugung von Induktionsströmen (Ampère und De la Rive, 1822).***

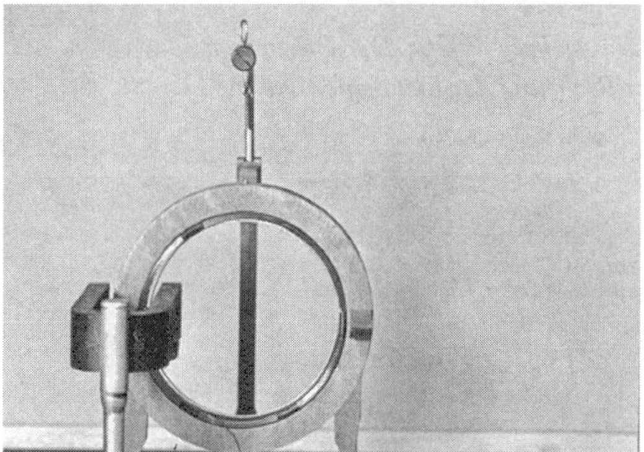

mechanischen Kraftwirkung auf eine stromdurchflossene Spule im Magnetfeld: Die beweglich aufgehängte Spule wurde durch eine Spiralfeder in ihrer Ruhelage gehalten. Sobald Strom durch die Spule floß, drehte sich die Spule aus ihrer Ruhelage und bewegte einen mechanisch mit ihr verbundenen Zeiger über eine Skala. Zu dieser Zeit existierten noch keine Definitionen für die Einheiten von Strom, Spannung und Widerstand, so daß die Untersuchungen zwangsläufig nur qualitativer Art sein konnten.

## *1822* Der Seebeck-Effekt

Noch ein weiteres, jedoch ganz andersartiges Phänomen wurde im Jahr 1822 entdeckt. Der deutsche Physiker Thomas Johann Seebeck (1770 bis 1831) experimentierte in Jena mit einer kreisförmigen, geschlossenen Drahtschleife, die jeweils zur Hälfte aus Eisen- und Kupferdraht bestand und deshalb zwei Schweißstellen besaß. Seebeck stellte fest, daß bei einer Temperaturdifferenz zwischen den Schweißstellen ein Strom in der Drahtschleife floß, dessen Stärke von der Höhe der Temperaturdifferenz abhing. Erst Jahre später erkannte man, daß dieser Effekt zum elektrischen Messen von Temperaturen genutzt werden konnte. Die Nahtstelle zwischen zwei verschiedenen Metallen, auch als „Thermopaar" bezeichnet, wurde an dem Ort angebracht, dessen Temperatur gemessen werden sollte. Die Höhe des gemessenen Stromes war ein Maß für die Temperatur; man konnte sie auf einem geeichten Meßgerät direkt ablesen. Im Lauf der Zeit wurden zahlreiche andere Metalle erprobt, mit dem Ziel, die Meß-

*Der Seebeck-Effekt. Der Pfeil zeigt in Richtung des Elektronenstroms.*

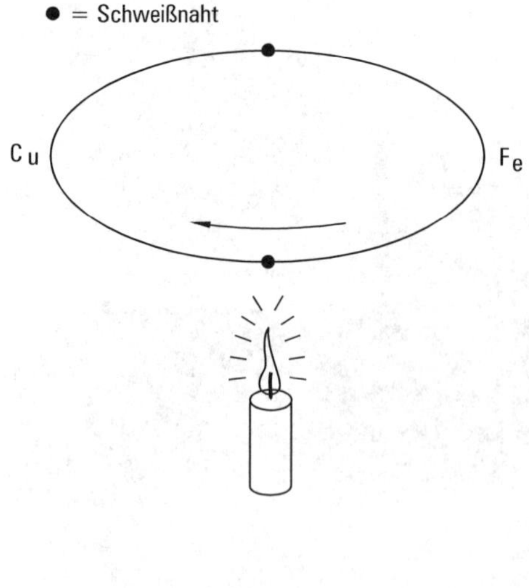


*Prinzipieller Aufbau einer Thermosäule.*

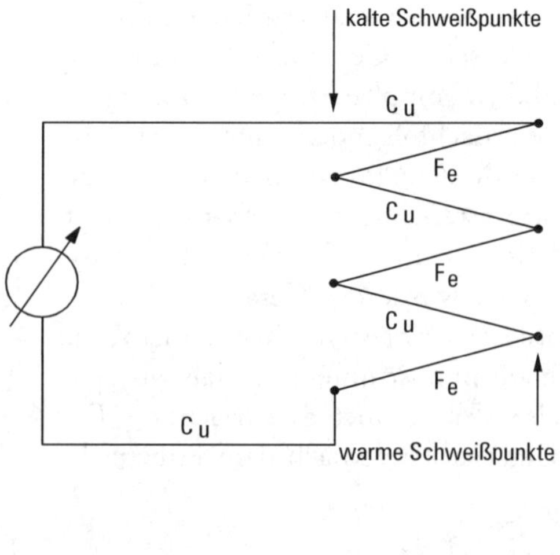

empfindlichkeit zu steigern und den Meßbereich zu erweitern. Auch wurden mehrere Thermopaare zu „Thermosäulen“ zusammengeschaltet, um auf diese Weise die Empfindlichkeit zu erhöhen. Seebeck ist vor allem durch seine Arbeiten auf dem Gebiet der Optik und der Fotografie bekannt geworden.

Der italienische Physiker Macedonio Melloni (1798 bis 1854) unternahm Forschungen auf den Gebieten der Thermodynamik und der Wärmestrahlung. Er verwendete 1833 eine Thermosäule zum Messen der Wärmestrahlung und schwärzte dazu die Schweißstellen mit Ruß. Damit konstruierte Melloni den Vorläufer des elektrischen Strahlungsthermometers.

## Das Ohm'sche Gesetz *1826*

Im Jahr 1823 fiel dem englischen Naturwissenschaftler Sir Humphrey Davy auf, daß der elektrische Widerstand eines Metalles eine für die Metallart charakteristische Temperaturabhängigkeit zeigt. Mit steigender Temperatur, so beobachtete er, nimmt auch der Widerstand zu. Der deutsche Physiker Georg Simon Ohm (1787 bis 1854) untersuchte zu der Zeit ebenfalls die Stromleitung durch Metalle. Ohm entdeckte einige Zeit später, daß der Strom, der in einem metallischen Leiter fließt, proportional zur angelegten Spannung und umgekehrt proportional zum Widerstand des Leiters ist. Seine fundamentale Entdeckung veröffentlichte er im Jahr 1826; sie ist in die Geschichte der Elektrotechnik als „Ohm'sches Gesetz“ eingegangen.

## Barlow'sches Rad, Dynamo-Prinzip *1831*

Daß in einem magnetischen Feld auf einen stromdurchflossenen Leiter eine Kraft wirkt, war inzwischen unbestritten. Nun lag der Gedanke nahe, daß es auch möglich sein mußte, elektrische Energie in mechanische Energie umzusetzen. Die zu konstruierende Maschine sollte möglichst eine rotierende Achse antreiben, damit man sie vielseitig verwenden konnte. Der erste Elektromotor war das „Barlow'sche Rad“ im Jahr 1831. Eine kupfernes Zahnrad tauchte mit seinen Zähnen in ein offenes Quecksilberbad ein, das Quecksilber befand sich zwischen den Polen eines starken Permanentmagneten. Sobald ein genügend starker Strom durch Rad und Quecksilber floß, begann sich das Rad zu drehen. Während jener Zeit war Quecksilber ein sehr häufig verwendeter Stoff, denn man kannte seine Gefährlichkeit für den menschlichen Organismus noch nicht. Viele Zeitgenossen, die damit umgingen, bekamen die Folgen zu spüren und trugen schwere Gesundheitsschäden davon.

Ebenfalls im Jahr 1831 gelang dem brillanten englischen Physiker und Chemiker Michael Faraday (1791 bis 1867), seit 1827 Professor der Chemie in London, eine weitere wichtige Entdeckung. Er hatte auf einen hölzernen Wickelkörper zwei voneinander isolierte Spulen aus Kupferdraht gewickelt. Eine Spule war über einen Schalter mit einer Batterie verbunden, an der anderen war ein Galvanometer angeschlossen. Beim Öffnen des Schalters zeigte das Galvanometer einen kurzzeitigen Ausschlag, beim Schließen geschah dasselbe, jedoch schwächer und in umgekehrter Richtung. Die Ursache ist bekanntlich die Magnetfeldänderung der ersten Spule, die beim Ein- und Ausschalten des Spulenstroms auftritt; sie erzeugt einen Stromstoß in der zweiten, benachbarten Spule. Damit hatte Faraday die elektromagnetische Induktion entdeckt, bis heute das Grundprinzip jedes Transformators. Eine technische Bedeutung hatte die Induktion im Jahr 1831 allerdings noch nicht, denn man kannte zu dieser Zeit nur den von Volta-Batterien gelieferten Gleichstrom.

Auf das Jahr 1831 geht eine weitere Entdeckung von Faraday zurück, die ebenfalls große Bedeutung haben sollte. Faraday versetzte eine Spule, die sich in der Nähe eines Permanentmagneten befand, in Drehbewegungen. In die Spule, so stellte er fest, wurde eine Wechselspannung induziert, da die Spule ihre relative Lage zum Magneten durch die Drehbewegung periodisch änderte. Dieses Prinzip erhielt den Namen „Dynamo-Prinzip" (griechisch „δυναμισ" = Kraft). Den ersten experimentellen Dynamo baute 1832 der Italiener Pixi. Im Gegensatz zu Faradays Aufbau ließ sich hier der Permanentmagnet drehen, während die beiden Spulen feststehend montiert waren. Mit diesem Dynamo konnte Pixi tatsächlich Strom erzeugen, wenn auch nur mit recht bescheidener Leistung. Noch heute arbeitet jeder Fahrraddynamo nach diesem Prinzip.

*Induktionsmaschine von Pixi.*

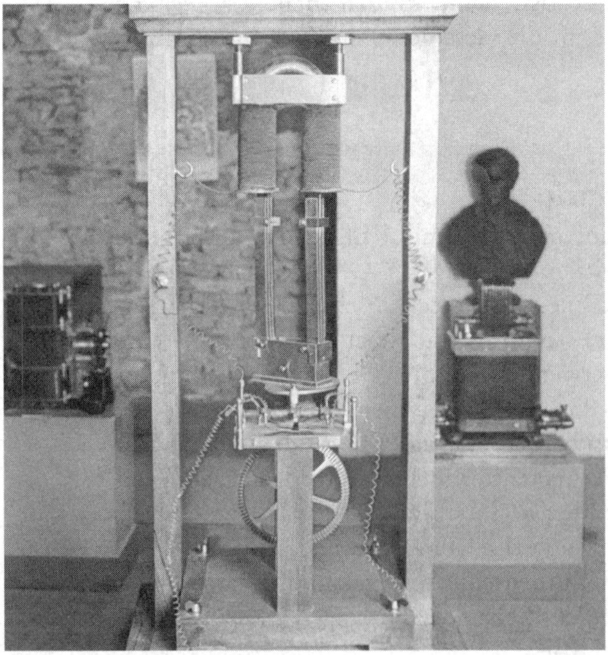

*Michael Faraday (1791 bis 1867).*

Faraday beschäftigte sich auch mit der Elektrolyse, also mit der Stromleitung durch Flüssigkeiten, und formulierte unter anderem das nach ihm benannte Gesetz, das besagt, daß die abgeschiedene Stoffmenge zur Stromstärke, zur zeitlichen Dauer des Prozesses und zum elektrochemischen Äquivalent des Stoffes proportional ist. Das elektrochemische Äquivalent war nach Faraday ein Zahlenwert, der angibt, wieviel Milligramm eines Stoffes bei einem Strom von 1 Ampère pro Sekunde abgeschieden werden.

Andere Untersuchungen, denen sich Faraday widmete, führten zum sogenannten „Faraday'schen Käfig“: Faraday zeigte, daß Blitze, die durch elektrische Entladung entstanden, in einen geschlossenen „Käfig“ aus Metalldrahtgitter nicht eindringen konnten. Auch die Vorstellung, daß sich der Magnetismus durch Felder beschreiben läßt, die ihrerseits aus Kraftlinien bestehen, wird Faraday zugeschrieben. Der amerikanische Physiker Joseph Henry (1797 bis 1878) erweiterte die Erkenntnisse Faradays über die Induktion, formulierte die Zusammenhänge mit den Mitteln der Mathematik und führte den sogenannten Selbstinduktionskoeffizienten ein.

## Gleichstrommotor

Ein anderer bekannter Wissenschaftler, der in den dreißiger Jahren des vorigen Jahrhunderts die Geheimnisse der Elektrotechnik zu ergründen versuchte, war der deutsch-russische Physiker Moritz Hermann von Jacobi (1801 bis 1874). Er entdeckte 1831, daß auch die Erde als Stromleiter dienen konnte. Im Jahr 1838 stellte er der Öffentlichkeit den ersten Gleichstrommotor vor, bei dem Stromwenderkontakte die Richtung des Rotorstroms umschalteten; die Stromrichtung war damit an die Winkelstellung der Achse gekoppelt. Ein Jahr später zog von Jacobi die Aufmerksamkeit der Wissenschaft durch seine Forschungsergebnisse auf dem Gebiet des Galvanisierens auf sich.

## 1833 Kommunikation

Die Übermittlung von Nachrichten gehört zweifellos zu den elementaren Bedürfnissen des Menschen. Als natürliche Übertragungsmedien dienen ihm Schall und Licht; ohne Schall wäre die gesprochene Sprache nicht hörbar, und gäbe es kein Licht, wäre kein geschriebener Text lesbar. Auch Gesten und Handzeichen würden buchstäblich im Dunkeln bleiben, wenn das sichtbare Licht nicht existieren würde. Die schnelle, zuverlässige und einfache Übermittlung von Nachrichten über weite Entfernungen war noch während der ersten Jahrzehnte des 19. Jahrhunderts ein unlösbar erscheinendes Problem. Nachrichten mußten in Schriftform von reitenden Boten transportiert werden, oder sie wurden, wenn sie weniger eilig waren, von Postkutschen befördert. Abhängig von Entfernung und Jahreszeit dauerte es Wochen oder Monate, bis eine Nachricht ihren Empfänger erreichte. Im Griechenland der Antike wurden sogar Feuer entzündet, um Signale über weite Strecken zu schicken. Diese Art von Nachrichten hatten meistens militärischen Charakter; das Feuer konnte zum Beispiel das Signal für das siegreiche Ende einer Schlacht sein. Sehr alt ist auch das Flaggenalphabet der Seefahrt, mit dem Schiffe Nachrichten mit anderen Schiffen oder mit dem Festland austauschten, vorausgesetzt natürlich, daß Sichtverbindung bestand.

Am 22. März 1792 hatte der Franzose Claude Chappe (1763 bis 1805) ein Modell des von ihm erfundenen optischen Telegrafensystems einer Gesandtschaft seiner Regierung vorgeführt. Chappe war davon überzeugt, daß sein System Nachrichten wesentlich schneller transportieren konnte als das bis dahin möglich gewesen war. Das System bestand aus hölzernen Masten, die in größerer Entfernung voneinander, jedoch noch in Sichtweite, auf erhöhten Geländepunkten in der Landschaft aufgestellt werden mußten. An den Mastspitzen befanden sich mehrere große, bewegliche Hebel, deren Winkelstellungen die

*Optischer Telegraf von Chappe auf St. Pierre de Monmartre in Paris.*

Bedeutung von Zeichen oder Codes bekamen. Die Mannschaft, die die Hebel über Seile bediente, beobachtete den in rückwärtiger Richtung liegenden Masten mit Fernrohren und stellte die Hebel des eigenen Mastes auf die gleiche Konstellation ein. Auf diese Weise wurden Zeichen, Zeichenkombinationen oder Codes von Mast zu Mast weitergegeben, bis die Nachricht beim Empfänger ankam.

***Optischer Telegraf von Lipkens auf dem Weißen Tor in Rotterdam (ca. 1831).***

Die französische Nationalversammlung bewilligte Chappe im Jahr 1793 eine Summe von 6000 Franc aus dem Kriegsetat. Schon drei Monate später wurde die erste Telegrafenstrecke zwischen Belleville und St. Martin de Tertre in Betrieb genommen. Der erste Probebetrieb verlief erfolgreich, und die zahlreich angereisten fachkundigen Beobachter legten der Nationalversammlung einen lobenden Bericht vor. Die Militärs, insbesondere auch Napoleon, betrachteten das optische Telegrafensystem als wichtiges neues Hilfsmittel für ihre Kriegsführung. Innerhalb kurzer Zeit baute man in Frankreich und auch außerhalb des Landes eine ganze Reihe optischer Telegrafenstrecken nach Chappes Vorbild, unter anderem die Strecken Paris–Lille (1794), Paris–Metz (1795), Paris–Brest (1798) und Paris–Mailand (1805). In Deutschland wurde 1835 die Verbindung Berlin–Koblenz eröffnet, und in Rußland übergab Zar Nikolaus der Erste im Jahr 1838 die Strecken Moskau–Warschau und Moskau–Petrograd ihren Bestimmungen. Eine abgewandelte Form der von Chappe erfundenen optischen Telegrafie wurde später im Eisenbahnwesen eingeführt: die ein- oder zweiarmigen mechanischen Eisenbahnsignale, die man auch heute manchmal noch sieht.

Leider hatte Chappes optische Telegrafie den schwerwiegenden Nachteil, daß bei Dunkelheit keine Nachrichten übertragen werden konnten. Hinzu kam, daß die Übertragungssicherheit stark von den Launen des Wetters, von aufsteigendem Rauch, und, so wird tatsächlich berichtet, von schnellwachsenden Bäumen beeinträchtigt werden konnte. Deshalb ist kaum verwunderlich, daß man schon frühzeitig nach besseren Verfahren der Nachrichtenübertragung Ausschau hielt.

Mit Hilfe der Elektrotechnik mußte es möglich sein, so glaubten die meisten Wissenschaftler und Ingenieure, weite Entfernungen mit hoher Zuverlässigkeit und unabhängig von äußeren Störeinflüssen zu überbrücken. An der Universität Göttingen entwickelten die Professoren Karl Friedrich Gauß und Wilhelm Weber den elektrischen Telegrafen. Zur Anzeige der empfangenen Signale diente ein Spiegelgalvanometer, ein empfindliches elektrisches Meßinstrument, das Karl Friedrich Gauß zusammen mit Johan C. Poggendorf (1796 bis 1877) erfunden hatte. Die Telegrafenverbindung war etwa einen Kilometer lang und verband die Göttinger Sternwarte mit dem physikalischen Institut der Universität. Gauß und Weber nahmen die Versuchsstrecke am 7. April 1833 in Betrieb, 1838 wurde sie wieder eingestellt.

Auch der russische Attaché Paul Schilling von Canstatt (1786 bis 1835) war damit beschäftigt, einen Telegrafen zu konstruieren. 1835 stellte er das Ergebnis seiner Arbeiten, den „Magneto-elektrischen Telegrafen“, in Bonn vor. Kurze Zeit später starb er, vermutlich der Grund, weshalb diese Konstruktion bald wieder in Vergessenheit geriet.

## *1834* Das Lenz'sche Gesetz

Mit Faradays Entdeckungen befaßte sich auch der russische Physiker Heinrich F. E. Lenz (1804 bis 1865). Er fand heraus, daß der Induktionsstrom in einer Spule stets so gerichtet ist, daß er der erzeugenden Ursache entgegenwirkt. Diesen Zusammenhang formulierte Lenz im Jahr 1834 in mathematischer Form; er ist als „Lenz'sches“ Gesetz bekannt.

### Peltier-Effekt

Auf eine ganz andere Erscheinung stieß im gleichen Jahr der französische Physiker Jean Peltier (1785 bis 1845). Peltier hatte die Pole einer Batterie mit einem Kupferdraht verbunden, in den ein Stück Eisendraht eingefügt war. An der einen Verbindungsstelle zwischen Kupfer und Eisen, so konstatierte Peltier, sank die Temperatur, während sie an der anderen Verbindungsstelle anstieg. Bei umgekehrter

*Der Peltier-Effekt tritt an den Nahtstellen von Kupfer und Eisen auf.*

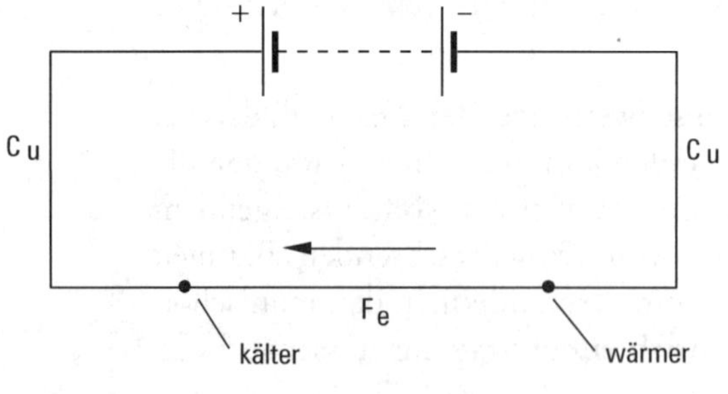

Stromrichtung waren die Rollen vertauscht; nun erwärmte sich die erste Verbindungsstelle und die zweite kühlte ab. Das Temperaturverhalten der Berührpunkte von Kupfer und Eisen hing folglich von der Stromrichtung ab. Da die Temperaturdifferenzen nur gering waren, hatte diese Entdeckung lange Zeit keine technische Bedeutung. Erst etwa hundert Jahre später begann man sie zu nutzen, unter anderem zur Kühlung von Halbleitern.

## Relais

Die Geschichte des Schalters, der sich aus der Ferne bedienen läßt, beginnt im Jahr 1834. In diesem Jahr veröffentlichte der englische Physiker Sir Charles Wheatstone (1802 bis 1875) die Konstruktionsbeschreibung eines Schalters, bei dem der Steuerkreis vom Wirkkreis elektrisch getrennt war. Wheatstone gab seinem Schalter die Bezeichnung „Relais". Bis dahin verstand man unter einem Relais eine Herberge auf dem Land, in der die Pferde der Postkutschen gewechselt wurden. Die Wheatstone'sche Konstruktion arbeitete mit einem nadelförmigen Permanentmagneten, der zur Hälfte in einer eisenlosen Spule steckte. Wenn Strom durch die Spule in der richtigen Richtung floß, wurde der Magnet in die Spule hineingezogen. Die Bewegung übertrug sich mechanisch auf zwei Kontakte; die Kontakte tauchten in ein Quecksilberbad ein, so daß der Stromkreis geschlossen wurde. Wheatstone war vor allem durch die nach ihm benannte Brückenschaltung bekannt geworden, die zum vergleichenden Messen von Widerständen, Induktionen und Kapazitäten dient. Das Brückenprinzip stammt übrigens nicht von ihm, sondern wurde schon 1833 von S. H. Christie vorgeschlagen.

*Sir Charles Wheatstone (1802 bis 1875).*

Das erste technisch einsetzbare und gleichzeitig elektrisch neutrale Relais wurde 1837 von dem amerikanischen Erfinder Samuel F. B. Morse gebaut. Bei seinem Relais hatte die Richtung des Steuerstromes keinen Einfluß auf die Funktion, denn Morse verwendete einen Spulenkern aus Weicheisen. Der Anker, der gleichzeitig als Kontaktarm diente, wurde vom Spulenkern angezogen, sobald ein genügend starker Strom durch die

Spulenwicklung floß. Wurde der Spulenstrom unterbrochen, zog eine Feder den Anker in seine Ruhelage zurück, und die Kontakte öffneten wieder. Verglichen mit dem Strom, den die Kontakte schalten konnten, reichte als Spulenstrom ein wesentlich niedrigerer Strom aus. Genau betrachtet besaß man nun ein elektromechanisches Bauelement, das Ströme „verstärken" konnte.

## *1837* Der Schreibtelegraf von Morse

Der große Durchbruch auf dem Gebiet der Nachrichtenübertragung gelang dem Amerikaner Samuel F. B. Morse (1791 bis 1872) im Jahr 1837 mit der Erfindung des elektromagnetischen Schreibtelegrafen. Morse, von Beruf Kunstmaler, kam auf die revolutionäre Idee, Nachrichten in Form von elektrischen Impulsen über Kupferdrähte zu schicken. Dazu erfand er einen Code, der jedem Buchstaben eine unterschiedliche Kombination von Punkten und Strichen zuordnete; er nannte ihn „Morse-Alphabet". Ein Punkt war gleichbedeutend mit einem kurzen Stromstoß, ein Strich entsprach einem langen Stromimpuls. Die Stromimpulse wurden mit Hilfe eines speziellen, von Morse konstruierten Tastschalters erzeugt; den Taster nannte er „Morsetaste". Am anderen Ende der Leitung war ein Schreibtelegraf angeschlossen, ebenfalls eine geniale Erfindung von Morse, der die Stromimpulse auf einen Papierstreifen in Form von reliefartigen Vertiefungen übertrug. Der leere Papierstreifen wurde von zwei Walzen mit konstanter Geschwindigkeit unter einem Stahlstift hindurchgezogen. Der Stahlstift war mechanisch mit dem Anker eines Relais verbunden, er wurde immer dann in den Papierstreifen gedrückt, wenn das Relais infolge eines Stromimpulses anzog. Das Ergebnis waren kurze und lange bogenförmige Vertiefungen auf dem Papierstreifen, die nur noch dechiffriert werden mußten.

*Samuel F. B. Morse (1791 bis 1872).*

Im September 1837 stellte Morse sein elektrisches Telegrafensystem der staunenden Fachwelt vor. Man war sich einig, daß mit dieser Erfindung der erste Meilenstein auf dem Weg der elektrischen Nachrichtentechnik erreicht war. Mit Morses System konnten nämlich auch sehr weite Entfernungen überbrückt werden. Die Spannungsverluste, die der Widerstand der Kupferleitungen verursachte, glich Morse durch zwischengeschaltete Relais aus; die Reichweite war dadurch im Prinzip unbegrenzt. Die Übertragungsgeschwindigkeit hing von der Geschwindigkeit ab, mit der man auf der Sendeseite Morsezeichen geben und auf der Empfangsseite entschlüsseln konnte. Dazu brauchte man Telegrafisten, ein neuer Beruf, der von jetzt an die besten Zukunftsaussichten versprach. Im Lauf der Zeit wurde das Morsealphabet mehrfach erweitert und verbessert, und auch für Ziffern und Dienstanweisungen gab es nun spezielle Morsecodes. Später, im Jahr 1865, wurde ein internationaler Standard-Morsecode festgelegt.

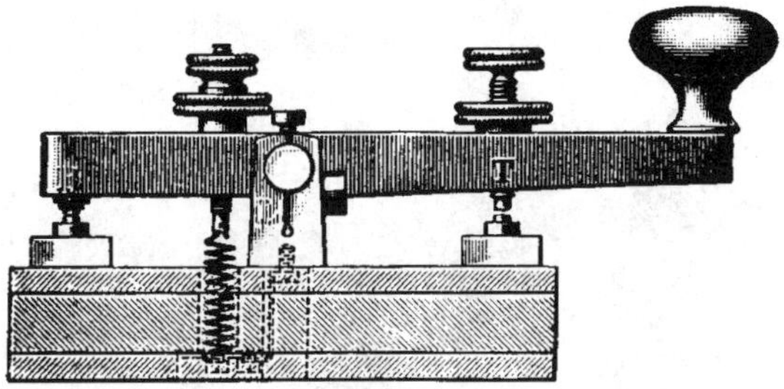

***Die Morsetaste von Samuel Morse, einem amerikanischen Kunstmaler.***

In seiner ursprünglichen Form konnten mit Morses System nur Nachrichten in einer Richtung (simplex) übertragen werden. Um auch Nachrichten in Gegenrichtung übertragen zu können, wurde die Konstruktion der Morsetaste so geändert, daß sie die Leitung im Ruhezustand kurzschloß. Durch diesen kleinen Kunstgriff war man nun in der Lage, Telegrafieverkehr wechselweise in beiden Richtungen (halbduplex) abzuwickeln.

Bis Morse damit beginnen konnte, seine weitreichenden Pläne für den Bau von Telegrafenstrecken zu verwirklichen, ging noch viel Zeit ins Land. Erst sieben Jahre später durfte er mit finanzieller Unterstützung des amerikanischen Kongresses die erste Verbindung bauen, und zwar zwischen den Städten Baltimore und Washington. Zur Stromverstärkung zwischen den Streckenabschnitten dienten Relais, deren Konstruktion ebenfalls von Morse stammte. Die Telegrafenverbindung zwischen Baltimore und Washington nahm 1844 ihren Betrieb auf. Während der sieben Jahre Wartezeit hatte Morse versucht, seine

***Das elektrisch neutrale Relais von Morse.***

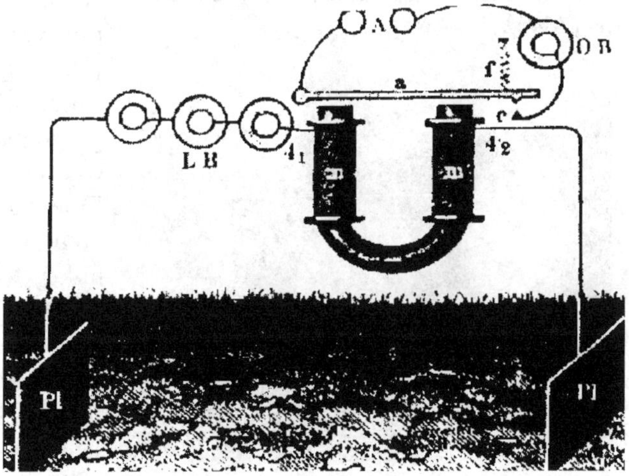

Erfindung nach Frankreich zu verkaufen. Dort sah man jedoch keinen Anlaß, die bereits existierenden 534 optischen Telegrafenstationen durch lange Kupferleitungen zu ersetzen, die jederzeit und überall beschädigt werden konnten. Erst im Jahr 1845 wurde in Europa die erste elektrische Telegrafenverbindung gebaut; sie führte von Paris nach Rouen.

*Der Nadeltelegraf in Betrieb.*

*Zeigertelegraf von Wenckebach.*
*Links die Skala mit Buchstaben und Ziffern, rechts ein Galvanometer zur Messung des Stromes (1845).*

Zeigertelegraf von Wenckebach (1845). Das linke Instrument zeigt die Zeichen an, das rechte kontrolliert den Leitungsstrom.

## Neue Stromquellen

In der zweiten Hälfte der dreißiger Jahre war man auf der Suche nach neuen Stromquellen, denn die inzwischen recht betagte Volta-Batterie genügte den gestiegenen Anforderungen nicht mehr. Eine Neuentwicklung unter mehreren anderen war das Daniell-Element, 1837 erfunden von dem englischen Physiker John Daniell (1790 bis 1845). Das Daniell-Element bestand aus einem becherförmigen Glasgefäß, gefüllt mit verdünnter Schwefelsäure, in die ein Zylinder aus Zink eintauchte (Minuspol). Im Zylinder befand sich ein halbdurchlässiger Behälter mit Kupfersulfat, und darin war ein Kupferstab angebracht (Pluspol). Eine Variante des Daniell-Elements baute 1840 der recht vielseitige Physiker und Chemiker Robert Wilhelm Bunsen (1811 bis 1899). Das Bunsen-Element war nur eine seiner zahlreichen Erfindungen auf vielen unterschiedlichen Gebieten. Die bekannteste Erfindung dürfte der Bunsenbrenner sein, ein Gasbrenner mit regulierbarer Luftzufuhr, dessen Flamme hohe Temperaturen erzeugt. Bunsens wichtigste Entdekkung, zusammen mit Robert Kirchhoff (1824 bis 1887), war jedoch die Spektralanalyse.

Eine weitere Stromquelle, die Chromsäure-Zelle, wurde 1842 von dem deutschen Professor Johann C. Poggendorf entwickelt. Diese Zelle bestand aus zwei Kohleplatten, zwischen denen sich eine Zinkplatte befand. Die Zinkplatte konnte aus der Säure herausgenommen werden, solange die Zelle nicht benutzt wurde.

## Der Nadeltelegraf *1839*

In England erhielten 1839 der inzwischen recht bekannte Physiker Sir Charles Wheatstone und der aus Indien zurückgekehrte Offizier William F. Cooke ein Patent auf den von ihnen erfundenen Nadeltelegrafen. Ein Signalisierungssystem mit Nadeltelegrafen wurde noch im gleichen Jahr von der North-Western Railway, einer Eisenbahngesellschaft, in der Nähe von London in Betrieb genommen. Da noch weitere Aufträge folgten, gründeten Wheatstone und Cooke die Electric Telegraph Company.

## Elektrische Beleuchtung *1844*

Auch über die Verbesserung der elektrischen Beleuchtung zerbrachen sich viele Wissenschaftler und Ingenieure die Köpfe. Versuche mit stromdurchflossenen glühenden Metalldrähten schlugen regelmäßig fehl, da die Drähte sofort durchbrannten. Mehr Erfolg hatte man mit der Weiterentwicklung der elektrischen Bogenlampe. Die Kohlestifte wurden verlängert und in ihrer Qualität verbessert. Das lästige Nachjustieren infolge des Abbrandes wurde unnötig, denn ein Uhrwerk und ein Elektromagnet sorgten, gesteuert vom Lampenstrom, automatisch für den richtigen Abstand zwischen den Spitzen. Damit war es möglich geworden, auch Straßen und Plätze elektrisch zu beleuchten. Der Pariser Place de la Concorde wurde 1844 zum ersten Mal von einer elektrischen Bogenlampe in helles Licht getaucht. Für das Publikum war dies die erste Gelegenheit, die neue Sensation zu bestaunen. Die Anlage war von Deleuil unter Mitwirkung des bekannten französischen Physikers Léon Foucault (1819 bis 1868) gebaut worden. Andere Städte beeilten sich, dem Pariser Vorbild zu folgen, und beleuchteten wichtige Plätze und Straßen ebenfalls elektrisch. Was die Stromversorgung betraf, so war man zu dieser Zeit noch auf große, teure Batterien angewiesen.

## *1845* Erste Telegrafenverbindung

Im Jahr 1845 wurde die erste Telegrafenverbindung in England zwischen London und Portsmouth in Betrieb genommen. Auch in den Niederlanden hielt die Telegrafie im gleichen Jahr ihren Einzug.

## *1846* Der Zeigertelegraf

Mitte der vierziger Jahre erwog die preußische Heeresführung, die optischen Telegrafenverbindungen durch elektrische Telegrafensysteme wegen ihrer offensichtlichen Überlegenheit zu ersetzen. Der Nadeltelegraf von Wheatstone war zwar ins Auge gefaßt worden, doch er erfüllte nicht die strengen Anforderungen, die die Militärs an ein Telegrafensystem stellten. Der junge Artillerie-Offizier Werner Siemens (1816 bis 1892) beschäftigte sich in seiner Freizeit mit der elektrischen Telegrafie; ihm waren bereits verschiedene Unvollkommenheiten des Wheatstone'schen Nadeltelegrafen aufgefallen. Seinen Freunden von der „Physikalischen Gesellschaft" führte er 1846 ein selbstgebautes, verkleinertes Modell des von ihm erdachten Nadeltelegrafen vor. Die Konstruktion unterschied sich von Wheatstones System dadurch, daß ihr ein neues, einfacheres Konzept zugrunde lag. Die Telegrafengeräte von Siemens waren so konstruiert, daß sich die Zeiger beim Sender und Empfänger synchron zueinander über die im Kreis angeordneten Buchstaben des Alphabets hinwegdrehten. Weiter außen befanden sich kranzförmig angeordnet die Bedientasten; jedem Buchstaben des Alphabets war eine eigene Taste zugeordnet. Das elektrische System bestand hauptsächlich aus einem Elektromagneten, dessen Anker über ein Ankerrad mit einem Federwerkantrieb verbunden war. Wenn der Anker anzog und das Ankerrad einen Schritt weiterlief, wurde der Strom automatisch unterbrochen. Danach fiel der Anker zurück, so daß der Stromkreis wieder geschlossen wurde. Das Prinzip des sich selbst unterbrechenden Stromkreises war zu der Zeit bereits bekannt, es wurde unter anderem bei der elektrischen Klingel angewendet („Wagnerscher Hammer"). Beim Zeigertelegrafen von Siemens bewegte sich das Ankerrad bei jedem Stromimpuls um einen Schritt weiter, so daß der Zeiger des sendenden Gerätes, das

*Werner Siemens (1816 bis 1892).*

die Stromimpulse erzeugte, und die Zeiger der angeschlossenen empfangenden Geräte synchron auf die gleichen Buchstaben wiesen. Wenn beim Senden eine Buchstabentaste losgelassen und die nächste gedrückt wurde, drehten sich die Zeiger aller empfangenden Geräte so lange weiter, bis sie auf den gesendeten Buchstaben zeigten. Jedes Gerät konnte sowohl zum Senden als auch zum Empfangen benutzt werden. Ein weiterer Vorteil war, daß eine umständliche Codierung entfiel, so daß das Gerät ohne Vorkenntnisse von jedermann bedient werden konnte.

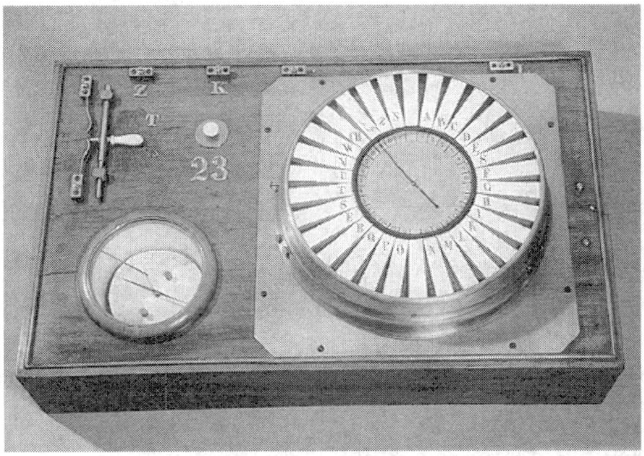


*Zeigertelegraf von Siemens (1847), gebaut von Johann Georg Halske.*

Bei der Vorführung des Modells war auch ein Freund von Siemens, der Instrumentenmacher Johann Georg Halske (1814 bis 1890) aus Hamburg dabei. Halske war über die Erfindung von Siemens so begeistert, daß er sofort anbot, einen funktionsfähigen Prototypen des Telegrafiegerätes zu bauen. Er schlug vor, gemeinsam mit Siemens Telegrafengeräte in größerer Stückzahl zu produzieren und zum Verkauf anzubieten. Man beschloß, den Vorschlag in die Tat umzusetzen und gründete 1847 in Berlin die „Telegraphenbauanstalt Siemens & Halske“. In der Folgezeit baute das Unternehmen nicht nur Telegrafengeräte, sondern errichtete auch Telegrafenleitungen in den verschiedensten Regionen Deutschlands.

*Erstes Telegrafenrelais von Siemens (1847).*

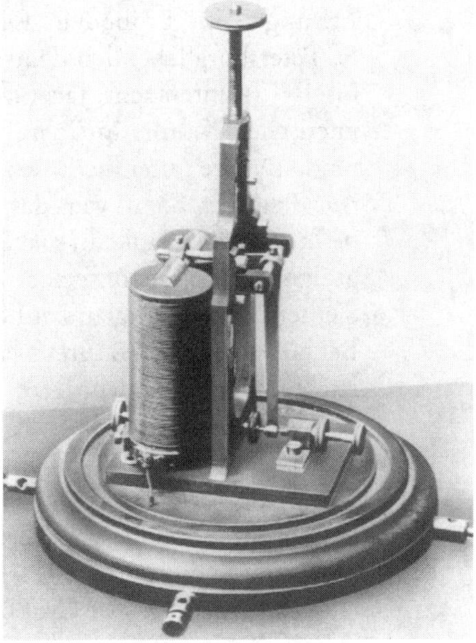

Im gleichen Jahr konnte die Öffentlichkeit in Hamburg, zum ersten Mal in Deutschland, ein Telegrafengerät in Augenschein nehmen, das nach dem System von Morse arbeitete. Die unkomplizierte Konstruktion, das verhältnismäßig leicht zu erlernende Morsealphabet und die hohe Zeichengeschwindigkeit waren der Grund dafür, daß in der Folgezeit die Zeiger- und

*Johann Georg Halske (1814 bis 1890).*

Nadeltelegrafen allmählich wieder verschwanden. Auch Werner Siemens und Johann Georg Halske hatten die Vorzüge des Morsetelegrafen erkannt; sie beschlossen, sich nun auf die Weiterentwicklung dieser Geräte zu konzentrieren. Als erstes bauten sie einen verbesserten Antriebsmechanismus in die Morsetelegrafen ein, so daß der Papierstreifen mit gleichmäßigerer Geschwindigkeit transportiert wurde. Das Gewicht, das ähnlich wie bei Pendeluhren für den Antrieb sorgte, wurde durch ein Federantriebswerk ersetzt. Außerdem verbesserte man die elektrischen Kontakte, und an die Stelle der Reliefschrift traten Punkte und Striche, die mit Tinte auf den Papierstreifen geschrieben wurden. Auch das von Morse erfundene stromrichtungsunabhänige Relais wurde von Siemens und Halske weiterentwickelt. Die meisten dieser Neuerungen fanden schnell weltweite Verbreitung.

Ein noch recht junges Betätigungsfeld war zu der Zeit die Verlegung elektrischer Leitungen im Erdboden. Die Möglichkeiten wurden vor allem von dem in St. Petersburg lebenden deutsch-russischen Physiker Hermann von Jacobi (1801 bis 1874) untersucht. Jacobi war vor allem durch die Erfindung des elektromagnetischen Motors im Jahr 1838 bekannt geworden. Alle Versuche, stromführende Drähte unter die Erde zu verbannen, hatten zunächst jedoch wenig Erfolg. Aus heutiger Sicht war das auch kaum verwunderlich, denn die Leitungen bestanden aus blankem, massivem Kupfer. Das Problem konnte nur durch einen geeigneten Isolierstoff gelöst werden. Wilhelm Siemens, ein Bruder von Werner Siemens, war in England auf ein neues Material gestoßen, das Guttapercha hieß. Bei höheren Temperaturen war Guttapercha weich und verformbar, bei niedrigeren Temperaturen wurde es fest und beständig. Werner Siemens konstruierte 1846/47 eine Schraubpresse, mit der Guttapercha in warmem Zustand unter hohem Druck nahtlos um Kupferdrähte herumgepreßt werden konnte. Gebaut wurde die Presse schließlich von Georg Halske. Das Verfahren schien sich zu bewähren; die Isolierung hielt den Belastungen im Boden stand. Im Sommer 1847 wurde die erste längere Erdleitung zwischen Berlin und dem rund 20 km entfernt liegenden Ort Großbeeren verlegt.

## Kirchhoff'sche Gesetze *1847*

Der deutsche Physiker Gustav Robert Kirchhoff (1824 bis 1887) untersuchte die Stromverteilung in geschlossenen Netzwerken, in denen sich eine oder mehrere Spannungsquellen befanden. Im Jahr 1847 machte er die beiden von ihm gefundenen, nach ihm benannten und heute immer noch gültigen Gesetze bekannt. Die „Knotenregel" besagt, daß die Summe aller Ströme, die in einen Netzknoten hinein- und aus ihm herausfließen, gleich null ist, die „Maschenregel" gibt an, daß die Summe aller Spannungen in einer Netzmasche gleich der Summe aller Produkte I mal R in dieser Masche ist.

## Stürmische Entwicklung der Telegrafie *1848*

In den folgenden Jahren wurden immer mehr elektrische Telegrafenverbindungen gebaut; der optische Zeigertelegraf verschwand allmählich aus dem Landschaftsbild. In Deutschland baute das junge Unternehmen Siemens & Halske in den Jahren 1848/49 die Verbindungen Berlin–Frankfurt/Main und Berlin–Köln auf. Siemens & Halske lieferte auch die Zeigertelegrafen für den Betrieb der Verbindungen. Die Strecke Berlin–Frankfurt/Main war gerade fertiggestellt worden, als die Frankfurter Nationalversammlung den König von Preußen feierlich zum deutschen Kaiser erklärt hatte. Die Nachricht kam noch am gleichen Tag, dem 28. März 1849, in Berlin an. Auf seinen eigenen Wunsch wurde Werner Siemens nach fünfzehnjähriger militärischer Laufbahn ehrenvoll aus dem Dienst entlassen. Er konnte sich nun ganz seinem Unternehmen widmen, das bis dahin hauptsächlich von Halske geführt worden war. In den folgenden Jahren erhielt das ständig wachsende Unternehmen Staatsaufträge für den Bau verschiedener Telegrafenverbindungen in Deutschland. Entlang der meisten Eisenbahnlinien sah man nun hölzerne Pfähle, an denen Isolatoren aus Porzellan, manchmal

*Verlegung eines Seekabels.*

*Betriebssaal der Telegrafenzentrale in Amsterdam (1876).*

auch aus Glas, blanke Kupferdrähte trugen. Die Idee, die Telegrafenleitungen entlang der damals bewachten Schienenwege zu legen, soll von dem französischen Wissenschaftler Arago stammen.

*Morse-Alphabet*

*a* .–
*b* –...
*c* –.–.
*ch* ––––
*d* –..
*e* .
*f* ..–.
*g* ––.
*h* ....
*i* ..
*j* .–––
*k* –.–
*l* .–..
*m* ––
*n* –.
*o* –––
*p* .––.
*q* ––.–
*r* .–.
*s* ...
*t* –
*u* ..–
*v* ...–
*w* .––
*x* –..–
*y* –.––
*z* ––..

Im Erdboden konnten die Kupferleitungen nur verlegt werden, wenn sie mit Guttapercha isoliert und möglichst zusätzlich durch ein Metallrohr geschützt waren. In Deutschland hatte die Staatsmacht größtes Interesse daran, in kürzester Zeit und mit niedrigem Kostenaufwand ein unterirdisches Telegrafennetz zu errichten. Deshalb verzichtete man fast überall auf die Schutzrohre; die Kabel wurden nur mit Guttapercha isoliert und in geringer Tiefe neben den Schienen in den Erdboden verlegt. Beschädigungen durch Schienenbauarbeiten waren an der Tagesordnung, und Nagetiere taten ein übriges, um die Kabel zu zerstören. Auch fehlte es an genügend geschultem Personal, das die Schadstellen orten und instand setzen konnte. Häufig wurden die Kabelbrüche nur dürftig repariert, so daß die Reparaturen innerhalb kurzer Zeit mehrfach wiederholt werden mußten. Das unterirdische Telegrafennetz, geplant von Werner Siemens und gebaut von der staatlichen Telegrafiegesellschaft, drohte zum Fiasko zu werden. Siemens wies die Verantwortung von sich, und es kam zum Bruch zwischen Siemens & Halske und den staatlichen Behörden. Das Unternehmen baute daraufhin seine Aktivitäten im Ausland, insbesondere in Rußland aus. Zielrichtung war zunächst die Eisenbahntelegrafie, denn die Eisenbahnen unterstanden nicht dem Staat, sondern wurden von privaten Eisenbahngesellschaften betrieben.

Da man nun Kabel unter der Erdoberfäche verlegen konnte, lag es nahe, Kabel auch unter Wasser zu verlegen. Das erste Unterseekabel wurde 1850 von John Watkin und James Brett zwischen Cap Gris Nez (Frankreich) und Dover (England) gelegt. Dieses Kabel hatte einen Aderdurchmesser von 1,8 mm, der Außendurchmesser betrug 12,5 mm. Das Kabel war jedoch nur mit Guttapercha isoliert und besaß keinen weiteren Schutz. Wahrscheinlich war dies der Grund, weshalb es schon in der Nacht nach der Verlegung brach. Beim zweiten Versuch im Jahr 1851 wurde ein Kabel mit Metallmantel verlegt. Diesmal verlief das Unternehmen erfolgreich, so daß die erste Seekabelverbindung zwischen England und Frankreich zustande kam.

Im Jahr 1852 erhielt Siemens & Halske den Auftrag, eine Telegrafenverbindung zwischen St. Petersburg und Kronstadt zu bauen. Die russische Regierung stimmte zu, daß Karl Siemens, ein Bruder von Werner Siemens, als verantwortlicher Geschäftsträger die Arbeiten von St. Petersburg aus leitete. Das Projekt wurde für Siemens & Halske zu einem vollen Erfolg. Zum ersten Mal wurde eine unter Wasser verlaufende Telegrafenverbindung gebaut, die über längere Zeit betriebsfähig war. Die mit Guttapercha ummantelten Kupferadern waren mit Eisendrahtgeflecht gepanzert, so daß sie unter Wasser allen Belastungen standhalten konnten. Der Krimkrieg gab hauptsächlich den Anlaß dazu, daß die Leitung St. Petersburg–Moskau über Kiew nach Odessa und später bis Sevastopol verlängert wurde. Die nächste unterirdische Telegrafenleitung, die Siemens & Halske baute, führte von St. Petersburg über Warschau nach Myslowitz in Polen. In kaum zwei Jahren war es dem Unternehmen gelungen, ein zuverlässiges Telegrafennetz von insgesamt rund 5000 km Länge zu errichten, obwohl die Arbeiten oft von sehr schwierigen Transportproblemen behindert worden waren.

Man schrieb das Jahr 1855, als die Gebrüder Brett den Auftrag erhielten, Sardinien durch ein Unterwasserkabel mit Nordafrika zu verbinden. Das Unternehmen scheiterte vor allem daran, daß das Kabel in große Tiefen verlegt werden mußte. Nach einem zweiten Versuch, der ebenfalls mißglückte, wurde das Vorhaben aufgegeben. Der Kabelhersteller Newall & Co. entschloß sich 1857, nach einer Lösung zu suchen und einen neuen Anlauf zu nehmen. Da Newall nicht in der Lage war, die extreme Wassertiefe (ca. 3000 m) zu beherrschen, rief man Siemens & Halske zu Hilfe. Werner Siemens konstruierte ein Bremsensystem, das die

*Morse-Telegrafiegerät (1860).*

hohen Kabelzugkräfte auffangen und abhängig von der Schiffsgeschwindigkeit auf ungefährliche Werte herabsetzen sollte. Auch diese Erfindung erwies sich als voll tauglich, so daß das Kabel ohne zu reißen in die Tiefe sank. Die Verbindung zwischen Sardinien und Bone in Nordafrika war damit hergestellt.

Werner Siemens hatte einen weiteren Bruder, der Wilhelm Siemens hieß und in England lebte. Wilhelm Siemens war inzwischen britischer Staatsbürger geworden und nannte sich nun William Siemens. Zusammen mit seinem Bruder William gründete Werner Siemens in England die „Siemens Brothers", ein Unternehmen, das sich ebenfalls mit der Herstellung und Verlegung von Telegrafenkabeln beschäftigen sollte. Wilhelm Siemens war es auch, der 1844 zusammen mit dem französischen Industriellen Pierre Martin (1824 bis 1915) den Siemens-Martin-Hochofen für die Stahlproduktion entwickelt hatte.

Auch in den USA war die Zeit nicht stehengeblieben. Dort wurde 1861 die fast 6000 km lange Telegrafenverbindung zwischen New York und San Francisco in Betrieb genommen. In England und Deutschland ersetzte man ab 1863 nach und nach alle oberirdischen Leitungen durch gut isolierte und gegen mechanische Einwirkungen geschützte Erdkabel. Die übertragungstechnischen Eigenschaften von Erdkabeln waren zwar schlechter, doch das wurde durch weniger Störanfälligkeit und Wartungsaufwand mehr als ausgeglichen.

Das von Werner und William Siemens gegründete Unternehmen Siemens Brothers wagte sich 1867 an ein für damalige Zeiten sensationelles Vorhaben: die Verlegung eines Seekabels von London nach Kalkutta. Eine zuverlässige Nachrichtenverbindung mit Indien war für die damalige britische Regierung aus politischen Gründen von größter Bedeutung. Schon im Jahr 1870 war das Vorhaben vollendet. Die 11000 km lange Leitung konnte ihrer Bestimmung übergeben werden, und Europa und Asien waren zum ersten Mal über ein Seekabel miteinander verbunden. Damals ahnte niemand, daß die Verbindung bis zum Jahr 1931, also über 60 Jahre lang, in Betrieb bleiben würde. Durch ihre Leistungen erwarb sich Siemens Brothers Ruhm und Ehre in aller Welt. Doch darauf wollten sich die Siemens-Brüder nicht ausruhen: Man erweiterte die Herstellung von Seekabeln und ließ ein eigenes Kabellegeschiff, die „Faraday" bauen.

Einen weiteren spektakulären Auftrag bekam Siemens Brothers im Jahr 1873. Es sollte ein Seekabel zwischen Europa und dem nordamerikanischen Kontinent quer durch den Atlantik verlegt werden, denn es existierte zu der Zeit nur ein einziges transatlantisches Kabel. Dieses Kabel war 1866 von dem amerikanischen Konsortium „Cyrus Field" gelegt worden, nachdem verschiedene vorangegangene Versuche fehlgeschlagen waren. Das Kabel verband Neufundland auf der amerikanischen Seite mit Irland auf der Seite Europas. Das Kabellegeschiff „Faraday" ließ 1875 insgesamt acht von Siemens Brothers produzierte Kabel zwischen Irland und Nordamerika in den Atlantik hinab. Die Arbeiten gingen bei Siemens Brothers schnell voran, während Cyrus Field mit Kabelbrüchen und mühsamen Reparaturen gekämpft hatte.

Deutschland bekam im Jahr 1900 ein eigenes transatlantisches Kabel, das von der Insel Borkum über die Azoren nach New York führte. Die längste Seekabelverbindung entstand im Jahr 1902; sie verlief von Vancouver an der Westküste Kanadas über die Fidschi-Inseln nach Brisbane in Australien, eine Strecke von rund 14500 km. Zu erwähnen ist noch, daß 1865 in Paris die Internationale Telegrafen-Union gegründet worden war; nach der Gründung hatte sie ihren ständigen Sitz in Bern.

## Lichtreflexion *1854*

Der irische Chemiker John Tyndall (1820 bis 1893) führte am 19. Mai 1854 einer Versammlung der „Royal Institution" vor, daß ein gebogener Wasserstrahl Licht leiten konnte, ohne daß das Licht seitwärts nach außen trat. Ursache dieser Erscheinung ist bekanntlich die fast vollständige Reflexion des Lichtes an der Grenze zwischen Wasser und umgebender Luft infolge des unterschiedlichen Brechungsindexes. Wie manche andere Entdeckung ihrer Zeit mußte auch Tyndalls Beobachtung sehr lange warten, bis sie in den sechziger Jahren des 20. Jahrhunderts wieder aktuell wurde. Zu dieser Zeit begann man nämlich mit Versuchen, Nachrichten mit Hilfe des Lichtes über Glasfasern zu übertragen.

## Der Induktor *1856*

Elektrochemische Batterien waren auch für die Telegrafie die einzigen Stromquellen, die um die Mitte des vorigen Jahrhunderts zur Verfügung standen. Deshalb konstruierte Werner Siemens 1856 einen Dynamo, einen von Hand zu bedienenden Induktor, der mit einem Permanentmagneten arbeitete. Der Rotor dieser Maschine hatte die Form eines doppelten „T". Man brauchte nur an einer Kurbel zu drehen, um elektrische Energie zu erzeugen. Für die Telegrafie war die Maschine von großem Nutzen, Batterien brauchte man von da an nur noch in wenigen Ausnahmefällen.

## *1860* Die Kohlenfadenlampe

Josef Wilson Swan, ein englischer Erfinder, baute im Jahr 1860 als erster eine Lampe, bestehend aus einem Glaskolben und einem Glühfaden aus Kohlenstoff. Das Glühelement war aus spiralförmig gedrehtem, verkohltem Papier gefertigt. Swan hatte bereits zuvor festgestellt, daß Kohlenstoff für diesen Zweck recht gut geeignet war, und außerdem kostete Kohlenstoff wesentlich weniger als Platin. Es gelang Swan jedoch nicht, die Luft aus dem gläsernen Lampenkolben bis zum völligen Vakuum auszupumpen, so daß der Glühdraht nach einiger Zeit durchbrannte. Weitgehend lösen konnte er dagegen das Problem der Rußschwärzung auf der Innenseite des Glaskolbens. Dazu wurde der Glühdraht schon während der Luftevakuierung erwärmt. Bereits 1854 hatte Swan ein Patent auf die Herstellung von Kohlefäden erhalten.

## Der Bleiakkumulator

Der französische Physiker Raimond L. G. Plante (1834 bis 1889) erfand im Jahr 1860 einen neuen elektrochemischen Stromspeicher, den Bleiakkumulator. In ein gläsernes, mit verdünnter Schwefelsäure gefülltes Gefäß tauchte er im Abstand von einigen Zentimetern zwei Bleiplatten ein. Ein bis dahin unbekanntes Phänomen bestand darin, daß sich diese „Zelle", im Gegensatz zu den bis dahin bekannten elektrochemischen Zellen, nach der Entladung wieder aufladen ließ. Außerdem konnte der Bleiakkumulator hohe Ströme liefern, er mußte jedoch auch mit hohen Strömen geladen werden. Weshalb ein Bleiakkumulator Strom „sammeln" konnte und welche elektrochemischen Vorgänge dieser Eigenschaft zugrunde lagen, wußte man 1860 noch nicht so genau.

*James Clerk Maxwell (1831 bis 1879).*

## *1864* James Clerk Maxwell

Der schottische Naturwissenschaftler James Clerk Maxwell (1831 bis 1879), ein exzellenter Theoretiker, stellte als erster Überlegungen über die mögliche

Existenz elektromagnetischer Wellen an. Seine Arbeiten zu diesem Thema waren hochmathematische Abhandlungen; sie führten zu den vier berühmten, nach Maxwell benannten Gleichungen. Die von Maxwell im Jahr 1864 veröffentlichte Feldtheorie ist bis heute die Grundlage für die wissenschaftliche Betrachtung des Elektromagnetismus. 1875 erschien Maxwells berühmtes Buch „A Treatise on Electricity and Magnetism", in dem er die Elektrizität, den Magnetismus und das Licht unter einem gemeinsamen Aspekt betrachtete. Aus Maxwells Theorie ging unter anderem hervor, daß sich ein elektrischer Leiter unter bestimmten, von ihm präzise definierten Bedingungen wie ein elektromagnetischer Strahler verhalten mußte. Damit hatte Maxwell vorausgeahnt, daß es möglich ist, Nachrichten drahtlos zu übertragen.

## Die Hochvakuumpumpe *1865*

Die erste Pumpe, mit der Luft aus Glaskolben bis zum Vakuum entfernt werden konnte, wurde 1865 von dem deutschen Physiker und Chemiker Hermann J. P. Sprengel (1834 bis 1906) gebaut; er lebte seit 1859 in England. Diese Erfindung hatte für die weitere Entwicklung der Elektrotechnik große Bedeutung. Die Glühlampe wäre nicht gebrauchstauglich geworden, denn der Glühfaden hatte nur im Vakuum Bestand, und die Elektronenröhre, die einige Jahrzehnte später zum Eckpfeiler der Elektronik wurde, ist ohne Vakuum nicht denkbar.

# 2

# Von der Dynamomaschine zur Elektronenröhre

*1866 bis 1907*

**Nach der Erfindung der Dynamomaschine von Werner Siemens im Jahr 1866 konnte elektrische Energie endlich in größerem Maßstab erzeugt werden. Für die meisten nachfolgenden Erfindungen und Neuerungen war dies eine wesentliche Voraussetzung.**

Nicht wenige große Erfindungen und Entdeckungen auf dem Gebiet der Elektrotechnik und Telekommunikation gehen auf die Zeit zwischen 1866 und 1907 zurück. In dieser Epoche begann die industrielle Produktion der Glühlampe, und auch der Selengleichrichter stammt schon aus dieser Zeit. Bahnbrechende Erfindungen wie das Telefon und die drahtlose Telegrafie leiteten gegen Ende der Periode das Zeitalter der weltweiten und allumfassenden Kommunikation ein. Die Elektrotechnik wurde mehr und mehr zu einer schnell wachsenden Schlüsselindustrie. Erfinder und Unternehmer, nicht selten in der gleichen Person vereint, bemühten sich, aus ihrem geistigen Kapital auch finanziellen Gewinn zu schöpfen. Das Gründungsjahr einiger heute weltweit führenden Unternehmen in Europa und den USA liegt in der zweiten Hälfte des vorigen Jahrhunderts. Mechanische Tonaufzeichnungsverfahren wurden entwickelt, Patente wurden hierfür schon vor der Jahrhundertwende erteilt. Weitere Meilensteine sind die Entdeckung der Röntgenstrahlen und die ersten Anfänge des Fernsehens. Weniger als 40 Jahre nach Erfindung des Dynamoprinzips brachte der Forscher- und Erfindergeist die Hochvakuum-Diode hervor. Als daraus kurze Zeit später die Triode entstand, schlug die Geburtsstunde der Elektronik.

Nach der Erfindung der Dynamomaschine von Werner Siemens im Jahr 1866 konnte elektrische Energie endlich in größerem Maßstab erzeugt werden. Für die meisten nachfolgenden Erfindungen und Neuerungen war dies eine wesentliche Voraussetzung.

## Die Dynamomaschine *1866*

Werner Siemens war gerade 50 Jahre alt, als ihm im Herbst 1866 mit der Dynamomaschine die größte Erfindung seines Lebens gelang. Für die Elektrotechnik sollte dies weitreichende Folgen haben. Siemens arbeitete zu dieser Zeit an der Konstruktion eines Elektromotors für Batteriebetrieb. Er stellte fest, daß der

*Die Reihenschluß-Dynamomaschine, erfunden 1866 von Werner Siemens.*

vom Motor aufgenommene Strom mit zunehmender Ankerdrehzahl infolge der Anker-Gegen-EMK sank. Daraus schloß Siemens, daß die Maschine zum stromerzeugenden Generator werden müßte, wenn man den Anker in entgegengesetzter Drehrichtung von außen antreibt. Durch weitere Experimente verschaffte er sich Gewißheit. Die Ursache wurde darin gefunden, daß der geringe Restmagnetismus (Remanenz) des Eisens ausreichte, um in der Wicklung einen schwachen Strom zu induzieren. Der schwache Strom verstärkte den Magnetismus, so daß der Strom anstieg. Dieser Vorgang wiederholte sich, bis der Strom einen bestimmten Höchstwert erreichte. Damit hatte Siemens experimentell das Prinzip der Reihenschluß-Dynamomaschine erfunden; Motor- und Ankerwicklung waren hier nämlich in Reihe geschaltet. Wegen der Weihnachtsferien Ende 1866 kam die Erfinderschrift erst am 17. Januar 1867 in der Berliner Akademie der Wissenschaften an. Doch das war noch so rechtzeitig, daß Siemens für sich in Anspruch nehmen konnte, die Dynamomaschine als erster erfunden zu haben.

Auch der englische Ingenieur H. Wilde aus Manchester hatte 1866 eine Dynamomaschine konstruiert. Seine Konstruktion arbeitete mit zwei feststehenden Elektromagneten, einem Doppel-T-Anker und einem kleinen Dynamo mit Permanentmagneten zur Erregung der Elektromagneten. Diese Maschine fand auf einer Ausstellung, die 1867 in Paris stattfand, große Beachtung. Auch Sir Charles Wheatstone war darauf aufmerksam geworden und entwickelte nun auf der Grundlage von Wildes Konstruktion eine Dynamomaschine, die ohne Hilfsdynamo auskommen sollte. Wheatstones Maschine war eine sogenannte Nebenschlußmaschine, bei der, ebenso wie bei der Reihenschlußmaschine von Siemens, der remanente Magnetismus des Eisens genutzt wurde.

William Siemens, der in England lebende Bruder von Werner Siemens, hielt am 14. Februar 1867 einen Vortrag über die Dynamomaschine seines Bruders vor der Royal Society in London. Unmittelbar anschließend berichtete Wheatstone über seine eigene Entwicklung. Es stellte sich heraus, daß sich die beiden Maschinen nur in der Schaltung von Motor- und Ankerwicklung sowie in den Wickeldaten voneinander unterschieden. Die Urheberschaft der Erfindung wurde Siemens zuerkannt, da er mit seiner Maschine schon im Januar an die Öffentlichkeit getreten war. Jedenfalls stand nun der Stromerzeugung in großem Stil unter wirtschaftlich vertretbarem Aufwand nichts mehr im Weg.

Der drehende Anker der Dynamomaschine lieferte über Schleifringe Wechselstrom; die Maschine konnte aber auch Gleichstrom erzeugen, wenn man Stromwenderkontakte (Kommutatoren) einbaute. An der Erzeugung von Wechselstrom hatte man zu dieser Zeit noch kein allzu großes Interesse, da alle wichtigen Anwendungen wie die Elektrolyse und die Beleuchtung durch Bogenlampen mit Gleichstrom arbeiteten. Über die Vor- und Nachteile von Gleich- und Wechselstrom wurde jedoch heftig gestritten, zumal man schon wußte, daß sich Wechselstrom für den Transport über lange Leitungen besser eignet als Gleichstrom. Auch das Transformator-Prinzip war zu dieser Zeit schon bekannt. Es begann eine engagierte Diskussion um das System der Zukunft, an der sich auch eine ganze Reihe namhafter Wissenschaftler und Ingenieure beteiligten. Gegner des Wechselstromsystems waren unter anderem Edison, Lord Kelvin und auch Siemens. Nachdem sich die Wogen geglättet hatten, entschied man sich nicht zuletzt aus wirtschaftlichen Gründen für den Wechselstrom. Das von Siemens vorgeschlagene System wurde von allen Beteiligten stark favorisiert. Schon kurze Zeit später begann man bei Siemens & Halske mit der Produktion von Dynamomaschinen in zahlreichen Varianten und Bauformen.

Bei der Gleichstromerzeugung hatte die Siemens-Maschine den Nachteil, daß der Gleichstrom infolge der Doppel-T-Anker-Konstruktion stark pulsierte; außerdem neigte der Kollektor zu starker Funkenbildung. Im Jahr 1869 stellte der belgische Konstrukteur Zénobe Theophile Gramme (1826 bis 1901) eine Dynamomaschine mit Ringanker vor, die diesen Mangel beseitigen sollte. Der Ringanker war eine Erfindung des italienischen Hochschullehrers Antonio Pacinotti (1841 bis 1912) gewesen. Grammes Maschine hatte jedoch einen anderen Nachteil: Ein Teil der Wicklungen auf der Ringinnenseite trug konstruktionsbedingt nichts zur Stromerzeugung bei, so daß der Wirkungsgrad niedriger lag. Friedrich von Hefner-Alteneck (1845 bis 1904), Mitarbeiter bei Siemens & Halske, baute 1872 die erste Dynamomaschine mit trommelgewickeltem Anker, was sich als wesentliche Verbesserung erwies. Die Funkenbildung an den Schleifkontakten war erheblich geringer als bei der ersten Konstruktion von Siemens. Das Grundprinzip wurde während der folgenden 20 Jahre von den meisten großen maschinenbauenden Unternehmen beibehalten. Dazu zählten unter anderem Siemens & Halske

*Industrieausführung der Ringanker-Dynamomaschine von Gramme.*

in Berlin, Schuckert & Co. in Nürnberg und Brush in den USA.

Die ersten Gleichstromgeneratoren kamen hauptsächlich für die Lieferung elektrischer Energie an Industriebetriebe, insbesondere im Bereich der Elektrometallurgie zum Einsatz. Elektrisch angetriebene Maschinen übernahmen nach und nach die oft recht mühsame körperliche Arbeit des Menschen. Ein technisches Problem, das noch gelöst werden mußte, war das Konstanthalten der Spannung bei wechselnder Belastung. Mit der „Compound-Dynamomaschine", einer Kombination aus Reihen- und Nebenschlußmaschine, die der französische Ingenieur Marcel Deprez 1881 erfand, kam man der Lösung ein gutes Stück näher. Im gleichen Jahr wurde in Godalming (England) die erste öffentliche Stromversorgung der Welt in Betrieb genommen. Die Anlage arbeitete mit einem Wechselspannungsgenerator von Siemens & Halske, der eine maximale Leistung von 746 kW abgab.

## *1867* Leclanché-Element

Eine neuartige elektrochemische Zelle wurde im Jahr 1867 von dem französischen Ingenieur Leclanché gebaut. Die Zelle bestand aus amalgiertem Zink (Minuspol), einer wäßrigen Ammoniumchlorid-Lösung, Braunsteinpulver und einem Kohlestab (Pluspol). Die abgegebene Spannung betrug ungefähr 1,5 V. Das Leclanché-Element wurde schnell verbessert und weiterentwickelt; schließlich entstand daraus die leicht handhabbare, kippsichere Trockenbatterie.

## *1871* Messung der Lichtgeschwindigkeit

Die Lichtgeschwindigkeit wurde zum ersten Mal in den siebziger Jahren des 19. Jahrhunderts vom französischen Physiker Armand H. L. Fizeau (1819 bis

1896) genauer gemessen. Wichtigstes Utensil seines Meßaufbaus war ein Zahnrad mit 720 Zähnen, das über einen Antrieb in schnelle Rotationbewegungen gebracht werden konnte. Das Licht einer leistungsstarken Lampe fiel durch die Schlitze von zwei vor der Lampe aufgestellten Schirmen, so daß es auf der Rückseite als Lichtstrahl austrat. Der Lichtstrahl wurde auf den gezahnten Rand des Rades ausgerichtet. Wenn das Rad in Bewegung war und der Lichtstrahl zwischen zwei Zähnen hindurchtreten konnte, wurde er von einem 8,5 km entfernt aufgestellten Spiegel reflektiert. Der reflektierte Lichtstrahl traf auf die Rückseite des Zahnrades. Die Umdrehungsgeschwindigkeit wurde nun so lange erhöht, bis das reflektierte Licht durch eine Zahnlücke auf einen vor dem Rad angebrachten halbdurchlässigen Spiegel fiel. Von hier gelangte es zum Auge des Beobachters. Aus der Rotationsgeschwindigkeit, dem Zahnabstand und der Entfernung zwischen Rad und Spiegel berechnete Fizeau die Geschwindigkeit des Lichtes in der Luft: etwas weniger als 300000 km/s war sein Ergebnis.

## Selen *1873*

In der Mitte der siebziger Jahre zog das chemische Element Selen das Interesse zahlreicher Forscher auf sich, nachdem Willoughby Smith und Joseph May im Jahr 1873 über dessen Lichtempfindlichkeit berichtet hatten. Vorausgegangen war ihre Entdeckung, daß der elektrische Widerstand des Halbleiters Selen sank, wenn man die Intensität des auftreffenden Lichtes erhöhte. Auf der Grundlage dieser Entdeckung konstruierte Werner Siemens 1876 die erste Fotozelle; sie wurde mehrere Jahrzehnte lang in Belichtungsmessern für die Fotografie und für zahlreiche andere Zwecke verwendet.

*Karl Ferdinand Braun (1850 bis 1918).*

Inzwischen waren auch zwei Gleichrichterarten bekannt: der Selen- und der Kupferoxidgleichrichter. Der Selengleichrichter bestand aus einer Eisen- oder Aluminium-Trägerplatte, auf der eine Selenschicht aufgetragen war. Über der Selenschicht lag eine dritte, jedoch sehr dünne metallische Schicht. Ein solches Bauelement ließ den Elektronenstrom von der Trägerplatte zum Selen passieren, während es in Gegenrichtung einen hohen

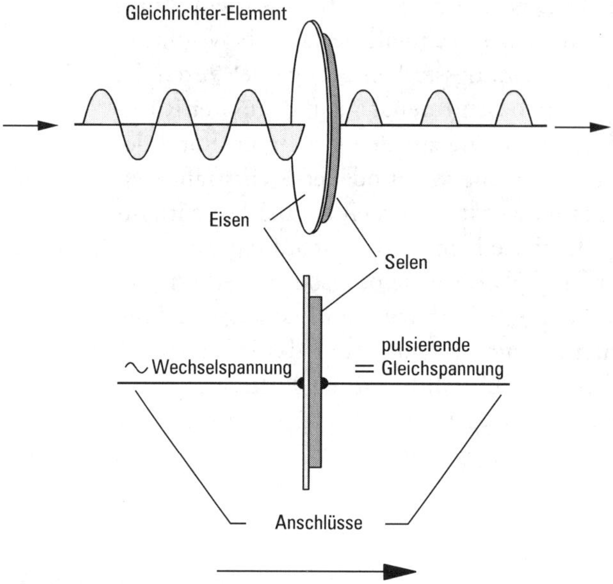


***Der Selengleichrichter sperrt eine Halbwelle des Wechselstroms, so daß pulsierender Gleichstrom entsteht.***

elektrischen Widerstand besaß und den Elektronenstrom sperrte. Dieser Effekt war im Jahr 1874 von dem deutschen Physiker Karl Ferdinand Braun (1850 bis 1918) entdeckt worden. Erst 65 Jahre später sollte es dem Wissenschaftler Walter Schottky gelingen, eine Erklärung für den Gleichrichtereffekt des Selens zu finden.

Karl Ferdinand Braun setzte sich in späteren Jahren seines Lebens unter anderem auch mit der elektrischen Entladung in verdünnten Gasen auseinander; die drahtlose Telegrafie gehörte ebenfalls zu seinem Betätigungsfeld.

Beim Kupferoxidgleichrichter bestand die Trägerplatte aus sehr reinem Kupfer; die Platte war auf einer Seite oxidiert. Den Halbleitereffekt führte man darauf zurück, daß die fein kristalline Oxidschicht auf ihrer der Luft zugewandten Seite mehr Sauerstoffatome enthielt als auf der anderen Seite. Der Elektronenstrom wurde von der kupfernen Trägerplatte zur Oxidschicht durchgelassen, in Gegenrichtung konnte praktisch kein Strom fließen. Mit dem Selen- und dem Kupferoxidgleichrichter verfügte die Elektrotechnik nun über Bauelemente, die Wechselstrom in pulsierenden Gleichstrom umformen konnten. Auch höhere Spannungen stellten kein Problem dar, denn dafür brauchte man nur mehrere Gleichrichterelemente in Serie zu schalten. Die Zeitschrift „Nature“ veröffentlichte im Jahr 1878 eine umfangreiche Abhandlung von Robert Sabine, in der er ausführlich die Eigenschaften des Selens beschrieb und über die Erfindungen im Zusammenhang mit diesem chemischen Element berichtete.

## *1875* Das Telefon

Alexander Graham Bell (1847 bis 1922), ein gebürtiger Schotte, gilt als der Erfinder des Telefons. Im Jahr 1875 war er Professor für das Fach „Physiologie der Sprachorgane“ an der Universität Boston. Die Erfindung, die er in diesem

Jahr machte, war eigentlich die Erfindung des elektromagnetischen Schallwandlers. An der engeren Seite einer trichterförmigen Röhre hatte Bell eine metallische Membran angebracht. In unmittelbarer Nähe der Membran befand sich eine Spule, gewickelt auf einen Stabmagneten. Wenn man in den Trichter genügend laut hineinsprach, wurde die Membran in Schwingungen versetzt, so daß sich der Abstand zur Spule im Rhythmus der Sprache änderte. In die Spule wurde dadurch eine schwache Wechselspannung induziert. Das „Telefon" war mit einem zweiten, gleichartigen Gerät über eine elektrische Leitung verbunden. Die vom ersten Gerät (Sender) erzeugte Spannung brachte die Membran des zweiten Gerätes (Empfänger) zum Schwingen, so daß dort die gesprochenen Laute hörbar wurden. Da auf beiden Seiten die gleichen Konstruktionen verwendet wurden, war auch eine Verständigung in Gegenrichtung möglich. Abhängig davon, welche Seite gerade sprach, mußte das „Telefon" entweder vor den Mund oder an das Ohr gehalten werden. Am 7. Januar 1876 erhielt Bell in den USA ein Patent auf seine Erfindung. Übrigens war dem deutschen Physikprofessor Philipp Reis (1834 bis 1874) das Übertragen der menschlichen Stimme mit Hilfe der Elektrizität schon 1861 gelungen. Seine Erfindung war jedoch von der Wissenschaft als Spielzeug abgetan worden und bald danach in Vergessenheit geraten.

Als Werner Siemens im Jahr 1877 ein Bell'sches Telefon in die Hand bekam, sah er sofort eine Möglichkeit, die Lautstärke auf der Empfängerseite zu erhöhen. Er ersetzte den stabförmigen Magneten und die lange Spule durch einen hufeisen-

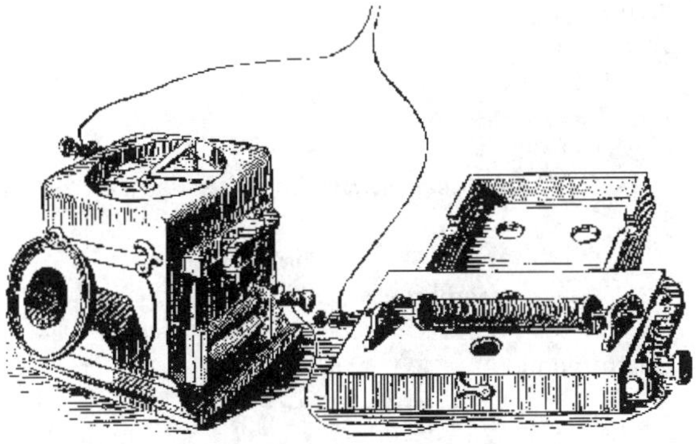

*Schon 1861 baute der deutsche Hochschullehrer Philipp Reis ein gebrauchsfähiges Telefon. Verwendung fanden unter anderem eine Zigarrenkiste und eine Stricknadel.*

*Alexander Graham Bell (1847 bis 1922).*

*Das Telefon im Wandel der Zeit.*

förmigen Magneten, auf den zwei Spulen gewickelt waren. Dadurch bewegte sich die Membran in einem stärkeren Magnetfeld, was der induzierten Spannung und damit der Lautstärke auf der Gegenseite zugute kam. Die „Telefone" dienten immer noch auf beiden Seiten wechselweise als Sender und Empfänger. Es dauerte aber nicht mehr lange, bis Sprechen und Hören voneinander getrennt wurden und der ständige Wechsel zwischen Ohr und Mund entfiel. Als Mikrofon wurde die inzwischen bewährte Trichterkonstruktion beibehalten, und als Empfänger diente nun eine kleinere, gekapselte Ausführung des elektromagnetischen Systems. Die sogenannte „Ohrmuschel" konnte während des Gespräches ständig ans Ohr gehalten werden, was nicht nur den Komfort, sondern auch die Verständlichkeit steigerte.

Die Erfindung von Alexander Graham Bell stand am Anfang einer vielversprechenden Entwicklung. Im Jahr 1878 wurde in New Haven (USA) das erste öffentliche Telefonnetz der Welt eröffnet, an das immerhin schon 21 Teilnehmer angeschlossen waren. Ähnliche Netze in anderen Städten der USA folgten schnell, das „Telefonfieber" griff um sich.

## Der Kerr-Effekt

Der schottische Physiker John Kerr (1824 bis 1907) entdeckte im Jahr 1875 den nach ihm benannten Kerr-Effekt. Er beobachtete, daß sich die Lichtdurchlässigkeit bestimmter Flüssigkeiten unter dem Einfluß elektrischer Felder ändert. Zu jener Zeit wußte man mit dieser Entdeckung noch

*Prinzip der elektromagnetischen Hörkapsel.*

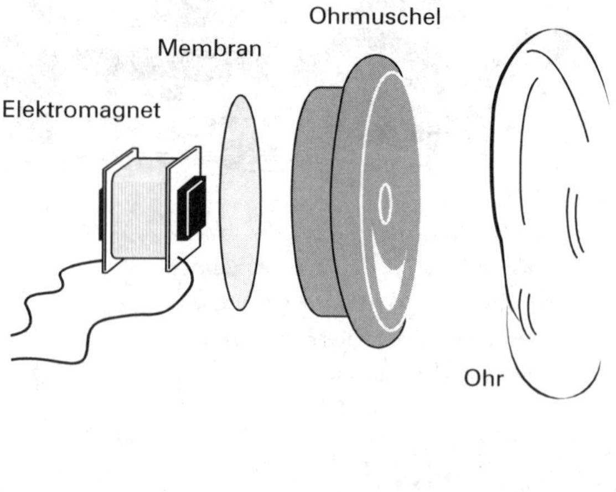

***Die Berliner Fernsprechzentrale im Jahr 1881.***

nichts anzufangen. Erst viel später, als die Filmindustrie das Lichttonverfahren entwickelte, bekam der Kerr-Effekt eine Bedeutung.

## Edison und der Phonograph *1877*

Im Jahr 1877 meldete der damals schon recht bekannte Erfinder Thomas Alva Edison (1847 bis 1931) eine von ihm konstruierte Tonaufzeichnungsmaschine zum Patent an. Das Patent wurde ihm am 19. Februar 1878 erteilt. Die Maschine arbeitete mit einer hölzernen, von Hand drehbaren Walze, die mit einer Stanniolschicht (Blattzinn) kaschiert war. Ein metallener Stift, mechanisch verbunden mit einer Membran, drückte auf die Stanniolschicht. Die Schallschwingungen, die auf die Membran trafen, brachten Membran und Stift in mechanische Schwingungen, so daß die Stanniolschicht, abhängig von der Schallintensität, mehr oder weniger eingekratzt wurde. Eine Mechanik führte den Stift entlang der Walze; auf der Walze entstand dadurch eine spiralförmige, aus Vertiefungen und Erhebungen bestehende „Tonspur". Bei der Wiedergabe wurde die Spur vom Stift auf die gleiche Weise abgetastet. Die Membran übertrug die Stiftbewegungen auf die umgebende Luft, so daß wieder Schall entstand. Die Drehgeschwindigkeit der Walze mußte bei der Wiedergabe natürlich

*Edison (1847 bis 1931) am frühen Abend des 16. Juni 1888 mit seinem „Perfected Phonograph".*

die gleiche wie bei der Aufnahme sein.

Auch für die damalige Zeit war die Wiedergabequalität der Edison'schen Maschine miserabel. Trotzdem erregte der Phonograph, wie Edison seine Maschine nannte, zunächst gewaltiges Aufsehen. Wenig später verlor sich die Begeisterung; der Phonograph galt immer mehr als ein nicht ganz ernstzunehmendes Spielzeug. Das war verständlich, denn das Auflegen der Stanniolfolie gestaltete sich recht mühsam, und nach zwei bis drei Wiedergabeläufen war der Ton bereits bis zur Unkenntlichkeit verzerrt. Im Jahr 1888 ersetzte Edison die Stanniolfolie durch eine Wachsschicht. Diese Idee war schon 1881 von den „Volta Laboratory Assosiates" (dazu gehörten Alexander Graham Bell, sein Neffe Chichester Bell und Charles Sumner Tainter) am Smithsonian Institute in Washington veröffentlicht worden. Ferner wurde die Walze nicht mehr von Hand gedreht, sondern von einem Gewicht gezogen. 1888 baute Edison an Stelle des mechanischen Antriebs einen Elektromotor in seinen Phonographen ein. Als Stromquelle diente eine 2,5-V-Batterie in Gestalt einer Glasflasche, gefüllt mit 1,5 Litern Bichromat. Die Batteriekapazität reichte für eine Betriebsdauer von 15 Stunden aus. Einen Federwerkantrieb erhielt der Phonograph im Jahr 1895, vermutlich, weil ein mechanischer Antrieb mit wesentlich weniger Aufwand und Kosten verbunden war. Zur Schallverstärkung wurde der charakteristische Trichter vor die Membran gesetzt.

*Edisons Blattzinn-Phonograph aus dem Jahr 1878.*

Der Amerikaner Emile Berliner (1851 bis 1929) hatte 1886 die Idee, die vertikale „Auf und Ab"-Tonspur durch

*Emile Berliner (1851 bis 1929).*

*Berliners „Improved Grammophone" auf dem bekannten Gemälde von Francis Barraud.*

eine horizontale „Hin und Her"-Tonspur zu ersetzen. Sowohl Edison als auch Bell und Tainter hatten dieses Verfahren bereits erprobt, doch davon hatte Berliner keine Kenntnis. Ein Patent auf sein „Grammophon", wie er es nannte, erhielt Berliner am 8. November 1887. Ein Jahr später ersetzte Berliner die Walze durch eine metallene Scheibe, auf der die Tonspur mit Hilfe eines Ätzverfahrens eingeprägt war. Es sollte noch mehr als 30 Jahre dauern, bis die Grammophonplatte die Wiedergabequalität der Edison'schen Wachswalze erreichte.

Berliners horizontales Tonspurverfahren wurde später auf breiter Front angewendet. Die sogenannte Tiefen- oder Edison-Schrift konnte sich trotzdem noch bis 1925 behaupten; die damals sehr verbreiteten Pathé-Platten mit 78 „Touren" pro Minute wurden nach diesem Verfahren hergestellt. Bis ungefähr 1920 war das Grammophon ein ausschließlich mechanischer Apparat, frei von irgendwelchen elektrischen Bauteilen.

## Glühlampen *1878*

Der englische Erfinder Josef Wilson Swan hatte in den sechziger Jahren versucht, Glühlampen mit Kohlefäden zu bauen. Die Kohlefäden waren jedoch stets nach kurzer Zeit durchgebrannt, so daß die Lampen unbrauchbar waren. Im Jahr 1878, also 18 Jahre später, nahm er seine Versuche wieder auf, denn jetzt konnte er die Luft mit der inzwischen erfundenen Hochvakuumpumpe aus den Glaskolben evakuieren. Tatsächlich brannten die Kohlefäden nun nicht mehr durch. Im Januar 1879 trat Swan mit seiner Glühlampe an die Öffentlichkeit. Er hatte jedoch zu lange gewartet, denn der amerikanische Erfinder Thomas Alva Edison war ihm zuvorgekommen. Edison hatte die Konstruktionspläne seiner Glühlampe schon einige Monate früher zum Patent angemeldet und veröffentlicht. Im Oktober 1878 behauptete Edison, er habe die funktionsfähige und ökonomisch produzierbare Glühlampe bereits entwickelt, obwohl er zu diesem Zeitpunkt noch kein einziges Exemplar vorweisen konnte. Edison hatte die Öffentlichkeit geschickt getäuscht.

Was die Erfindermentalität betraf, so unterschied sich Edison recht deutlich von den übrigen Erfindern seiner Zeit. Während die anderen zuerst forschten, bauten und tüftelten, um danach Interessenten für das Ergebnis ihrer Arbeit zu suchen, war Edison ein berechnender Pragmatiker. Er besorgte sich zuerst Kapital von finanzkräftigen Auftraggebern, wobei er ihnen das große Geschäft in Aussicht stellte, und ging dann in seinem bestens ausgestatteten Erfinderlabor ans Werk. Im Laufe seines Lebens hat Edison ungefähr 1400 Patente erworben.

*Edisons Glühlampe aus dem Jahr 1879 in verschiedenen Phasen der Herstellung.*

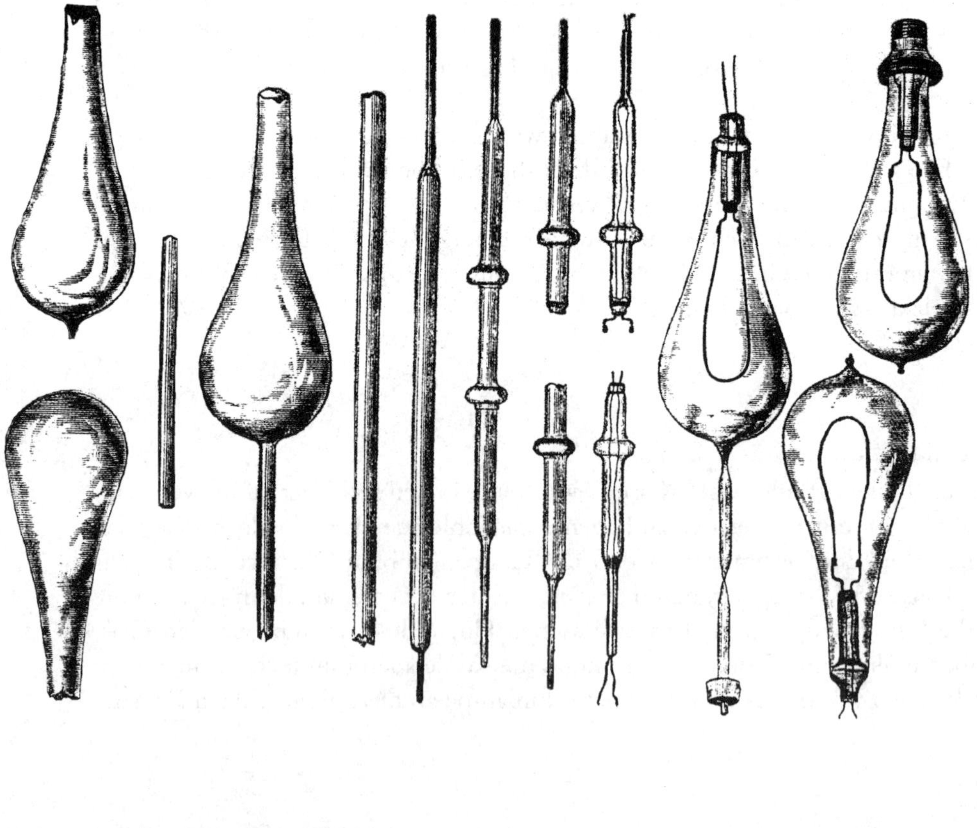

Am Silvesterabend 1879 stellte Edison in der Öffentlichkeit 50 Glühlampen zur Schau, den Strom dafür lieferte eine kleine Gleichstrom-Dynamomaschine. Am 27. Januar 1880 erteilten ihm die amerikanischen Behörden das Patent auf die Kohlefadenlampe mit evakuiertem Glaskolben. Die industrielle Produktion begann 1882, als die „Edison Lamp Company" in New Jersey ihren Betrieb aufnahm. Den Kohlefaden hatte Edison inzwischen durch Fasern des steiferen japanischen Bambus ersetzt. In Großbritannien produzierte Swan im Jahr 1880 die ersten Glühlampen. Diese Lampen besaßen Glühdrähte aus karbonisierter Baumwolle; Swan hatte darauf am 27. November 1880 ein britisches Patent erhalten. Als erste Glühlampenfabrik der Niederlande wurde 1884 die „Electriciteits Maatschappij Systeem Khotinskij" in Rotterdam gegründet. Der größte Teil der Produktion ging nach Deutschland; es wurde aber auch in Deutschland produziert, um die Einfuhrzölle zu umgehen. Die Fabrik wurde 1891 wieder geschlossen.

## Mikrofon

In den sechziger und siebziger Jahren des vorigen Jahrhunderts war man auf der Suche nach einem System, mit dem man Schalldruckschwankungen in Schwankungen des elektrischen Stromes umwandeln konnte. An dem Problem arbeiteten mehrere Wissenschaftler und Erfinder zu gleicher Zeit, unter ihnen auch Edison, Hughes, Reis und Thomson. Es wurden die unterschiedlichsten Prinzipien und Möglichkeiten untersucht; der Elektromagnetismus, die elektrische Leitfähigkeit von Kohlenstoff und Kapazitätsänderungen durch Schalleinwirkung waren nur einige Ansatzpunkte. Bis heute läßt sich nicht mit Gewißheit klären, wer der Erfinder des Mikrofons war. Ein erstes brauchbares Mikrofon wurde der Royal Society in London am 9. Mai 1878 von dem englischen Physiker und Erfinder David E. Hughes (1831 bis 1901) vorgeführt. Eine kleine, deckellose Dose aus

*David E. Hughes (1831 bis 1901).*

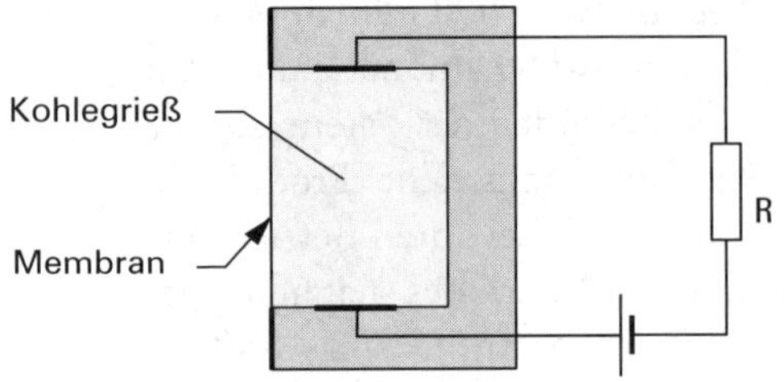


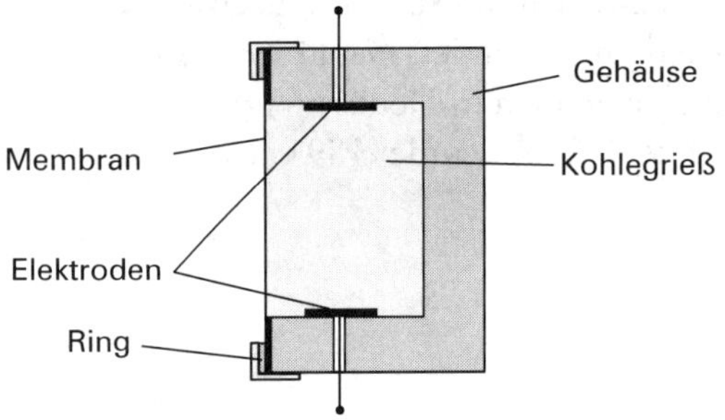


*Prinzip und Aufbau des Kohlemikrofons.*

nichtleitendem Material war bis zum Rand mit Kohlegrieß gefüllt. An Stelle des Deckels besaß die Dose eine dünne Membran, ebenfalls aus nichtleitendem Material, und in der Dose waren, eingebettet in den Kohlegrieß, zwei metallische Elektroden angebracht. Von dort führten Drähte nach außen und verbanden die Elektroden über einen Widerstand mit einer Batterie. Im Ruhezustand floß ein Gleichstrom durch den Stromkreis, dessen Stärke von der Batteriespannung abhing. Wenn man in das Mikrofon sprach, wurde die Membran durch den Schalldruck in Schwingungen versetzt. Die Kohlegrießkörner wurden im Rhythmus der Schallwellen zusammengepreßt, so daß sich der Widerstand zwischen den Elektroden und damit auch der Strom im Stromkreis änderte. Dadurch wurde dem Gleichstrom ein Wechselstrom überlagert, dessen Amplitude und Frequenz dem Schalldruck entsprach, der auf die Membran einwirkte. Außerdem enthielt der überlagerte Wechselstrom Rauschanteile, was auf den vergleichsweise instabilen gegenseitigen Kontakt der Kohlegrießkörner zurückzuführen war.

Das Kohlemikrofon eignete sich nur für die Übertragung von Sprache, und außerdem zeigte es die Eigenart, daß die Kohlegrießkörner manchmal plötzlich aneinanderklebten und ihren Widerstand nicht mehr veränderten. Der schwedische Ingenieur Ericsson erhielt 1888 ein Patent auf ein Kohlemikrofon, bei dem die Kohlegrießkörner auf sechs voneinander getrennte Kammern verteilt waren. Der lästige Klebeeffekt wurde dadurch stark vermindert. In Form einer geschlossenen Kapsel ist das Kohlemikrofon auch heute noch in Telefonen älterer Bauart im Einsatz. Zu Hughes Zeit war das Prinzip des elektromagnetischen Mikrofons bereits bekannt. Das Telefon von Bell arbeitete mit einem solchen Mikrofon; im Januar 1877 war es Bell patentiert worden.

## Der Hall-Effekt *1879*

An der John-Hopkins-Universität in Baltimore untersuchte im Jahr 1879 der amerikanische Physiker Edwin H. Hall (1855 bis 1938) den Stromdurchgang durch eine Metallfilmschicht auf einer Glasplatte. Er entdeckte, daß an der Metallfilmschicht quer zur Flußrichtung des Stromes eine Spannung auftrat, wenn die Schicht einem senkrecht zur Plattenfläche verlaufenden Magnetfeld ausgesetzt wurde. Die Ursache war die Kraftwirkung des Magnetfeldes in der Ebene der Plattenfläche auf den Elektronenstrom. Die Elektronen wichen infolge der senkrechten magnetischen Feldlinien von ihrer ursprünglichen Bahn ab, so daß die Symmetrie zu den Plattenkanten gestört war. Die Kraftwirkung von Magnetfeldern auf die Elektronenbewegung hatte der niederländische Physiker Hendrik A. Lorentz (1853 bis 1928) entdeckt; er gilt auch heute noch als der Begründer der Elektronentheorie. An der Universität Leiden hatte Lorentz zusammen mit Pieter Zeeman den Einfluß des Magnetismus auf die verschiedensten Strahlungserscheinungen untersucht. Für ihre Arbeiten erhielten die beiden Forscher im Jahr 1902 den Nobelpreis der Naturwissenschaften. Der Hall-Effekt hatte zur Zeit seiner Entdeckung noch keine technische Bedeutung, zumal die sogenannte Hall-Spannung bei Metallen sehr niedrig lag und Verstärker noch nicht existierten. Jahrzehnte später wurde der Hall-Effekt im Zusammenhang mit den Halbleitern wieder aktuell. In Halbleitermaterialien bewegen sich die Elektronen mit wesentlich größerer Geschwindigkeit, was zu erheblich höheren Hall-Spannungen führt. Gegenwärtig wird der Hall-Effekt vor allem bei Magnetfeld-Sensoren genutzt.

***Der Hall-Effekt: Das Magnetfeld ist Ursache für die Hall-Spannung quer zur Stromflußrichtung.***

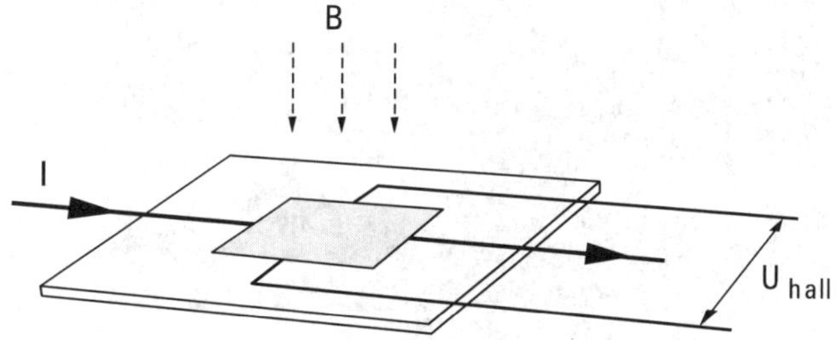


## Photophone *1880*

Alexander Graham Bell (1847 bis 1922) erfand 1880 eine interessante Neuerung auf dem Gebiet der Telefonie. Am 19. Februar 1880 gelang es ihm und seinem Mitarbeiter Sumner Tainter, die menschliche Stimme mit Hilfe des Lichtes über eine Entfernung von 213 m zu übertragen. Ort des Geschehens war die amerikanische Hauptstadt Washington. Das wichtigste Detail der Sendeapparatur war ein membranartig am Ende eines Schalltrichters aufgehängter Spiegel.

Mit Hilfe eines optischen Systems wurde auf den Spiegel stark gebündeltes Sonnenlicht projiziert. Wenn man in den Schalltrichter hineinsprach, geriet der Spiegel in Schwingungen, so daß der reflektierte Lichtstrahl im gleichen Rhythmus abgelenkt wurde. Die Empfangsapparatur bestand aus einem überdimensionalen Parabolspiegel, in dessen Brennpunkt eine Fotozelle angebracht war. Die Fotozelle wandelte die Intensitätsschwankungen des Lichtstrahls in Spannungsschwankungen um, und ein elektromagnetischer Telefonhörer sorgte für die weitere Umwandlung in Schall. Das „Photophone", wie Bell seine Erfindung nannte, hat nie größere praktische Bedeutung erlangt. Nur einige Militärs im Zweiten Weltkrieg setzten zeitweise Lichtsender und -empfänger für die Nachrichtenübertragung ein, vermutlich wegen der hohen Abhörsicherheit. Bell hatte sein Photophone im Jahr 1880 als die größte Erfindung seines Lebens bezeichnet; er hielt sie für wesentlich wichtiger als das Telefon. Es sollte noch fast 90 Jahre dauern (vgl. 1966), bis das Licht als vielseitiger und leistungsfähiger Nachrichtenträger eingesetzt werden konnte.

*Das „Photophone" von Bell und Tainter.*

## Maßeinheiten

Anläßlich der internationalen Elektrizitätsausstellung, die 1881 in Paris stattfand, wurde auf einem Fachkongreß die Schaffung eines einheitlichen Maßsystems für die Elektrotechnik beschlossen. Das normgebende Gremium trat ein Jahr später am gleichen Ort zusammen. Man einigte sich darauf, zunächst das absolute Maßeinheitensystem zu übernehmen, das der deutsche Professor Wilhelm Weber vorschlug. Nur der elektrische Widerstand wurde abweichend festgelegt: Bezugsgröße sollte zukünftig der Widerstand einer Quecksilbersäule von 106,3 cm Länge mit einem Querschnitt von 1 mm$^2$ bei einer Temperatur von 0 °C sein. Die

Einheit des Widerstandes sollte Ohm heißen, symbolisiert durch den griechischen Großbuchstaben Ω (Omega). Auch die übrigen Einheiten wurden nach Persönlichkeiten benannt, die sich um die Erforschung der Elektrizität verdient gemacht hatten.

## Entwicklung der Telefonie

In der niederländischen Hauptstadt Amsterdam ging das erste öffentliche Telefonnetz im Jahr 1881 in Betrieb; angeschlossen waren 49 Teilnehmer. Der Aufbau und die Betriebsführung lag in den Händen der niederländischen Bell-Telefongesellschaft. In der ersten Zeit arbeiteten alle Netze mit Handvermittlung, die Selbstwahl kam erst ein paar Jahre später. Wollte man telefonieren, so mußte man diesen Wunsch der Vermittlung mit Hilfe eines Kurbelinduktors signalisieren, der im Telefonapparat eingebaut war. Der Induktor mit Doppel-T-Anker war nämlich schon 1856 von Werner Siemens erfunden worden. Wenn nichts dazwischenkam, meldete sich die Vermittlung und brachte die gewünschte Verbindung zustande. Ferngespräche konnte man in den Niederlanden zum ersten Mal im Jahr 1888 führen, und 1895 gab es sogar schon eine internationale Verbindung mit Belgien.

In Deutschland wurde das erste öffentliche Telefonnetz am 1. April 1881 in Berlin seiner Bestimmung übergeben. An die Vermittlung waren 48 Teilnehmer angeschlossen, von denen die meisten große Unternehmen und Banken waren. Bis zum Jahresende hatte sich die Teilnehmerzahl fast verzehnfacht; nun waren 458 Teilnehmer stolze Besitzer eines Telefonanschlusses. Der starke Zuwachs an Telefonanschlüssen führte bald auch zu der Notwendigkeit, die Leitungen in Form von Kabeln unter die Erde zu verlegen. Dies hatte zwar den Vorteil, daß die Leitungen besser gegen induktive Störeinflüsse und gegen mechanische Beschädigungen geschützt waren, doch die Signaldämpfung der Erdkabel war wesentlich höher als die Dämpfung der einige Millimeter dicken Freileitungsadern. Die Kabeldämpfung ließ sich jedoch durch künstliche Erhöhung der Kabelinduktivität bis zu einem bestimmten Maß kompensieren. Dieses Verfahren wurde 1887 von dem englischen Physiker Oliver Heaviside (1850 bis 1925) vorgeschlagen. Im Jahr 1899 meldete der aus Serbien stam-

*Das „Telemikrofon" von Mix & Genest.*

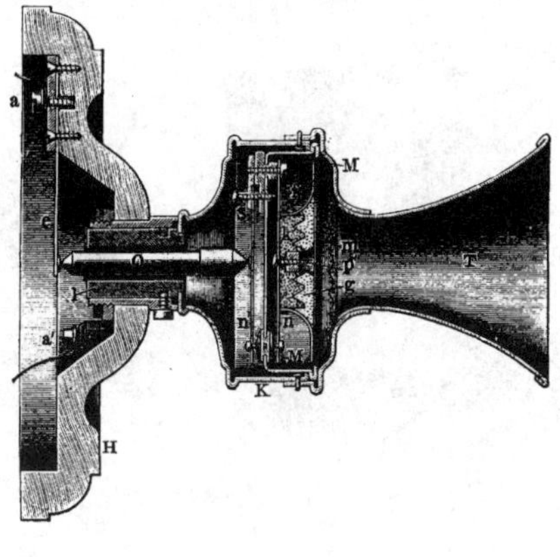

*Telefon mit Handapparat und Wählscheibe.*

*Das Hörgerät „Phonophore“ von Siemens.*

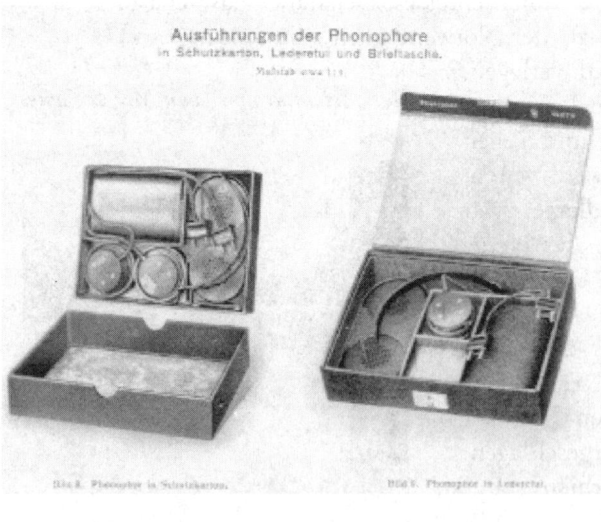


mende Hochschullehrer Michael J. Pupin (1858 bis 1935) ein Patent auf ein Kabel an, bei dem zur Erhöhung der Induktivität in gleichbleibenden Abständen Spulen zwischengeschaltet waren. Die Ingenieure Ebeling und Dolazek, Mitarbeiter bei Siemens & Halske, arbeiteten Pupins Patent weiter aus. Bald danach wurde in der Nähe Berlins das erste „pupinisierte“ Kabel verlegt.

Dem amerikanischen Beerdigungsunternehmer Almon B. Strowger (1839 bis 1902) verdankt die Telefontechnik das erste automatische Wählsystem. Der „Hebdrehwähler“, den er 1889 erfand, konnte sich über eine Kontaktbank in zwei Richtungen bewegen; er löste nach und nach die Handvermittlung ab. Siemens & Halske waren Lizenznehmer für Strowgers Patent geworden.

Auch die weitere Entwicklung verlief sehr zügig und manchmal sogar recht stürmisch. Die Hörkapsel und das Mikrofon waren zwei mechanisch voneinander getrennte Bestandteile des Telefons gewesen, bis 1894 der erste „Handapparat“ (Kombination von Hörer und Mikrofon) erschien. Ab 1897 stellte das deutsche Unternehmen Mix & Genest in Berlin das „Telemikrofon“ in der charakteristischen Trichterausführung her. Die Telefonklingel wurde schon 1877 von dem Instrumentenmacher T. A. Watson eingeführt; er war seinerzeit Assistent bei Alexander Graham Bell gewesen. Die Telefonapparate hatten inzwischen Wählscheiben bekommen, von denen die Hebdrehwähler in den Vermittlungsstellen direkt gesteuert wurden.

Ein schweres Handicap war jedoch immer noch die Tatsache, daß man die analogen Sprachsignale nicht verstärken konnte, um Leitungsverluste auszugleichen und größere Entfernungen zu überbrücken. Es fehlte das analoge Pendant zum Relais, das sich als Verstärker in der (digitalen) Telegrafie bewährt hatte. Immerhin war die Übertragungsgüte der Telefone inzwischen so gestiegen, daß mancher Hörbehinderter seinen Gesprächspartner am Telefon besser verstand als bei einem Gespräch unmittelbar von Mensch zu Mensch. Siemens und Halske nutzten die Chance und bauten um die Jahrhundertwende die ersten elektrischen Hörgeräte. Mikrofon und Hörer des Gerätes, das sie „Phonophore“ nannten, hatten sie einfach unverändert aus der Telefontechnik übernommen.

## Dampfturbine und Drehstrom

Der stark steigende Bedarf an elektrischer Energie konnte nur mit immer leistungsfähigeren Generatoren gedeckt werden. Angetrieben wurden die Generatoren bislang von Dampfmaschinen, doch die hatten ihre obere Leistungsgrenze erreicht, und auch ihre Drehgeschwindigkeit ließ sich nicht mehr steigern. Der Engpaß in der Stromerzeugung wurde behoben, als der englische Ingenieur Sir C. A. Parsons (1854 bis 1931) im Jahr 1884 und der schwedische Ingenieur C. G. P. Laval (1845 bis 1915) im Jahr 1889 die Dampfturbine erfanden. Die Maschine Lavals war eine Variante von Parsons Maschine.

*Michael Dolivo-Dobrowolsky (1862 bis 1919).*

Zur gleichen Zeit stellte der italienische Wissenschaftler Galileo Ferraris (1847 bis 1897) in Turin Experimente mit zwei voneinander unabhängigen Wechselströmen an. Er entdeckte, daß ein System aus mehreren festen Spulen, erregt von Wechselströmen gleicher Frequenz, jedoch unterschiedlichen Phasenlagen, ein räumliches magnetisches Drehfeld erzeugt. Unabhängig von Ferraris trug auch der gebürtige Serbe Nikola Tesla (1856 bis 1943), seinerzeit Mitarbeiter bei Edison, zur Erforschung des magnetischen Drehfeldes bei. Er arbeitete bei seinen Versuchen mit drei Wechselströmen, die jeweils um eine

*Erster brauchbarer Drehstrommotor mit Käfigläufer.*

drittel Periode gegeneinander phasenverschoben waren. Auf den Erkenntnissen von Ferraris und Tesla aufbauend, konstruierte der gebürtige Russe Michael Dolivo-Dobrowolsky (1862 bis 1919) den ersten brauchbaren Dreiphasen-Motor mit Käfigläufer. Dolivo-Dobrowolsky stand zu dieser Zeit in den Diensten der „Allgemeinen Elektricitäts Gesellschaft" (AEG). Auch heute noch werden Drehstrommotoren nach dem gleichen Prinzip gebaut.

Die Entwicklung der Elektrotechnik verlief inzwischen auf drei parallelen Schienen. Der erste Zweig war die sogenannte Starkstromtechnik (Generatoren, Motoren, Transformatoren, Hochspannungstechnik, Isolationstechnik und ähnliches). An zweiter Stelle stand die Lichttechnik; auch sie zog viele Forscher und Erfinder an, was unter anderem auch an den unzähligen Patenten und Auseinandersetzungen über deren Nutzung sichtbar wurde. Den dritten Zweig nannte man „Schwachstromtechnik", weil beim Telegrafen, beim Telefon und ähnlichen Geräten nur schwache Ströme flossen. Alle drei Zweige haben ihren eigenen geschichtlichen Verlauf genommen. Hier soll zuerst die „Schwachstromtechnik" weiterverfolgt werden, aus der später die Elektronik hervorging.

## *1883* Fernsehen

Paul Nipkow, ein 23 Jahre alter Student der Naturwissenschaften in Berlin, stellte im Jahr 1883 Überlegungen an, wie man Bilder elektrisch übertragen könnte. Er ging von folgenden damals schon bekannten Grundgedanken aus: Eine Fotozelle ist geeignet, unterschiedlich helle Bildpunkte in unterschiedlich hohe elektrische Spannungen umzusetzen. Daraus kann eine Neonlampe (Glimmlampe) die unterschiedlich hellen Bildpunkte reproduzieren. Ein Bild besteht aus einer großen Anzahl einzelner Bildpunkte. Die Anzahl der benötigten Fotozellen und Neonlampen ist gleich der Anzahl der Bildelemente eines vollständigen Bildes. Jede Fotozelle muß mit der zugehörigen Neonlampe über einen eigenen Stromkreis verbunden sein.

Für die Lösung des Leitungsproblems mit Hilfe eines sequentiellen Verfahrens hatte der Franzose Constantin Senlecq zwei Jahre zuvor ein Patent erhalten. Bei seinem 1881 vorgeschlagenen „Télectroscope" schalteten zwei synchron rotierende Kontaktarme, einer im Sender, der andere im Empfänger, die Fotozellen und die zugehörigen Neonlampen mit hoher Geschwindigkeit über eine gemeinsame Leitung durch. Abgesehen vom Aufwand für die rotierenden Schalter war die Anzahl der Fotozellen und Neonlampen (Senlecq ging von 5000 Bildelementen aus) eine unüberwindbare Hürde für die Umsetzung des Systems in die Praxis.

Nipkows Idee ging einen wichtigen Schritt weiter: Sein System benötigte für die Übertragung vollständiger Bilder nur eine einzige Fotozelle, eine Neonlampe und eine Verbindungsleitung. Zwischen Bild und Fotozelle, so schlug Nipkow vor, steht eine drehbare runde Scheibe, auf der sich spiralförmig angeordnet lichtdurchlässige Löcher befinden. Über die drehende Lochscheibe wird das Bild in gekrümmten Linien zeilenweise abgetastet. Jedes Bildelement hat dabei ungefähr die Größe eines Loches in der Scheibe. Diesen Vorgang nannte Nipkow „Bildanalyse".

***Nipkow-Scheibe zur zeilenweisen Abtastung der Bildelemente.***

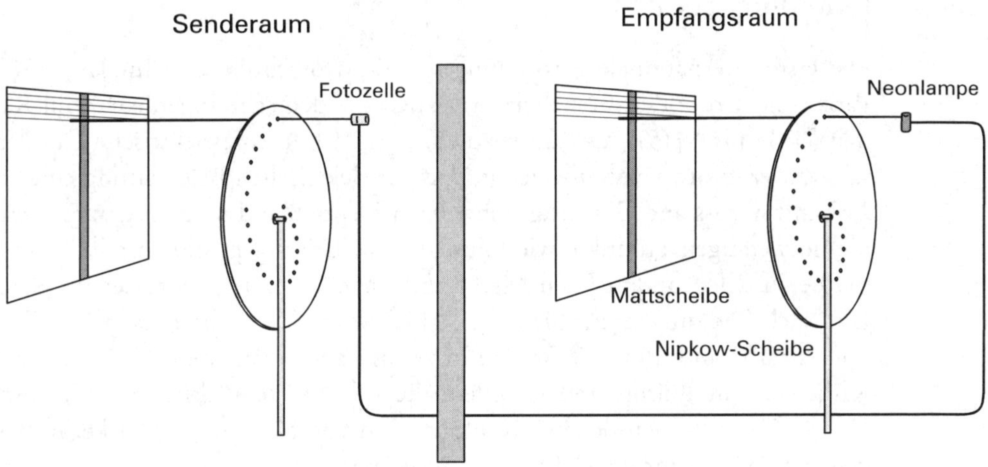

Die Empfängerseite arbeitet nach Nipkows Vorschlag mit einer identischen Lochscheibe, die sich synchron zur Lochscheibe des Senders dreht. Die hinter dieser Lochscheibe angebrachte Neonlampe muß so beschaffen sein, daß sie die geringen Spannungsdifferenzen mit der nötigen Geschwindigkeit in Helligkeitsschwankungen umsetzen kann. Die Forderung nach der örtlich und zeitlich richtigen Rekonstruktion der Bildelemente ist damit erfüllt. Bei genügend hoher Drehgeschwindigkeit der Lochscheiben nimmt das menschliche Auge infolge seiner Trägheit ein vollständiges Bild wahr. Den Vorgang auf der Empfängerseite nannte Nipkow „Bildsynthese".

Nipkow hat sein elektromechanisches Bildübertragungssystem, von ihm selbst „Elektrisches Teleskop" genannt, in allen Details ausgearbeitet. Schon im Januar 1885 wurde ihm ein deutsches Patent erteilt. Es dauerte allerdings noch viele Jahre, bis die elektrischen Bauelemente zur Verfügung standen, ohne die eine Umsetzung seiner Pläne nicht möglich war. Die Erfindung der Elektronenröhre, mit der die schwachen Signale der Selen-Fotozelle verstärkt werden konnten, gaben der elektrischen Bildübertragung einen kräftigen Auftrieb.

Paul Nipkow gilt schlechthin als der Erfinder des Fernsehens. Ganz am Rand erscheint noch bemerkenswert, daß die moderne CCD-Kamera zusammen mit dem zukünftigen flachen TV-Bildschirm ein perfektes elektronisches Abbild von Senlecqs längst vergessenem „Télectroscope" ist.

## *1887* Gründung der AEG

Die erste internationale Ausstellung der Elektrotechnik fand im Jahr 1883 in Paris statt. Unter den Besuchern war auch der deutsche Ingenieur Emil Rathenau (1838 bis 1915). Als Rathenau zum ersten Mal eine elektrische Glühlampe sah, war er sofort davon überzeugt, daß der elektrischen Beleuchtung eine große Zukunft bevorstand. Zurückgekehrt nach Deutschland faßte er den Entschluß, die notwendigen Produkte wie Glühlampen, Leitungen und Installationsmaterial herzustellen und auf den Markt zu bringen. Dazu gründete er im gleichen Jahr nach Beratungen mit Siemens & Halske die Deutsche Edison Gesellschaft und erwarb von Edison die Rechte an verschiedenen Patenten. 1887 trennte sich Rathenau von Edison und gründete die Allgemeine Elektricitäts Gesellschaft (AEG). Die AEG wurde zum Konkurrenten von Siemens & Halske, insbesondere auf dem Sektor der elektrischen Maschinen.

## Lecher-Leitungen *1890*

Im Jahr 1890 fand der österreichische Physiker Ernst Lecher (1850 bis 1926) eine Methode, die Frequenz hochfrequenter Schwingungen abzustimmen und zu messen. Der Resonanzkreis bestand aus zwei parallel angeordneten Drähten oder Rohren, wobei die Leiterlänge die Induktion und der Abstand zwischen den Leitern die Kapazität des Resonanzkreises bestimmte. Diese Entdeckung bekam später eine wichtige Bedeutung in der Mikrowellentechnik.

## Planck'sche Hypothese

Max Planck (1858 bis 1947) stellte im Jahr 1900 die Hypothese auf, daß Strahlungsenergie, zum Beispiel die Energie des Lichtes, nicht kontinuierlich zu- oder abnimmt, sondern in Form von kleinsten Paketen, den Energiequanten. Das Planck'sche Strahlungsgesetz besagt, daß zwischen der Frequenz einer Strahlung und deren Energie eine feste Relation besteht. Der Quotient aus beiden Größen ist das Wirkungsquantum; es wurde von Planck mit $6{,}624 \times 10^{-34}$ Joule · Sekunde angegeben. Planck, einer der bedeutendsten Naturwissenschaftler dieses Jahrhunderts, war nacheinander Professor der Physik an den Universitäten Kiel (1885), Berlin (1889) und Wien (1907).

*Gerard Philips (1858 bis 1942).*

## Gründung von Philips *1891*

Nachdem Gerard Philips (1858 bis 1942) sein Studium der Werkzeugkunde in Delft beendet hatte, ging er an die Universität Glasgow. Die Entwicklung und Herstellung von Glühlampen fand sein besonderes Interesse, zumal in diesem Bereich der Markt stark wuchs und zahlreiche Patentstreitigkeiten ausgetragen wurden. Zurück in den Niederlanden faßte er den Entschluß, selbst Glühlampen zu entwickeln und zu produzieren. Am 15. Mai 1891 wurde im südniederländischen Eindhoven der Grundstein der ersten Philips Glühlampenwerke gelegt.

## 1892 Gründung von General Electric

In diesem Jahr fusionierten in den USA die beiden größten Hersteller von elektrotechnischen Erzeugnissen: Die Edison-Gesellschaft und Thomson-Houston wurden zur General Electric Company (GE) vereinigt. General Electric nahm in den USA über viele Jahre hinweg eine marktbeherrschende Position ein.

## 1895 Röntgenstrahlen

Mitte der neunziger Jahre legte der französische Physiker Antoine H. Becquerel (1852 bis 1908) die Grundlagen für die wissenschaftliche Behandlung von Leuchterscheinungen, die bei bestimmten Phosphoren auftraten. Die Erscheinungen selbst waren seit langem bekannt, eine Erklärung war jedoch noch nicht gefunden. Becquerel bestimmte unter anderem die Wellenlänge der einfallenden Strahlung (Licht), die Wellenlänge der resultierenden austretenden Strahlung, die Dauer der Nachleuchterscheinungen und den Temperatureinfluß. Der englische Physiker Sir George G. Stokes (1819 bis 1903), seit 1849 Hochschullehrer in Cambridge, war schon 1852 zu der Erkenntnis gekommen, daß bei nahezu allen Lumineszenzerscheinungen die Wellenlänge der austretenden Strahlung kürzer als die Wellenlänge der einfallenden Strahlung ist. Ende der neunziger Jahre begann die Lumineszenz in der Wissenschaft eine wichtige Rolle zu spielen, als man lumineszierende Schirme verwendete, um Kathoden- und Kanalstrahlen zu untersuchen.

*Wilhelm Conrad Röntgen (1845 bis 1923).*

Professor Wilhelm Conrad Röntgen (1845 bis 1923) war 1895 Hochschullehrer für experimentelle Physik an der Universität Würzburg. Durch Zufall entdeckte er eine Strahlung, deren Art er nicht feststellen konnte und die er deshalb „X-Strahlung“ nannte. Seine experimentellen Untersuchungen galten hauptsächlich der Erforschung der Stoßionisation. Hierbei benutzte er einen Schirm, auf den ein fluoreszierender Stoff aufgebracht war. Bei einem Versuch mit sehr hoher Spannung (30…50 kV) trat zu Röntgens Erstaunen kurzzeitig eine Strahlung auf, die recht merkwürdige Eigenschaften zeigte. Die Strahlung, die seine Hand durchdrang, wurde von den Knochen stärker absorbiert als von dem umgebenden Gewebe. Auf dem fluoreszierenden Schirm wurden die Knochen von Röntgens Hand kurz, aber deutlich sichtbar. Die „X-Strahlen“

sollten später zum unentbehrlichen Hilfsmittel in der medizinischen Diagnostik, bei der Untersuchung von Kristallstrukturen und in vielen anderen Bereichen werden.

Als fluoreszierenden Stoff verwendete Röntgen Bariumplatincyanid BaPt(Cn). Die damals noch unbekannte Strahlung entsteht, wenn sehr schnelle Elektronen auf ein Metall auftreffen und dadurch stark abgebremst werden; man sprach deshalb auch von „Bremsstrahlung". Die kinetische Energie der Ladungsträger wird dabei zu etwa 99 % in Wärme umgesetzt, das restliche Prozent geht in kurzwellige Strahlungsenergie über. Die Strahlung wurde nach ihrem Entdecker „Röntgenstrahlung" genannt. Die Hamburger Glasbläserei C. M. F. Müller, zu deren Erzeugnissen auch Gasentladungsröhren gehörten, nahm als erste in Europa die Fertigung von Röntgenröhren auf; die erste wassergekühlte Röhre wurde 1899 hergestellt. Im Jahr 1901 erhielt C. M. F. Müller von der British Roentgen Society die Goldmedaille für die beste Röntgenröhre in der Radiografie und Fluoroskopie. Wilhelm Conrad Röntgen nahm im gleichen Jahr als erster den Nobelpreis für Naturwissenschaften entgegen.

## Entdeckung des Elektrons *1897*

Während seiner zahlreichen Experimente mit Glühlampen stieß Edison auf eine merkwürdige Erscheinung. Er hatte im Verlauf des Jahres 1884 bei einem Experiment eine zusätzliche, flache Metallelektrode in eine Glühlampe eingebaut, die den Glühdraht nicht berührte. Edison stellte fest, daß ein Strom zwischen dem negativen Pol des Glühdrahtes und der Elektrode meßbar war, vom positiven Pol zur Elektrode floß jedoch kein Strom. Fünf Jahre später vertrat der britische Ingenieur Sir Ambrose Fleming (1849 bis 1945) die These, daß elektrischer Strom auf der Bewegung negativer Ladungsträger beruhe. Erst 1897 gelang es Sir Joseph John Thomson (1856 bis 1940), Klarheit über die Natur der Ladungsträger zu schaffen. Er bewies die Existenz der Elektronen, ihre Fähigkeit, Ladungen zu transportieren, und außerdem bestimmte er ihre Masse und Ladungsmenge. Um die Eigenschaften des Elektrons herausfinden zu können, verwendete Thomson eine spezielle Kathodenstrahlröhre.

## Kathodenstrahlröhre

Ebenfalls im Jahr 1897 veröffentlichte Karl Ferdinand Braun einen Aufsatz mit dem Thema „Über ein Verfahren zur Demonstration und zum Studium des zeitlichen Verlaufes variabler Ströme." In dem Aufsatz gab er die Konstruktion einer Kathodenstrahlröhre wie folgt an:

Ein runder Glashals mit einer Länge von ca. 30 cm geht auf einer Länge von weiteren 15 cm trichterförmig in einen nahezu flachen, runden Schirm über, dessen Diagonale ca. 8 cm beträgt. An der etwa 10 cm von der Kathode entfernten, seitlich angebrachten Anode liegt Hochspannung, so daß die von der Kathode emittierten Elektronen von der Anode angezogen und beschleunigt werden. Die Elektronen durchlaufen den Hals und treffen nach ca. 26 cm auf eine Lochblende, deren Durchmesser 2 mm beträgt.

In der von Braun beschriebenen Röhre traf ein dünner Elektronenstrahl auf die flache, zum Elektronenstrahl senkrechte Frontseite auf. Die Innenseite des Frontschirmes war mit einem fluoreszierenden Stoff beschichtet, so daß der Elektronenstrahl von außen als Lichtpunkt sichtbar wurde. Mit veränderlichen elektrostatischen oder elektromagnetischen Feldern konnte der Elektronenstrahl abgelenkt und der Lichtpunkt über den Schirm bewegt werden. Damit war die Röhre in der Lage, schnelle elektrische Vorgänge auf dem Bildschirm sichtbar zu machen. Die Röhre wurde nach ihrem Erfinder „Braun'sche Röhre" genannt; sie ist der Urahn der modernen Oszilloskop-Röhren und der Schwarz-Weiß- und Farbbildröhren. Allerdings konnte Braun nicht ahnen, daß die Weiterentwicklung seiner Erfindung in diese Richtung gehen würde.

## Magnetische Werkstoffe

Der französische Physiker Ch. E. Guillaume (1861 bis 1938) leistete bedeutende Forschungsarbeiten auf dem Gebiet der Metallurgie. Unter anderem stellte er fest, daß bestimmte Metallegierungen, die zur Gruppe der sogenannten Ferrite gehören, bessere magnetische Eigenschaften besitzen als die Elemente selbst. 1897 erhielt er ein Patent auf eine Nickel-Eisen-Legierung, die einen sehr niedrigen thermischen Ausdehnungskoeffizienten besaß und bessere magnetische Eigenschaften aufwies als Nickel und Eisen. Diese Legierung findet unter der Bezeichnung „Invar" auch heute noch Verwendung in der Elektronik, unter anderem bei der Herstellung von Bildröhren. Guillaume beschäftigte sich ferner mit den zu seiner Zeit bereits bekannten Bimetallen. Auf die Idee, Bimetalle beim Bau von Uhrwerken einzusetzen, war der Uhrmacher P. le Roy schon im Jahr 1766 gekommen. Die heutigen Bimetalle gehen auf Forschungsarbeiten des französischen Wissenschaftlers Pierre Chevenard zurück.

## Drahtlose Telegrafie *1898*

Maxwells Theorie aus dem Jahr 1864 hatte zahlreiche Wissenschaftler in ihren Bann gezogen. In Deutschland war es vor allem Heinrich Hertz (1857 bis 1894), der sich mit der vermuteten Existenz elektromagnetischer Wellen intensiv auseinandersetzte. Die Richtigkeit von Maxwells Theorie wurde von Hertz experimentell bestätigt. Es gelang Hertz nicht nur, in einer Reihe wissenschaftlicher Versuche zu beweisen, daß elektromagnetische Strahlung künstlich erzeugt werden konnte, sondern er zeigte auch, daß elektromagnetische Strahlung wesensverwandt mit dem Licht war. Die Ergebnisse seiner Forschungsarbeiten veröffentlichte Hertz im Jahr 1889.

Zur Zeit seiner Forschungsarbeiten war Hertz Professor der Physik an der Universität Karlsruhe. Sein Interesse an Maxwells Theorie war ausschließlich wissenschaftlicher Natur; an die weitreichende technische Bedeutung seiner Experimente für eine zukünftige drahtlose Kommunikation dachte er nicht. Das gleiche galt auch für den englischen Physiker David E. Hughes (1831 bis 1901), dem es ebenfalls nur um Wahrheit oder Irrtum der Maxwellschen Vorahnungen ging. Das von Hughes gebaute, recht primitive Telegrafie-Sende- und Empfangsgerät konnte tatsächlich schon kurze Entfernungen drahtlos überbrücken. Die Chance, als Erfinder der drahtlosen Telegrafie in die Geschichte einzugehen, ließ Hughes ungenutzt verstreichen.

Einen schärferen Blick für die technische und auch kaufmännische Seite der drahtlosen Nachrichtenübertragung hatte der italienische Ingenieur Guglielmo Marconi (1874 bis 1927). Ihm gelang es im Jahr 1895, elektromagnetische Wellen zu erzeugen, sie mit Morsezeichen zu modulieren und in einiger Entfernung

*Guglielmo Marconi (1874 bis 1927) mit seinem Sender, 1896 in London.*

*Heinrich Hertz (1857 bis 1894).*

wieder zu empfangen. Auf der Empfängerseite setzte er einen sogenannten Kohärer ein: Eine geschlossene, mit Silber- und Nickelspänen gefüllte Glasröhre mit zwei nach außen führenden silbernen Kontakten. Der elektrische Widerstand dieses Bauelementes änderte sich unter dem Einfluß elektromagnetischer Wellen. Dieser Effekt war zum ersten Mal von Augusto Righi (Bologna) und Prof. E. Branly (Paris) beschrieben worden. Mit dem Kohärer wandelte Marconi modulierte elektromagnetische Wellen in Gleichstromsignale um.

Marconis Umgebung teilte dessen enthusiastische Vorstellungen nur zu einem geringen Teil. Die italienische Regierung, die er für seine Pläne gewinnen wollte, ließ ihn schließlich unmißverständlich wissen, daß sie an drahtloser Telegrafie kein Interesse habe. Enttäuscht über sein Heimatland verlegte Marconi 1886 seinen Wohnsitz nach England. Dort, so hoffte er, werde man offener sein für die zukünftige Welt der drahtlosen Kommunikation. Marconis Sende- und Empfangsgeräte, inzwischen ausgestattet mit Antennen, waren wegen ihrer Größe und ihres Strombedarfs zunächst vorwiegend für Verbindungen zu Schiffen auf hoher See geeignet. Die Antenne hatte übrigens inzwischen der Russe Alexander Popow (1859 bis 1905) erfunden. Im Jahr 1898 fand Marconi endlich die erhoffte materielle und personelle Unterstützung. Er stellte eine drahtlose Verbindung zwischen der englischen Küstenstadt Dover und dem Feuerschiff „East Goodwin" her, das 15 Seemeilen von der Küste entfernt vor Anker lag. Ein Jahr später empfing das amerikanische Dampfschiff „Saint Paul" auf hoher See von Marconi gesendete Funktelegramme. Bei seinen zahlreichen Aktivitäten erhielt Marconi Hilfestellung von dem schon mehrfach erwähnten Sir Ambrose Fleming, der einige Jahre später den Vakuum-Gleichrichter erfinden sollte. Eine Zusammenarbeit fand auch bei der Konstruktion des Senders statt, mit dem Marconi zum ersten Mal den Atlantik überbrückte. Dazu kam es im Jahr 1901, als günstige atmosphärische Bedingungen dazu beitrugen, daß Marconis Morsezeichen an der amerikanischen Ostküste empfangen und verstanden werden konnten. Dieses Ereignis wurde als Weltsensation gefeiert.

## Magnetische Tonaufzeichnung *1900*

Zum ersten Mal beschrieben wurde das Prinzip der magnetischen Tonaufzeichnung im Jahr 1888 von dem Amerikaner Oberlin Smith. Er schlug als Tonträger einen aufwickelbaren, flexiblen Streifen vor, zum Beispiel aus Baumwolle, in dem Eisenteilchen eingebettet sind. Während der Streifen in Längsrichtung fortbewegt wird, können die Eisenteilchen von einem Elektromagneten dauerhaft magnetisiert werden. Smiths Arbeiten gingen über die Beschreibung des Verfahrens nicht hinaus, sie gaben jedoch einigen Wissenschaftlern und Ingenieuren Anstöße zum Nachdenken und Ausprobieren. Das erste funktionsfähige Aufnahme- und Wiedergabegerät, das nach der Idee von Smith arbeitete, wurde von dem dänischen Ingenieur Valdemar Poulsen (1859 bis 1942) gebaut. Poulsen, Mitarbeiter der Kopenhagener Telefongesellschaft, erhielt hierfür 1889 ein Patent. Das Gerät arbeitete mit einer Trommel, auf die spiralförmig ein Stahldraht von ungefähr 1 mm Durchmesser gewickelt war. Als Tonkopf diente eine auf zwei Weicheisen-Lamellen gewickelte Spule. Ein Mechanismus führte den Tonkopf parallel zur Trommelachse an der Trommel entlang und drückte ihn dabei gegen den aufgewickelten Stahldraht. Während der Aufnahme war die Spule mit einem Kohlemikrofon verbunden, zur Wiedergabe diente ein an die Spule angeschlossener Kopfhörer. Auf der Weltausstellung 1900 in Paris wurde Poulsen für sein „Telegraphone" der Grand Prix verliehen.

Mix & Genest in Berlin präsentierte im gleichen Jahr ein ähnliches Tonaufnahme- und Wiedergabegerät. Die Drahtgeschwindigkeit betrug, ebenso wie bei dem Gerät von Poulsen, 2 Meter pro Sekunde, die maximale Spieldauer lag bei 50 Sekunden. Nicht viel später brachte Mix & Genest eine stark verbesserte Weiterentwicklung heraus. Das neue Gerät arbeitete nicht mehr mit einem runden Stahldraht, sondern mit einem 3 mm breiten und 0,05 mm dicken Stahlband. Obwohl die Bandgeschwindigkeit die gleiche wie beim ersten Gerät war, wurde nun die beträchtlich längere Spieldauer von ca. 20 Minuten erreicht. Allerdings war die Wiedergabequalität wegen ihres hohen Rausch- und Klirranteils alles andere als vollkommen. Poulsen setzte seinen ganzen Ehrgeiz und sein großes Erfindertalent ein, um die Tonqualität zu verbessern, doch dies gelang ihm nur in sehr geringem Maß. Sicher lag das nicht zuletzt daran, daß ihm die Verstärkertechnik noch nicht zur Verfügung stand.

*Valdemar Poulsen (1859 bis 1942).*

## Telegrafie

Um die Jahrhundertwende erfand der Franzose Émile Baudot (1845 bis 1903) die Mehrfachtelegrafie, bei der mehrere Sender und Empfänger gleichzeitig miteinander verbunden waren und miteinander im „Zeitmultiplex“ Telegramme austauschten. Die Übertragungsgeschwindigkeit (Schrittgeschwindigkeit) wird noch heute zur Erinnerung an Baudots Verdienste um die Entwicklung der Telegrafie in Baud angegeben. Baudot legte auch einen Buchstaben- und Zahlencode fest, bei dem die Zeichen durch fünf Stromimpulse repräsentiert wurden.

## *1901* Drehkondensatoren

Schon 1898 war Marconi aufgefallen, daß die mit Funkwellen überbrückbaren Distanzen größer wurden, wenn Sender und Empfänger auf gleiche Wellenlängen abgestimmt waren. Viele von Marconi durchgeführten Versuche wurden auch von auswärtigen Besuchern an Ort und Stelle beobachtet. Zu ihnen gehörte Adolf Slaby (1849 bis 1913), Professor an der Technischen Hochschule Berlin. Slaby arbeitete zusammen mit Georg von Arco und Professor Ferdinand Braun an der Entwicklung der drahtlosen Telegrafie in Deutschland. Um abstimmbare Schwingkreise in der drahtlosen Telegrafie einsetzen zu können, brauchte man kapazitätsvariable Kondensatoren. Dr. Adolf Koepsel entwickelte 1901 bei Siemens & Halske einen kontinuierlich veränderbaren, aus zwei halbrunden Plattenpaketen bestehenden Drehkondensator. Ein Plattenpaket war fest auf einer Hartgummiplatte montiert, das andere drehbar gelagert. Die Platten griffen abhängig vom Drehwinkel mehr oder weniger weit ineinander, ohne sich jedoch zu berühren. Als Dielektrikum diente die zwischen den Platten befindliche Luft. Innerhalb kurzer Zeit wurden noch verschiedene andere Ausführungen des Drehkondensators konstruiert.

## *1902* Hypothese von Heaviside und Kennely

Ein weiteres Phänomen, dem Marconi bei seinen Funkversuchen begegnete, war die größere Reichweite seiner Sender bei Nacht. Er glaubte, daß dies in irgendeiner Weise mit der Sonne zusammenhing. Oliver Heaviside (1850 bis 1925), ein britischer Naturwissenschaftler, und Arthur Kennely (1861 bis 1939), ein amerikanischer Ingenieur, vertraten unabhängig voneinander die Hypothese, daß eine ionisierte atmosphärische Schicht die Erde in großer Höhe umgibt. Sie vermuteten, daß elektromagnetische Wellen von dieser Schicht zur Erde reflektiert werden, wobei die Höhe der Schicht von der Intensität der Sonneneinstrahlung abhängt.

## Gründung von Telefunken *1903*

AEG und Siemens & Halske gründeten gemeinsam im Jahr 1903 die „Gesellschaft für Drahtlose Telegraphie mbh Telefunken". Beide Unternehmen waren jeweils zur Hälfte am Grundkapital des Tochterunternehmens beteiligt. Geführt wurde Telefunken bis zum Jahr 1932 von Graf Georg von Arco.

## Papierkondensatoren *1904*

Als im Jahr 1904 die Produktion von festen Kondensatoren begann, diente Papier als Dielektrikum. Bis dahin waren ausschließlich Luftkondensatoren gebräuchlich gewesen. Ein Papierkondensator wurde aus zwei Stanniolfolien gewickelt, zwischen die eine Lage Papier geschichtet war. Zuvor erhielten die beiden Stanniolfolien einen seitlichen Drahtanschluß. Die gewickelte Rolle wurde im Vakuum in einen Isolierstoff getaucht und anschließend in einen rechteckigen Metallbecher eingebaut. Die Drahtanschlüsse wurden herausgeführt und auf dem Gehäuse mit Schraubklemmen verbunden, danach wurde der Becher vergossen. Der meistverwendete Kondensator war damals der 2-µF-Kondensator; beim Bau von drahtlosen Telegrafiegeräten wurde er am häufigsten benötigt.

## Der Vakuum-Gleichrichter

In den ersten Jahren nach der Jahrhundertwende war der englische Naturwissenschaftler Sir Ambrose Fleming recht bekannt und geehrt, unter anderem war er auch Ratgeber von Marconi bei dessen Versuchen mit der drahtlosen Telegrafie. Fleming experimentierte mit einer Glühlampe, an deren Glaskolben außen ein Stift angebracht war. Wenn durch den Glühdraht Strom floß und die Lampe Licht ausstrahlte, so stellte Fleming fest, floß auch ein Strom vom Glühdraht durch das Vakuum im Kolben zum Stift, sofern am Stift höheres Potential lag als am Glühdraht. Dagegen floß kein Strom über den Stift, wenn der Stift gegenüber dem Glühdraht niedrigeres Potential besaß. Man konnte also von einer elektrischen Ventilwirkung sprechen, so wie sie bei dem bereits bekannten Selengleichrichter zu beobachten war. Fleming bemerkte ferner, daß die Stromstärke im äußeren Stromkreis von zwei Faktoren abhing: von der Spannungsdifferenz

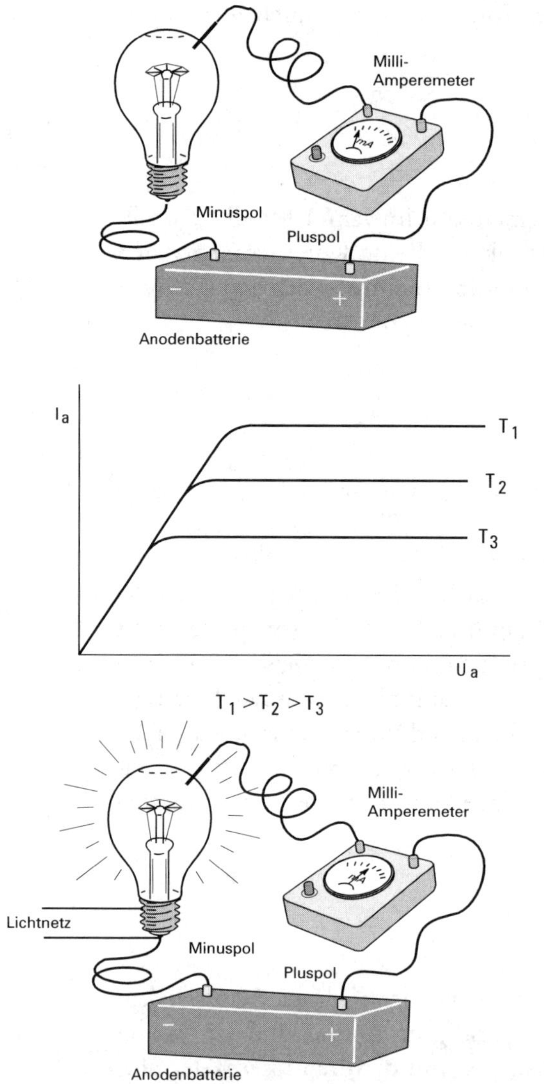


***Flemings Experiment führte zur Erfindung des Vakuum-Gleichrichters.***

zwischen Stift und Glühdraht und von der Glühdrahttemperatur.

Die Ursache des Effektes hängt bekanntlich mit der Geschwindigkeit der freien Elektronen im Glühdraht zusammen; sie nimmt mit steigender Temperatur zu. Sobald die Temperatur einen bestimmten Wert überschreitet, verlassen einige Elektronen den Glühdraht, um danach infolge der Kraftwirkung, die von den positiven Metallionen ausgeht, wieder zum Glühdraht zurückzukehren. In der unmittelbaren Umgebung des Glühdrahtes entsteht eine Elektronenwolke, deren Dichte von der Glühdrahttemperatur abhängt. Wenn zwischen dem Stift, außen am Kolben, und dem Glühdraht eine positive Spannung liegt, fällt ein Teil der Elektronenwolke nicht mehr zum Glühdraht zurück, sondern wird vom Stift angezogen. Das geschieht immer dann, wenn die aus Richtung des Stiftes auf die Elektronen wirkende Kraft größer als die Kraft ist, die von den Metallionen des Glühdrahtes ausgeübt wird. Die Anzahl der zum Stift fliegenden Elektronen steigt zunächst mit höheren Spannungsdifferenzen zwischen Stift und Glühdraht an. Über einem bestimmten Spannungswert tritt jedoch eine Sättigung ein. Dann werden alle bei der gegebenen Glühdrahttemperatur freien Elektronen vom Stift aufgesogen; eine weitere Steigerung ist nicht mehr möglich. Wenn am Stift negative Spannung liegt, werden die freien Elektronen vom Stift abgestoßen, so daß im äußeren Stromkreis kein Strom fließen kann.

Flemings Entdeckung, von ihm im Jahr 1904 bekanntgegeben, war gleichzeitig die Erfindung des Vakuum-Gleichrichters. Da das neue Bauelement zwei Elektroden besaß, bekam es den Namen „Diode".

## Funkübertragung von Sprache und Musik

Reginald A. Fessenden, ein kanadischer Ingenieur, übertrug als erster Sprache und Musik mit Hilfe eines Lichtbogensenders. Seine Versuche an der amerikanischen Ostküste verursachten bei den Funkoffizieren einiger vor der Küste kreuzenden Dampfschiffe ungläubiges Staunen und Verwirrung. Plötzlich hörten sie in ihren Kopfhörern statt der gewohnten Morsesignale zwar verzerrt, aber doch deutlich wahrnehmbar, das bekannte Largo von Händel. Fessenden benutzte für seine Versuche unter anderem ein selbstentwickeltes Kohlemikrofon, das sehr hohe Ströme vertragen konnte. Schon wenig später, im Jahr 1907, gelang es ihm, mit einem amplitudenmodulierten Sender eine Entfernung von 450 km zu überbrücken.

## Die Triodenlampe *1906*

Um die Jahrhundertwende untersuchten der österreichische Physiker Robert von Lieben (1878 bis 1913) und seine Mitarbeiter Eugen Reiss und Sigmund Strauss die Eigenschaften von gasgefüllten Lampen mit Glühdrahtkathoden. Die Elektronen ionisierten auf ihrem Weg von der Kathode zur Anode die Gasmoleküle, so daß eine Stromverstärkung eintrat. Nach dem Einbau einer dritten Elektrode, sie bestand aus einem kleinen Stück Drahtgeflecht, ließ sich der Einsatz der Ionisation präzise steuern. Auch der Strom, der bei niedrigen Spannungen zwischen Anode und Kathode floß, konnte mit Hilfe des Gitters beeinflußt werden. Die Lampe hatte folglich die Eigenschaft, schwache elektrische Signale, angelegt zwischen Gitter und Kathode, zu verstärken. Im Jahr 1906 meldete von Lieben die „Triodenlampe", wie er sie nannte, in Deutschland zum Patent an. Er sah zu der Zeit bereits die Perspektive, unter Einsatz seiner Erfindung so wichtige

*„Triodenlampe" aus dem Jahr 1906 von Robert von Lieben (1878 bis 1913).*

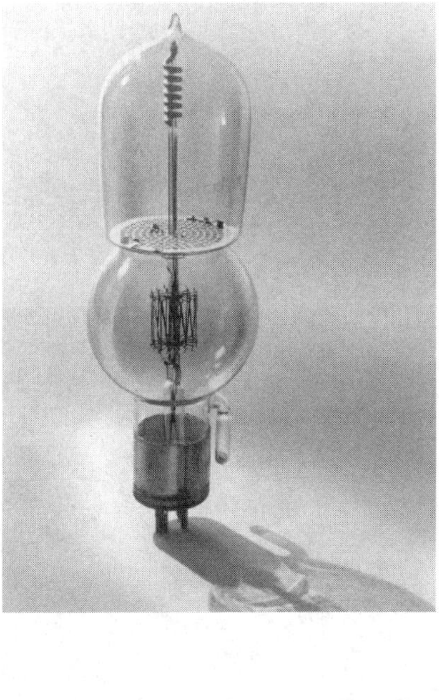

Geräte wie den Telefonverstärker zu bauen. Bei der AEG und Siemens & Halske war man zu dieser Zeit mit ähnlichen Untersuchungen beschäftigt. Um Konflikten mit von Liebens Patentrechten aus dem Weg zu gehen, beschlossen beide Unternehmen, zusammen mit dem Kabelhersteller Felten & Guillaume, bei von Lieben Lizenzen zu erwerben. Zu diesem Zweck wurde im Jahr 1912 das „Von Lieben Consortium“ gegründet. Im gleichen Jahr nahm in Deutschland die erste feste Funkverbindung zwischen Berlin und Nauen ihren Betrieb auf.

# Von der Elektronenröhre zum Transistor

# 3

**Die Erfindung der Vakuum-Elektronenröhre eröffnete völlig neue Möglichkeiten für Forschung und Entwicklung. Der Bau von Verstärker- und Oszillatorschaltungen war nun möglich, das Radio etablierte sich und wurde zum Massenmedium.**

*1907 bis 1948*

Auf die erste Elektronenröhre, eine Triode, folgten schnell weiterentwickelte Röhrentypen wie die Tetrode und die Pentode. Die Röhre wandelte auch ihr äußeres Erscheinungsbild. Der angekittete Sockel wurde durch einen Preßglassockel ersetzt, die Abmessungen schrumpften. Der Superheterodyn-Empfänger kam und bot eine bis dahin ungeahnte Empfangsqualität. Die Erfindung des Radar war Anschub für Fortschritte in der Mikrowellentechnik, für die Entwicklung von Magnetron, Klystron und Wanderfeldröhre. Mit dem Ikonoskop konnte endlich die Idee des Fernsehens verwirklicht werden. Grammophon und Tonbandgerät entwuchsen den Kinderschuhen, und schließlich wurde der erste Computer gebaut.

*Lee de Forest (1873 bis 1961).*

## Die Vakuum-Triode

*1907*

Der amerikanische Physiker Lee de Forest (1873 bis 1961) hatte sich mit der Vakuum-Diode von Fleming ausgiebig beschäftigt und war dabei auf eine Idee gekommen: Es muß doch möglich sein, den vom Glühdraht (Kathode) zum Stift (Anode) fließenden Elektronenstrom zu steuern, ohne die Glühdrahttemperatur oder die Anodenspannung zu verändern. Dazu könnte man in den Glaskolben oberhalb des Glühdrahtes eine dritte Elektrode in Form eines Metallgeflechtes einbauen. Auf ihrem Weg vom Glühdraht zum Stift müssen die Elektronen dieses „Gitter" passieren. Wenn man zwischen Gitter und Glühdraht eine negative Spannung legt, so überlegte de Forest, dann wird der Elektronenstrom abhängig von der Höhe der negativen Spannung mehr oder weniger abgeschwächt. Die Versuche, die de Forest im Jahr 1906 durchführte, bestätigten die Richtigkeit seiner Überlegungen. Am 14. März 1907 trat er mit seiner Erfindung zum ersten Mal an die Öffentlichkeit; sein Vortrag stand unter dem Thema „Wireless Transmission of Intelligence". Im gleichen Jahr wurde die Verstärkerröhre, von de Forest „Audion" genannt, zum Patent erhoben. Lee de Forest wußte damals noch nicht, daß mit seiner Erfindung das Zeitalter der Elektronik angebrochen war.

Erwähnt werden muß noch, daß de Forest die Experimente nicht kannte, die von Lieben mit gasgefüllten Trioden unternommen hatte. Hinsichtlich der elektrischen Stabilität war das „Audion" der „Triodenlampe" bei weitem überlegen. An der Diode von Fleming und der Triode von Lee de Forest mußten jedoch noch zahlreiche Verbesserungen vorgenommen werden, bevor sie einigermaßen einsatzfähig wurden. Fest stand, daß die Triode imstande war, elektrische Signale zu verstärken. Die ungelösten Probleme bezogen sich vor allem auf die Elektronenemission, also auf die Anzahl der Elektronen, die bei einer bestimmten Temperatur aus dem Glühdraht austrat. Die verstärkende Funktion der Röhre war nur gewährleistet, wenn der aus Wolfram bestehende Glühdraht auf Temperaturen von 2300 bis 3000 °C erhitzt wurde. Andere Metalle waren wegen ihres niedrigeren Schmelzpunktes nicht geeignet. Das Problem der Elektronenemission war Gegenstand zahlreicher Forschungsaktivitäten in verschiedenen Ländern und unter Beteiligung namhafter Wissenschaftler. Insbesondere der Amerikaner Irving Langmuir (1881 bis 1957), der englische Physiker Sir Owen W. Richardson (1879 bis 1959), ab 1924 Hochschullehrer in London, und der deutsche Physiker Arthur R. B. Wehnelt (1871 bis 1944) leisteten Pionierarbeit. Langmuir war sowohl Physiker als auch Chemiker, er beschäftigte sich unter anderem auch mit der Hochvakuumtechnik.

Die weltweite Forschungsarbeit führte schließlich zu einem zufriedenstellenden Ergebnis: Eine Kathode aus Nickel, auf der eine Schicht Bariumoxid aufgetragen war, hatte die gewünschten Eigenschaften. Ein solcher Glühdraht zeigte bei Temperaturen von 700 bis 800 °C eine wesentlich höhere Elektronenemission als Wolfram bei Temperaturen von 2300 bis 3000 °C. Von Langmuir stammt auch die bekannte Formel, die den Zusammenhang zwischen Anodenstrom und Anodenspannung unterhalb der Sättigungsgrenze angibt. Richardson fand heraus, daß der Sättigungsstrom eine Funktion der absoluten Temperatur ist; er drückte diesen Zusammenhang in einer anderen Formel aus.

Auch die Anode und das Gitter änderten bald ihre äußere Gestalt. Die Anode erhielt die Form eines um die Glühkathode herumgebogenen offenen Zylinders, und das geflochtene Gitter wurde durch einen spiralförmig um zwei Trägerstreben gewickelten Nickeldraht ersetzt. Die räumlichen Abstände zwischen Kathode, Gitter und Anode wurden ebenso wie die übrige Röhrengeometrie optimiert. Im Jahr 1912 war die Triode so weit entwickelt, daß sie für den praktischen Einsatz taugte. Langmuir erhielt im gleichen Jahr ein Patent für die Erfindung.

***Erste öffentliche Wählvermittlungsstelle Europas, 1909 von Siemens & Halske in München-Schwabing errichtet.***

## Automatische Telefonvermittlung *1909*

Die erste automatische Ortsvermittlungsstelle ging 1909 im Münchener Stadtteil Schwabing mit einer Kapazität von 2500 Anschlüssen in Betrieb. Die Wähltechnik war mit weiterentwickelten Hebdrehwählern von Siemens & Halske aufgebaut, bei denen Elektromagnete die Kontaktarme steuerten. Die Teilnehmerapparate mußten nun natürlich mit Wählscheiben ausgestattet sein. Eine wichtige Neuerung war die zentrale Stromversorgung aller Teilnehmerapparate durch eine zentrale Batterie in der Ortsvermittlungsstelle. Die zuvor bei den Teilnehmern installierten Batterien wurden damit überflüssig. Neu war außerdem, daß die Vermittlungsstelle die geführten Gespräche zu Abrechnungs- und Kontrollzwecken registrieren konnte. Siemens & Halske machten sich durch den Bau der Münchener Ortsvermittlungsstelle einen Namen bei möglichen Auftraggebern, so daß weitere Bestellungen nicht lange auf sich warten ließen. Ähnlich aufgebaute Ortsvermittlungsstellen errichtete das Unternehmen 1911 in Amsterdam und 1912 in Dresden; es waren zu jener Zeit die größten Telefonvermittlungen der Welt. In den folgenden Jahren schritt die Automatisierung stetig fort, so daß das „Fräulein vom Amt“ allmählich aus der Welt des Telefons verschwand.

## 1911 Röntgenröhre

Siemens & Halske brachte im Jahr 1911 die erste Röntgenröhre mit massiver Wolfram-Anode auf den Markt.

## Supraleitung

Die sogenannte Supraleitung ist zunächst ein rein physikalisches Phänomen, sie ist aber auch für die Elektronik von Bedeutung. Wenn man Metalle oder Metallegierungen abkühlt, sinkt der elektrische Widerstand, er wird jedoch normalerweise nicht null. Einige Stoffe zeigen jedoch ein abweichendes Verhalten. Kühlt man sie auf extrem niedrige Temperaturen von einigen Grad über dem absoluten Nullpunkt ab (er liegt bei –273,16 °C = 0 K), dann verlieren diese Stoffe plötzlich ihren elektrischen Widerstand und werden supraleitend. Am Rand sei vermerkt, daß sich die Lage des absoluten Nullpunktes aus den Gesetzen der Thermodynamik ergibt. Der englische Physiker Sir William Thomson (1824 bis 1907), seit 1892 hieß er Lord Kelvin, gilt als der Begründer der Thermodynamik. Zu seinem Andenken wird die absolute Temperatur in Kelvin (K) gemessen.

An der Universität Leiden untersuchten die niederländischen Physiker Heike Kamerlingh Onnes (1853 bis 1926) und Gilles Holst (1886 bis 1968) das Verhalten verschiedener Stoffe in der Nähe des absoluten Nullpunktes. Sie entdeckten, daß Quecksilber seinen elektrischen Widerstand verliert, wenn die Temperatur tiefer als 4,2 K sinkt. Unterhalb dieser „Sprungtemperatur“ traten keine Joul'schen Verluste mehr auf. Für dieses Phänomen hatten die beiden Physiker keine Erklärung. Inzwischen sind eine ganze Reihe von Metallen und Legierungen bekannt, die die Fähigkeit der Supraleitung besitzen. Auffällig ist dabei, daß traditionell gute Leiter wie Silber, Kupfer und Eisen nicht zu ihnen gehören. Zur damaligen Zeit wurden die Forschungsarbeiten nicht weiter fortgesetzt, zumal kein praktischer Nutzen erkennbar war und das flüssige Helium, das man als Kühlmittel brauchte, enorme Kosten verursachte. Erst 1930 wurde ein anderer Stoff, nämlich $Nb_3C$ entdeckt, der schon bei 12 K supraleitend wird. Ein weiteres Phänomen im Zusammenhang mit der Supraleitung stellten die Physiker F. W. Meissner und R. Ochsenfeld im Jahr 1933 fest: Innerhalb eines Supraleiters existiert kein Magnetfeld, der Supraleiter verhält sich ideal diamagnetisch. In den folgenden Jahren fand man weitere supraleitfähige Stoffe, deren Sprungtemperaturen zunehmend höher lagen. Das waren unter anderem $V_3Si$ (17,0 K), $Nb_3Sn$ (18,45 K) und $Nb_{15}Al_4Ge$ (20,05 K). Nahezu alle gefundenen Supraleiter waren Verbindungen des Elementes Niobium (Nb). Die Sprungtemperatur von reinem Niobium liegt dagegen mit 9,46 K ein ganzes Stück niedriger.

## Spiegelgalvanometer

Der niederländische Wissenschaftler Willem F. Einthoven (1860 bis 1927) konstruierte um das Jahr 1911 das Spiegelgalvanometer. Mit diesem empfindlichen Meßinstrument konnten außerordentlich schwache Ströme, zum Beispiel die von den Herzkranzgefäßen des Menschen erzeugten elektrischen Impulse, zuverlässig gemessen werden. Einthoven wurde durch diese Erfindung weltberühmt.

## Maschinentelegraf *1912*

Die drahtlose Telegrafie breitete sich mit rasantem Tempo aus. Die nutzbaren Frequenzbänder waren inzwischen stark belegt, denn die Anzahl der Telegrafiesender nahm ständig zu. Außerdem erzeugten die elektrischen Funkenentladungen sehr breitbandige gedämpfte Schwingungen. Eine Erleichterung brachte Marconis rotierendes Entladungsrad im Jahr 1907. Eine metallene kreisförmige Scheibe drehte sich zwischen zwei fest montierten metallenen Scheiben, wobei die rotierende Scheibe senkrecht zu den beiden äußeren Scheiben stand. Die rotierende Scheibe war über Kondensatoren und Spulen mit den äußeren Scheiben verbunden. Die Schwingungserzeugung wurde durch kontinuierliche Hochspannungsüberschläge aufrechterhalten. Marconi konstruierte im gleichen Jahr eine Richtantenne, und Bellini und Tosi erfanden das Radiogoniometer. Wegen der Bedeutung für die Schiffahrt übernahm Marconi die Patente für dieses Gerät, und Bellini wurde Assistent bei Marconi. Im folgenden Jahr stellte der Däne Valdemar Poulsen, Konstrukteur des ersten brauchbaren magnetischen Tonaufnahmegerätes, seinen verbesserten Lichtbogensender vor. Bei diesem Sender war eine feststehende Kohleelektrode gegenüber einem langsam rotierenden Kohlezylinder angebracht. Da sich der Kohlezylinder drehte, fand der Lichtbogen ständig neue Kontaktpunkte, so daß er nicht einbrennen konnte.

***100-kW-Funkensender von Telefunken in der Sendestation Nauen bei Berlin (1912).***

Der Maschinentelegraf, entwickelt von August Raps (1865 bis 1920) und Adolf Franke (1865 bis 1940), beide Mitarbeiter von Siemens & Halske, wurde im Jahr 1912 eingeführt. Die Morsezeichen wurden nun nicht mehr von Hand, sondern maschinell mit einer Geschwindigkeit bis zu 1000 Zeichen pro Minute gesendet. Vor dem Senden punzte der „Marconist“ die Nachricht in ein Papierband, das Papierband lief anschließend mit hoher Geschwindigkeit durch den Abtaster des Senders. Der Maschinentelegraf half nicht nur, große Mengen elektrischer Energie zu sparen, sondern durch seine hohe Geschwindigkeit verhinderte er auch, daß unbefugte „Lauscher“ die Nachricht mitschreiben konnten. Auf der Empfangsseite setzte ein elektrisches System die schnellen Morsezeichen in Klartext um.

## *1913* Herstellung von Trioden und Dioden

Mehrere Unternehmen in den USA und in Europa begannen mit der Herstellung von Elektronenröhren, die meisten von ihnen allerdings nur in geringem Umfang. Die Röhren der ersten Jahre konnten schon äußerlich ihre Verwandtschaft mit der Glühlampe nicht verleugnen, so daß sich zunächst der Name „Radiolampe“ einbürgerte. An den großvolumigen Glaskolben waren Isolierstoffsockel angepreßt, und Schraubverbindungen stellten die Anschlüsse zu den Elektroden her. Es gab auch Ausführungen mit zwei Sockeln, von denen der eine unten und der andere oben saß. Hier war meistens der Gitteranschluß nach oben aus dem Glaskolben herausgeführt. Bis die Elektronenröhre ihre charakteristische Form bekam, vergingen noch ungefähr 15 Jahre. In Deutschland wurde die Entwicklung und Herstellung gasgefüllter „Triodenlampen“ vor allem von Telefunken vorangetrieben. Um 1910 begann Telefunken mit der intensiven Entwicklung von Vakuum-Röhren, so daß die Serienfertigung von Vakuum-Trioden und

***Hochvakuum-Verstärkerröhre von AEG-Telefunken aus dem Werk Oberspree.***

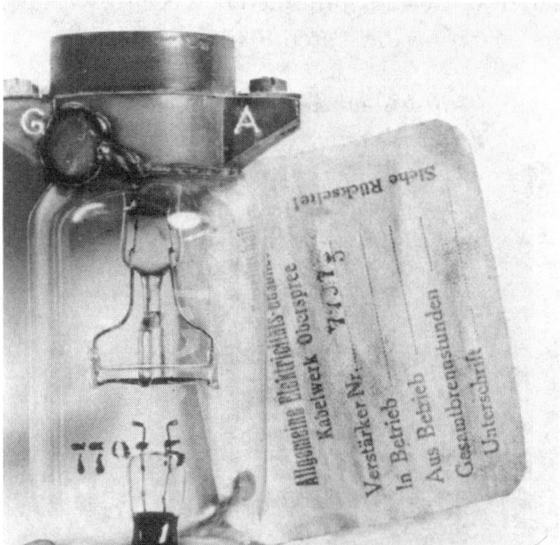

-Dioden im Jahr 1913 aufgenommen werden konnte. Führender Kopf bei Telefunken war Professor Hans Rukop; er hatte die Voraussetzungen für die Massenproduktion geschaffen. Die Herstellung gasgefüllter Röhren wurde bei Telefunken kurze Zeit später eingestellt.

Wenn über die Geschichte der Triode berichtet wird, darf der deutsche Physiker Heinrich Barkhausen (1881 bis 1923) nicht unerwähnt bleiben. Er stellte unter anderem die „Triodengleichung" auf, die den Zusammenhang zwischen der Steilheit, dem Innenwiderstand und der Verstärkung einer Röhre angibt. 1920 gelang es Barkhausen und seinem Mitarbeiter Kurz, mit Hilfe einer Triode Mikrowellen zu erzeugen.

## Erste elektronische Schaltungen *1914*

Nachdem die ersten Verstärkerröhren verfügbar waren, begann eine Zeit, die zahlreiche Erfindungen und Entwicklungen auf schaltungstechnischem Gebiet hervorbrachte. Berühmte Beispiele sind der Hochfrequenzverstärker (Otto von Bronk) und der Oszillator mit induktiver Rückkopplung zwischen Anode und Gitter (Alexander Meissner). Sowohl von Bronk als auch Meissner waren Mitarbeiter bei Telefunken. Andere wichtige Grundschaltungen stammen von den Amerikanern Edwin H. Amstrong und R. V. L. Hartley sowie von C. S. Franklin, einem Mitarbeiter Marconis.

*Alexander Meissner (1883 bis 1958).*

Hochfrequente Trägersignale wurden amplitudenmoduliert, indem man das niederfrequente Modulationssignal, zum Beispiel von einem Mikrofon, der negativen Gitterspannung einer als Hochfrequenzverstärker geschalteten Triode überlagerte. Im Empfänger trennte eine Vakuumdiode das Modulationssignal vom Träger, so daß es wieder hörbar gemacht werden konnte. Damit war nun die drahtlose Übertragung von Sprache und Musik möglich geworden. Dank der Verstärkerröhre konnten auch die primitiven Telegrafie-Funkensender, die viel Strom verbrauchten und sehr breitbandige Signale erzeugten, durch schmalbandige Röhrensender ersetzt werden. Dadurch wurde nicht nur eine Menge Energie gespart, auch die Übertragungsqua-

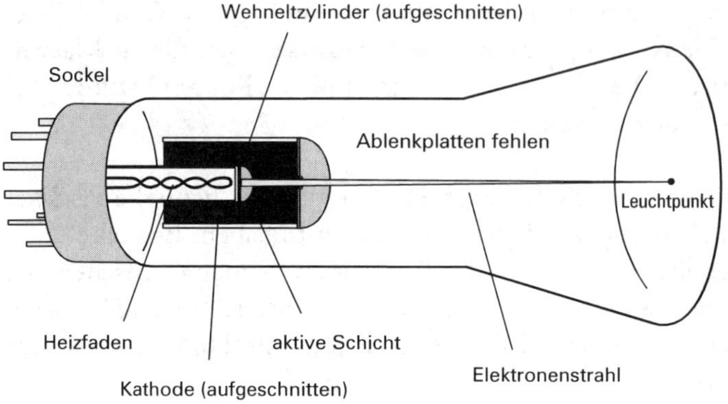


*Schematische Darstellung der Kathodenstrahlröhre mit Wehneltzylinder.*

lität wurde erheblich verbessert. In jener Zeit war die Elektronik zum größten Teil von der Funktechnik und deren Fortschritten geprägt, andere Gebiete kamen erst etwas später hinzu.

## Kathodenstrahlröhre

Seit den Anfängen der Elektronenröhre hatte sich der deutsche Physiker Professor Arthur Wehnelt auf die konstruktive Gestaltung und Optimierung der Elektronenemissionssysteme in Vakuumröhren spezialisiert. Für die Kathodenstrahlröhre entwickelte er ein System, das noch heute Grundlage der „Elektronenkanone" moderner Bildröhren ist. Über die Glühkathode stülpte er eine zylinderförmige Elektrode, in deren Front eine kleine, lochförmige Öffnung eingelassen war. Durch die Öffnung wurden die Elektronen auf ihrem Weg von der Kathode zur Anode strahlförmig gebündelt. Der Elektronenstrahl ließ sich durch Anlegen eines elektrischen oder magnetischen Feldes exakt auf die Schirmebene fokussieren, so daß dort ein scharf abgebildeter Leuchtpunkt entstand. Außerdem hatte der Wehnelt-Zylinder, wie die Elektrode genannt wurde, die Funktion eines Steuergitters. Von der Spannung, die an den Wehnelt-Zylinder gelegt wurde, hing die Menge der durch die Öffnung tretenden Elektronen und damit die Helligkeit des Bildpunktes ab.

## Die Tetrode

Das Steuergitter und die Anode bilden bei einer Triode eine niedrige, aber nicht zu vernachlässigende Kapazität, die eine kapazitive Rückwirkung verursacht und

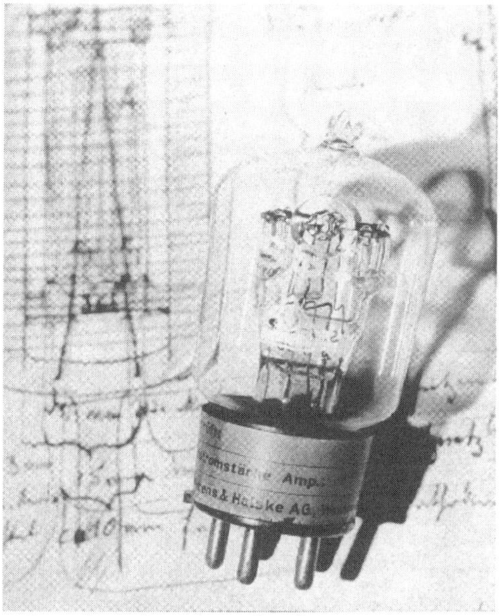

***Verstärkerröhre von Schottky (Siemens & Halske, 1916).***

***Walter Schottky (1886 bis 1976).***

die Verstärkung herabsetzt. Walter Schottky (1886 bis 1976), Mitarbeiter von Siemens & Halske, untersuchte diesen Effekt eingehend und kam zu dem Ergebnis, daß man die Gitter-Anoden-Kapazität wesentlich verringern kann, wenn man zwischen Gitter und Anode eine Abschirmung einfügt. Die Abschirmung muß natürlich so beschaffen sein, daß sie den Elektronenstrom passieren läßt. Die Triode erhielt ein zweites Gitter, das entsprechend seiner Funktion „Schirmgitter" genannt wurde; die Röhre bekam den Namen „Tetrode", da sie nun vier Elektroden besaß (griechisch „τετρα" = vier). Das Schirmgitter wurde über einen Widerstand mit der Anodengleichspannung verbunden, für Wechselspannungen lag es über einen Kondensator an Masse.

***Telegrafie-Röhrensender.***

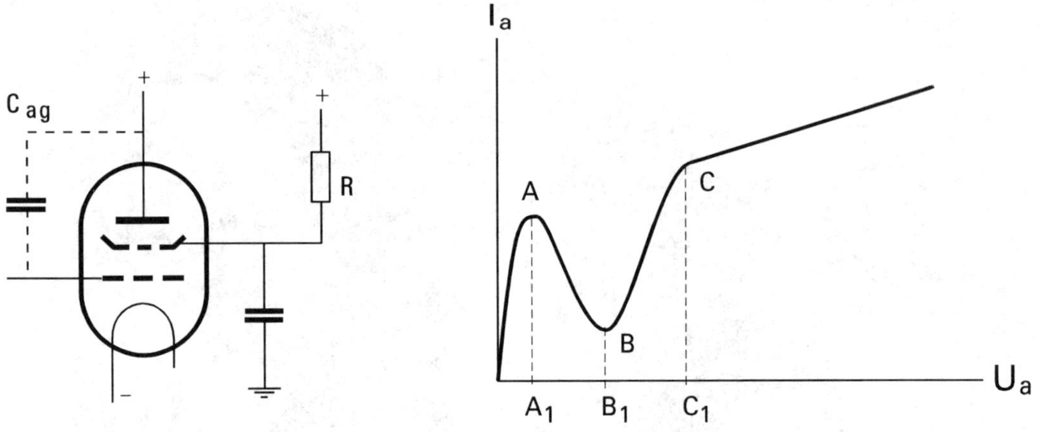


*Schaltung der Tetrode mit zugehöriger $I_a$ / $U_a$ - Kennlinie.*

Diese konstruktive und schaltungstechnische Maßnahme bewirkte, daß die Gitter-Anoden-Kapazität der Triode von 1,5…2,5 pF nun nur noch 0,001…0,005 pF betrug. Das Schirmgitter verringerte gleichzeitig den unerwünschten Einfluß der Anodenspannung auf den Elektronenstrom.

Der Einbau des Schirmgitters in die Triode wirkte sich auch auf die Strom-Spannungs-Charakteristik der Röhre aus. Die von der Kathode zur Anode fliegenden Elektronen besitzen infolge der hohen Anodenspannung eine so hohe kinetische Energie, daß sie beim Aufprall auf die Anode weitere Elektronen aus dem Anodenblech herauslösen. Dieser Effekt war unter dem Namen „Sekundäremission“ bekannt. Die herausgelösten Elektronen werden vom positiven Schirmgitter angezogen, insbesondere wenn die Anodenspannung niedriger ist als die Schirmgitterspannung. Die Strom-Spannungs-Charakteristik zeigt dadurch einen für die Tetrode typischen Einbruch in einem bestimmten Spannungsbereich. Für den Betrieb als Verstärker ist die Tetrode in diesem Arbeitsbereich unbrauchbar. Übrigens tritt die Sekundäremission an der Anode auch bei Trioden auf. Dort werden die herausgelösten Elektronen jedoch vom negativen Steuergitter abgestoßen. Die Verstärker, die man nun auch für die Telefon-Übertragungstechnik einsetzte, waren überwiegend mit Tetroden bestückt.

## Röntgenröhren

Im Jahr 1916 lieferte Telefunken die erste Röntgenröhre mit Glühkathode und massiver Wolfram-Anode aus. Sie war eine wichtige Weiterentwicklung der bis dahin gebräuchlichen Röntgenröhren.

## Das Kondensatormikrofon

*1917*

Das Prinzip des Kondensatormikrofons war schon 1863 von William Thomson beschrieben worden. Zu jener Zeit fehlte jedoch die Verstärkertechnik, so daß die Theorie nicht in die Praxis umgesetzt werden konnte. Das wurde erst im Jahr 1917 möglich, als mit der Elektronenröhre die nötigen Voraussetzungen geschaffen waren.

Ein Kondensatormikrofon ist im Prinzip ein kleiner, schallempfindlicher Luftkondensator. Eine dünne, metallene Membran bildet die erste Elektrode, die andere besteht aus einer festen Metallplatte, in die Perforierungen gestanzt sind. Um möglichst hohe Empfindlichkeit zu erreichen, muß der Abstand zwischen den Platten so klein wie möglich gehalten werden. Die Kapazität eines Luftkondensators hängt nämlich nicht nur von der Plattenfläche, sondern auch vom Plattenabstand ab. Wenn der Schalldruck die Membran in Schwingungen versetzt, ändert sich die Kapazität $C$ des Kondensators und folglich auch die Ladung $Q$. Dabei bleibt die angelegte Spannung $U$ konstant, so daß gilt:

$$\Delta Q = U \cdot \Delta C$$

***Prinzip des Kondensatormikrofons mit integriertem Verstärker.***

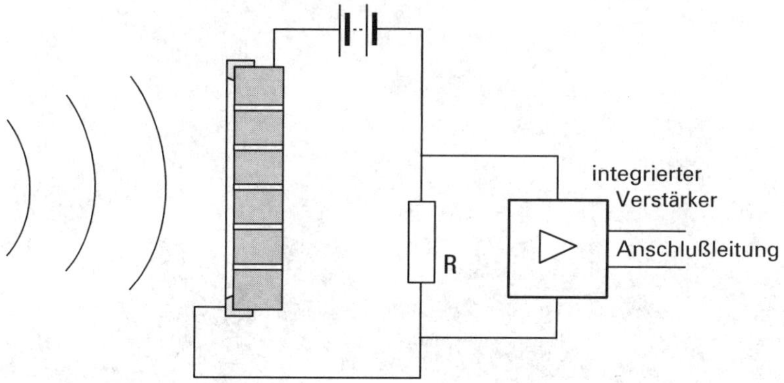

Im Stromkreis fließen schwache Lade- und Entladeströme, deren Werte dem Schalldruck entsprechen. Der Spannungsabfall an dem im Stromkreis liegenden hochohmigen Widerstand variiert folglich in gleicher Weise.

Ein im Mikrofonhals eingebauter Vorverstärker brachte dieses sehr schwache Signal auf einen höheren Pegel, so daß das Mikrofon über ein längeres Kabel mit einem Verstärker der damals üblichen Bauart verbunden werden konnte. Gleichzeitig sorgte der Vorverstärker für die Anpassung des sehr hochohmigen Mikrofons an den Verstärkereingang. Die Übertragungseigenschaften waren im Vergleich zu anderen damals bekannten Mikrofontypen um ein deutliches Stück besser. Der Aufwand war jedoch so hoch (mechanische Präzisionsarbeit, eingebauter Vorverstärker, Stromversorgung), daß das Kondensatormikrofon nur für Rundfunkübertragungen und ähnliche professionelle Zwecke verwendet wurde. Erst zu Beginn der siebziger Jahre wurde mit dem Elektret-Kondensatormikrofon eine neue Bauform geschaffen. Das Elektret-Kondensatormikrofon läßt sich einfach und preiswert herstellen, so daß es Eingang in viele elektroakustische Geräte fand.

*Teil des Forschungslabors von Philips um 1914.*

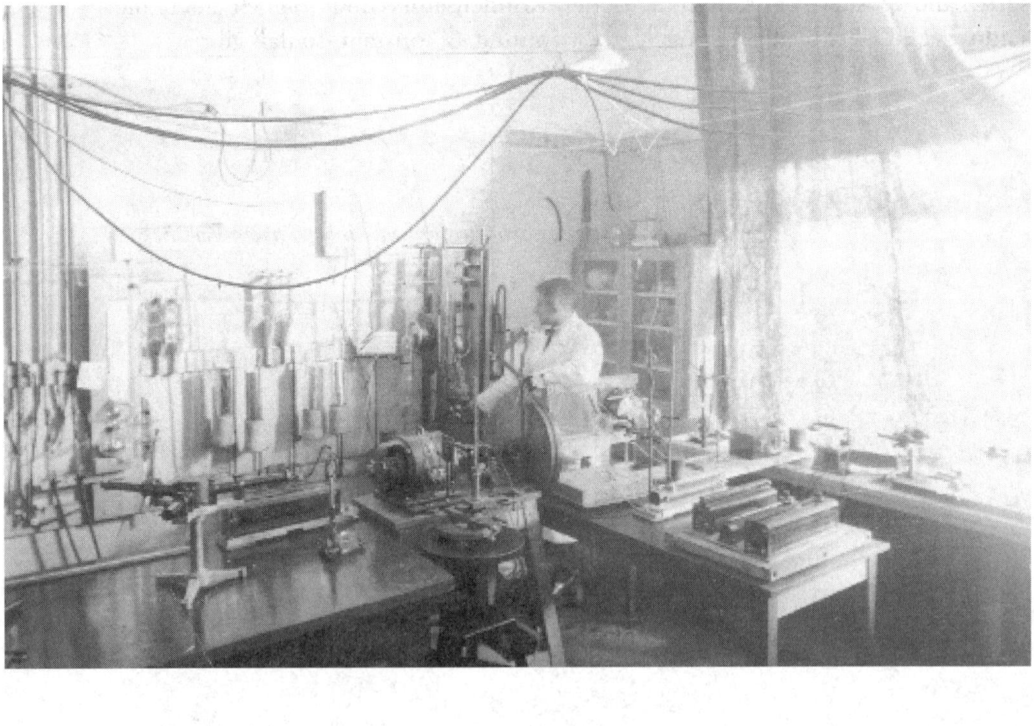

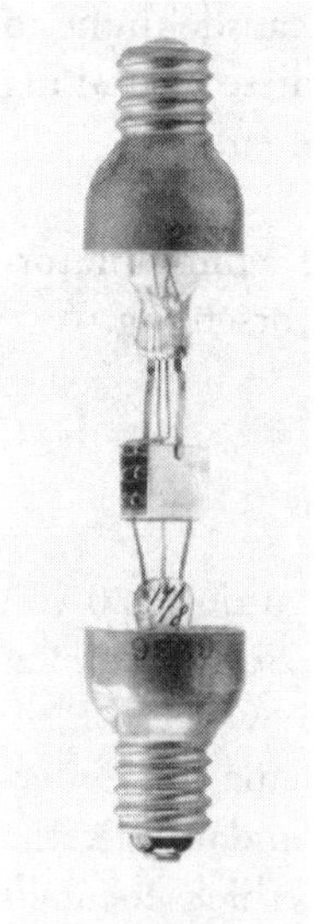

***Röhre des Typs „Ideezet" von Philips (1917).***

## Erste Röhren von Philips

Irgendwann im Jahr 1917 bekam Philips, damals noch ausschließlich Hersteller von Glühlampen, Besuch von H. à Steringa Idzerda (1885 bis 1944), der von Philips eine größere Anzahl Radioröhren nach eigenem Entwurf fertigen lassen wollte. Idzerda trug sich nämlich mit der Absicht, einen Rundfunksender zu bauen und zu betreiben. Philips stand dem Auftrag eher ablehnend gegenüber, übernahm ihn schließlich aber doch. So kam es, daß bei Philips zunächst die Röhrentypen „Ideezet" und „Iduzet" gebaut wurden. Durch den Auftrag hatte Philips Interesse an der Röhrentechnik gefunden, so daß das Unternehmen nun begann, eigene Röhrentypen zu entwickeln und wenig später auch zu produzieren.

## Gründung der NSF *1918*

Fast überall wurde das „Radiobasteln" zum Hobby von interessierten Amateuren, und auch manches kleinere Unternehmen experimentierte mit dem neuen Informationsmedium, dem Radio. In Hilversum gründete eine Gruppe von Reedern am 27. Februar 1918 die „Nederlandse Seintoestellen Fabriek" (NSF). Das Ziel war die Fertigung von Schiffssendern und den dazu passenden Empfangsanlagen.

## Senderöhren mit Wasserkühlung *1919*

Um die Reichweiten der Sender zu erhöhen, mußten die Sendeleistungen immer weiter gesteigert werden. Die Senderöhren mit Bariumoxid-Kathode waren den Anforderungen wegen der hohen Anodenspannungen nicht mehr gewachsen, so daß als Kathoden dickere Wolframdrähte verwendet werden mußten. Die in Wärme umgesetzte elektrische Verlustleistung nahm so hohe Werte an, daß die Luftkühlung des Glaskolbens nicht mehr ausreichte. Professor Hans Rukop entwickelte bei Telefunken eine Sende-Triode, deren metallene Anode wassergekühlt war. Der obere Röhrenteil mit den Anschlüssen von Glühkathode und Steuergitter bestand aus Glas. Ein Problem stellten die unterschiedlichen Wärme-Ausdehnungskoeffizienten der beiden Materialien dar. Das Problem wurde durch eine spezielle Metallegierung gelöst, die den gleichen Ausdehnungskoeffizienten wie das verwendete Glas hatte. Auch Philips entwickelte um die gleiche Zeit eine wassergekühlte Sendetriode. Um die Wärmeausdehnung in den Griff zu bekommen, wurde Chromstahl eingesetzt. Auf diese Erfindung hatte das Unternehmen schon in früheren Jahren ein Patent erhalten.

Ebenfalls im Jahr 1919 erfanden H. Abraham und E. Bloch die Multivibrator-Schaltung. Beide befaßten sich zu der Zeit mit der Schwingungsforschung.

## *1920* Gründung von ITT

Die International Telephone and Telegraph Corporation (ITT) wurde 1920 von Sothenes Behn gegründet. 1925 übernahm die Gesellschaft, finanziell unterstützt von der Morgans Bank, die International Western Electric, die zu Western Electric gehörte. ITT wurde dadurch zum Eigentümer einer ganzen Reihe von Unternehmen außerhalb der USA und nannte sich nun International Standard Electric. Ein zum Konzern gehörendes großes Unternehmen in England erhielt ebenfalls einen neuen Namen und hieß jetzt Standard Telephone and Cables (STC).

Konzernchef Behn hatte sehr schnell erkannt, daß die Postverwaltungen in den verschiedenen Ländern sehr unterschiedliche Vorschriften für fernmeldetechnische Einrichtungen erlassen hatten und vorzugsweise ihre Aufträge an inländische Unternehmen vergaben. Deshalb brachte er eine ganze Reihe bereits existierender Unternehmen unter ein gemeinsames ITT-Dach. In Belgien gehörte die 1882 gegründete Bell Telephone dazu, und in Frankreich waren es die Le Materièl Téléphonique (LMT), gegründet 1889, und die Compagnie Générale de Construction Téléphoniques, gegründet 1892. In Deutschland wurde 1930 die Standard Elektrizitäts Gesellschaft als Konzerndach gegründet; sie übernahm das Unternehmen Lorenz, so daß der Konzern später Standard Elektrik Lorenz (SEL) hieß.

## Mikrowellen

Barkhausen und Kurz veröffentlichen 1920 einen Aufsatz, in dem sie zum ersten Mal die Erzeugung elektrischer Schwingungen sehr hoher Frequenzen mit Trioden beschrieben. Neu war hierbei, daß sich die Elektronen nach Verlassen der Kathode mit unterschiedlichen Geschwindigkeiten innerhalb der Röhre bewegten. Dies wurde erreicht, indem bei einer als Verstärker betriebenen Triode das Gitter auf positives Potential gelegt wurde, während die Anode an einer niedrigen negativen Spannung lag. Als frequenzbestimmende Resonanzkreise wurden Lecherleitungen verwendet.

*Links: Quarz-Ersatzschaltung,*
*rechts: Oszillator mit Quarz im Gitterkreis.*

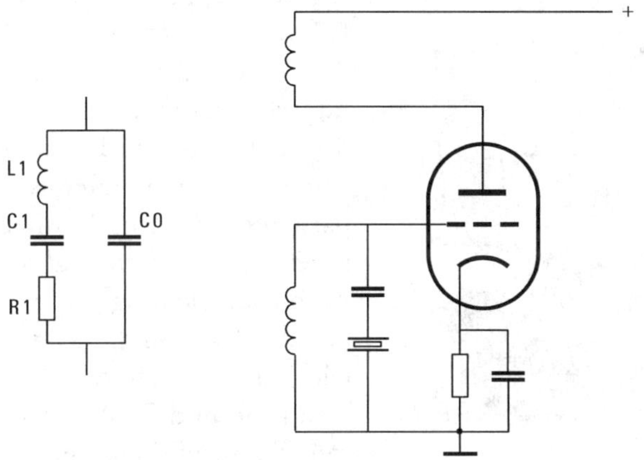


## Quarze 1921

Der piezo-elektrische Effekt von Quarzkristallen wurde 1880 von Jaques und Pierre Curie entdeckt. W. G. Cadie nutzte den Effekt 1921 zum ersten Mal zur Frequenzstabilisierung eines Oszillators, indem er eine dünne Scheibe Naturquarz als Dielektrikum des Schwingkreiskondensators verwendete. Die Oszillatorfrequenz hing direkt von der Dicke der Quarzscheibe sowie von deren Temperatur ab; die Temperatur mußte deshalb möglichst konstant gehalten werden.

Die elektrischen Eigenschaften eines Schwingquarzes können durch ein Ersatzschaltbild beschrieben werden, bei dem die Serienschaltung einer Induktivität $L_1$, eines Kondensators $C_1$ und eines Widerstandes $R_1$ mit einem Kondensator $C_0$ parallelgeschaltet ist. $C_0$ stellt die Kapazität zwischen den Kondensatorplatten dar, $L_1$ repräsentiert die schwingende Masse des Quarzes, $C_1$ die elastische Verformbarkeit, und $R_1$ ist ein Maß für die beim Schwingen auftretenden Reibungsverluste. Der Gütefaktor Q liegt beim Quarz sehr hoch, er bewegt sich meistens zwischen 10000 und 50000.

## Anfänge des Rundfunks 1922

Die NSF errichtete 1922 in Hilversum den ersten Rundfunksender; die Sendeantenne war zwischen zwei hohen Stahlmasten aufgehängt. Ein Jahr später wurde der Sendebetrieb von der „Hilversumse Draatloze Omroep“ (HDO), der Vorläuferin der AVRO aufgenommen. Im gleichen Jahr startete auch der Rundfunk in Deutschland. Er wurde während der Funkausstellung auf dem Berliner Messegelände aus der Taufe gehoben und sendete von dem dort stehenden legendären Funkturm über eine Sendeanlage von Telefunken.

*Rundfunksender im Berliner Voxhaus (1923).*

Philips bekundete nun auch Interesse an dem neuen Medium und beauftragte Dr. Balthazar van der Pol, die Möglichkeiten und Aussichten der Funktechnik zu untersuchen. Van der Pol war in England Mitarbeiter namhafter Kapazitäten gewesen, unter ihnen der Wissenschaftler Ambrose Fleming, Erfinder der Vakuumdiode, sowie die Physiker J. J. Thomson und E. V. Appleton. Thomson hatte seinerzeit das Elektron entdeckt, und Appleton (1892 bis 1965) war insbesondere durch seine Forschungen auf dem Gebiet der Rundfunk- und Radarwellen bekannt geworden. Innerhalb eines Jahres wurden unter van der Pols Leitung ein mit acht Trioden bestückter 200-kW-Sender und ein 50-kW-Sender mit einer Triode gebaut. Die Anoden der wassergekühlten Sendetrioden bestanden aus Chromstahl, dessen Wärmeausdehnung identisch mit der Wärmeausdehnung des verwendeten Glases war; auf diese Materialkombination hatte Philips zuvor ein Patent erhalten. Im gleichen Jahr begann Philips mit der Produktion einer Rundfunkröhren-Serie, die die Typenbezeichnung „Miniwatt“ trug. Diese Röhren zeichneten sich durch besonders kleine Abmessungen und geringe Verlustleistungen aus. Die Durchmesser der bis dahin gebräuchlichen Röhren betrugen bis zu 70 mm.

*Versuchsaufbau eines Kurzwellensenders von NSF Hilversum (1926).*

Bei der Bevölkerung wurde der Empfang von Rundfunksendungen und allem, was damit zusammenhing, immer beliebter. Die ersten käuflichen Empfänger arbeiteten noch ohne Röhren; sie bestanden aus einem abstimmbaren Schwingkreis, einem Kristalldetektor zur Demodulation und einem Kopfhörer. Der Kristalldetektor, im Prinzip ein Punktkontakt-Gleichrichter, hatte die Gestalt eines Glasröhrchens, in dem sich ein Stück natürlicher Bleiglanzkristall und ein von außen justierbarer, federnder Metalldraht befanden. Der richtige Berührpunkt zwischen Draht und Kristall mußte mit viel Geduld und Gefühl gesucht werden, bis man endlich etwas hörte. Empfangen werden konnten mit einem solchen primitiven Gerät nur sehr starke, nicht allzu weit entfernte Stationen.

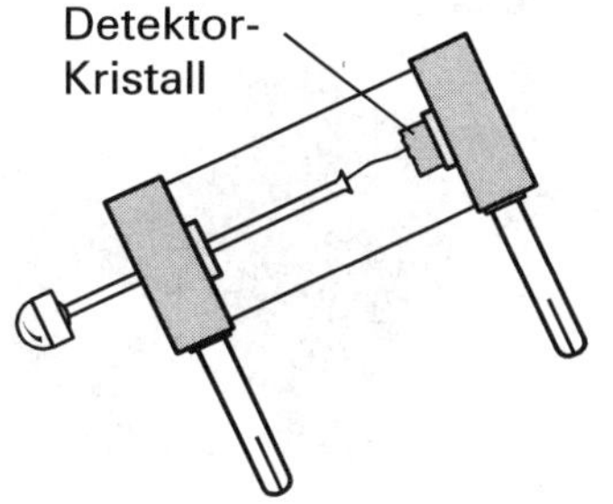


*Kristalldetektor für Rundfunkempfang.*

Die ersten Röhrenempfänger waren keine eigenständigen Geräte, sondern setzten sich im wesentlichen aus vier Funktionseinheiten zusammen. Außer dem eigentlichen Empfänger brauchte man einen leistungsfähigen Akku, der die Röhrenkathoden heizte, eine Anodenbatterie, die die Anodenspannung lieferte, und einen Lautsprecher, der oft recht klein und zierlich war. Da die Geräteindustrie noch in den Anfängen steckte, bauten viele Händler die von ihnen angebotenen Empfänger an Hand von Schaltungen und Bausätzen selbst. Das auch heute noch bekannte englische Magazin „Wireless World" war eine wahre Fundgrube für Empfängerschaltungen, Baubeschreibungen und alle nur denkbaren Kniffe und Tricks. Ein Selbstbauempfänger wurde damals auf ein Holzbrett als Chassis gebaut und in einem fachmännisch getischlerten und lackierten Holzgehäuse untergebracht. Schaltungstechnisch gehörten die Geräte zu den Geradeaus- oder den Kaskade-Empfängern. Die Spulen hatten gewöhnlich die Form von Bienenwaben und besaßen Steckanschlüsse, damit man sie leicht wechseln konnte, wenn man den Wellenbereich umschalten wollte. Die Bauelemente

*Funktionsschema eines Kaskade-Rundfunkempfängers.*

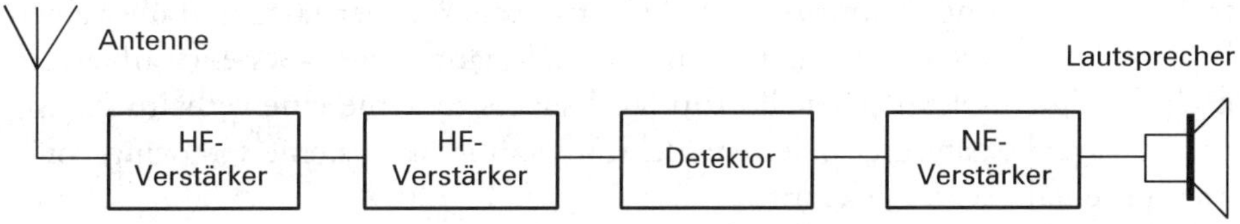

*Erster Kaskade-Empfänger von Siemens (1923).*

hatten meistens Schraubanschlüsse; sie waren über dicke blanke Drähte miteinander verschaltet.

Bald erschienen die sogenannten Rückkopplungsempfänger, bei denen die Spule des Anodenkreises induktiv auf die Spule des Gitterkreises zurückwirkte und dadurch die Dämpfung weitgehend kompensierte. Empfindlichkeit und Trennschärfe wurden durch diese Maßnahme wesentlich erhöht. Um den Rückkopplungsgrad variabel zu gestalten, war eine der beiden Spulen beweglich angeordnet. Wenn die Rückkopplung zu stark einstellt war, begann der Empfänger auf der Empfangsfrequenz zu schwingen. Über die Antenne wurde ein Trägersignal ausgestrahlt, das andere, auf die gleiche Frequenz abgestimmte Empfänger in der Nachbarschaft erheblich stören konnte.

*1922*

Inzwischen gab es sowohl in Europa als auch in den USA zahlreiche Hersteller von Radioröhren. Das deutsche Unternehmen Loewe Opta baute sogar Röhren, bei denen außer dem Elektrodensystem auch einige passive Bauelemente im Glaskolben eingebaut waren. Dadurch sollte der Arbeitsaufwand bei der Gerätemontage reduziert werden.

## Grammophone

Die Röhrenverstärker hielten zur gleichen Zeit auch Einzug in die Welt der Schallplatte. Die Plattenqualität war ständig verbessert worden und mit Edisons Wachswalze auch im entferntesten nicht mehr zu vergleichen. Die mechanischen Schwingungen der Abtastnadel wurden von einem Wandlersystem in elektrische Schwingungen umgesetzt, von einem Verstärker verstärkt und über einen Lautsprecher wiedergegeben. Die meisten „Tonabnehmer"-Systeme arbeiteten nach dem piezo-elektrischen Prinzip, weil solche Systeme eine verhältnismäßig hohe Ausgangsspannung lieferten; elektrodynamische Systeme („moving coil") waren ebenfalls schon bekannt.

## Magnetische Tonaufzeichnung

Durch die neuen Möglichkeiten der Verstärkertechnik rückte auch die magnetische Tonaufzeichnung wieder in das allgemeine Interesse. Insbesondere Dr. Curt Stille (1873 bis 1957) machte sich um die Weiterentwicklung verdient. Er war auf der Suche nach einem Tonaufzeichnungsverfahren für den damals noch stummen Film. Die bekannten Verfahren der magnetischen Tonaufzeichnung bedeuteten jedoch, daß für Bild und Ton getrennte, synchronlaufende Geräte verwendet werden mußten, was die Kosten unerwünscht in die Höhe trieb.

Im Jahr 1922 kam zu den bisherigen magnetischen Tonträgern eine neue Variante hinzu. Max Kohl stellte seine magnetische Schallplatte vor, eine runde, dünne Scheibe aus Stahl mit einem Durchmesser von 13 cm. Wegen ihrer kurzen Spieldauer wurde diese Erfindung kein Erfolg; sie geriet bald wieder in Vergessenheit.

## Lichttonverfahren *1923*

Auch die Amerikaner Lee de Forest und Th. W. Case stellten zu dieser Zeit Überlegungen an, wie man den Film zum Sprechen bringen könnte. Anders als

*Tonwiedergabe beim Lichttonverfahren.*

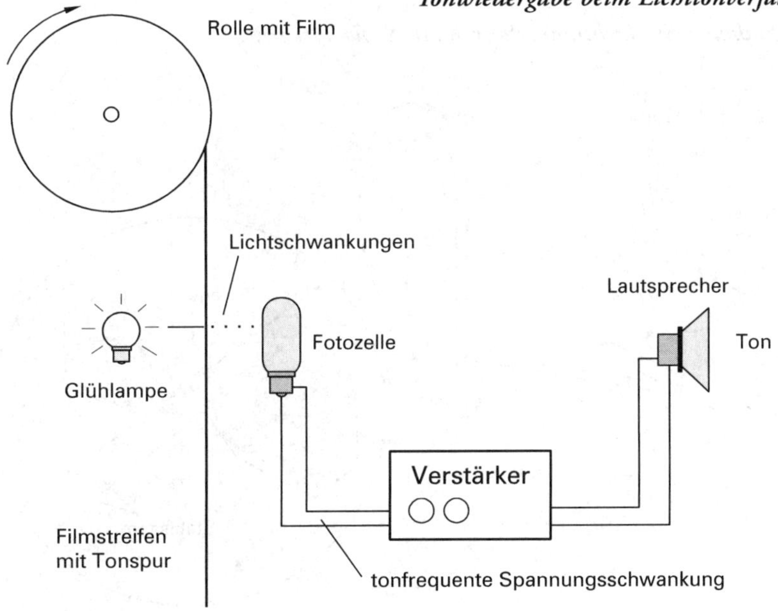

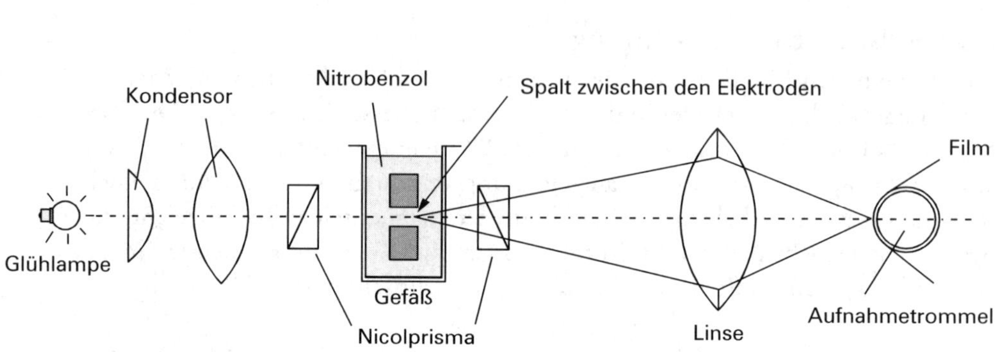


*Tonaufnahme beim Lichttonverfahren mit Intensitätsschrift.*

Dr. Stille sahen sie nur die Möglichkeit, Bild und Ton auf einem gemeinsamen Medium unterzubringen. Sie entwickelten deshalb ein völlig neues Aufzeichnungsverfahren. Auf dem Film wurde seitlich vom Bild eine schmale Spur für den Ton reserviert und bei der Aufnahme abhängig vom Tonsignal geschwärzt. Bei der Wiedergabe wurde die Tonspur von einer Glühlampe mit konstanter Helligkeit durchleuchtet. Das Licht wurde so gebündelt, daß es durch die Ton-

*Tonaufnahme beim Lichttonverfahren mit Schwarzschrift.*

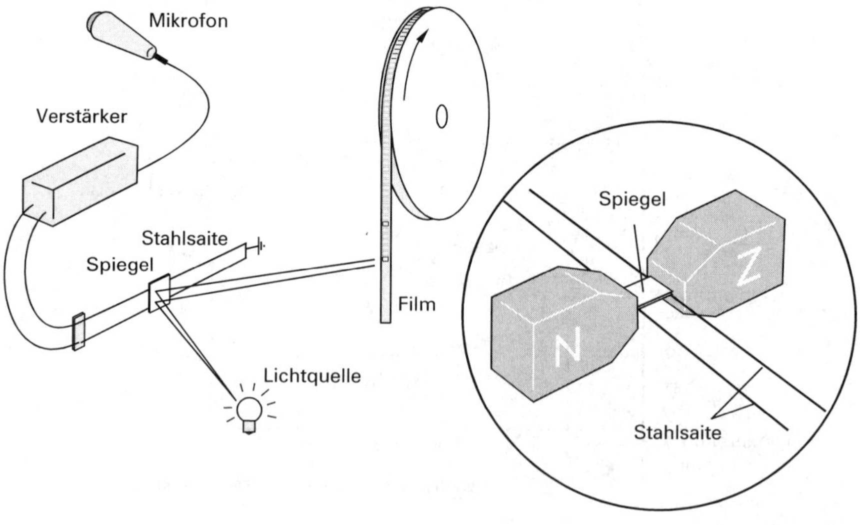

spur hindurch auf eine Fotozelle fiel. Die Fotozelle wandelte die Helligkeitsschwankungen in elektrische Signale um; sie wurden verstärkt und von Lautsprechern als Ton wiedergegeben. Probleme der Synchronisation von Bild und Ton waren bei diesem Verfahren von vornherein ausgeschlossen.

***Erste Kamera mit Tonaufzeichnung nach dem Lichttonverfahren mit Intensitätsschrift (Klangfilm, 1929).***

Zwar konnte die Wiedergabeseite des Lichttonverfahrens verhältnismäßig leicht realisiert werden, die Aufnahmetechnik war dafür um so komplizierter. Die Helligkeit einer Lampe ließ sich nämlich wegen der Trägheit des Glühfadens nicht direkt steuern. Deshalb mußte ein Lichtstrahl konstanter Helligkeit durch eine optische Steuerung im Rhythmus des Tonsignals abgeschwächt werden und die lichtempfindliche Tonspur belichten. Hierfür wurden zwei unterschiedliche Verfahren entwickelt. Beim ersten Verfahren wurde das Licht von einem optischen Filter im Rhythmus des Tons so abgeschwächt, daß auf der Tonspur in voller Breite unterschiedliche Grautöne entstanden. Das zweite System arbeitete mit konstanter Helligkeit; hier wurde in Abhängigkeit vom Tonsignal nur ein mehr oder weniger breiter Teil der Tonspur belichtet.

Beim Intensitätsverfahren war eine Kerr-Zelle (Kerr-Effekt: siehe 1875) zwischen zwei Nicolprismen angeordnet. Die Nicolprismen waren notwendig, weil das System mit polarisiertem Licht arbeitete. Die Kerr-Zelle bestand aus einem kleinen, gläsernen Gefäß, gefüllt mit Nitrobenzol, in das zwei Elektroden eintauchten. Die Elektroden waren mit dem Ausgang des Aufnahmeverstärkers verbunden. Das hindurchfallende Licht wurde um so mehr abgeschwächt, je höher die Spannung an den Elektroden war. Der Kerr-Effekt ging auf den schottischen Physiker John Kerr (1824 bis 1907) zurück; er hatte ihn fast 50 Jahre früher entdeckt.

Das zweite System benutzte einen kleinen Spiegel, der sich im Rhythmus des Tones bewegte. Der Spiegel war auf zwei parallelen, straff gespannten Metallsaiten befestigt; durch die Saiten floß der Ausgangsstrom des Tonverstärkers. Seitlich vom Spiegel befanden sich die Polschuhe eines kräftigen Permanentmagneten. Infolge der Lorentz-Kraft wurde der Spiegel abhängig vom Strom mehr oder weniger stark aus seiner Achse gedreht. Der darauf gerichtete Lichtstrahl belichtete die Tonspur nicht in voller Breite, sondern nur zu einem kleineren oder größeren Teil. Auf der Tonspur entstand senkrecht zur Filmkante ein Zackenmuster, dessen Breite dem Tonsignal entsprach.

## Das Ikonoskop

Im Jahr 1883 hatte Paul Nipkow (1860 bis 1940) ein Verfahren zur Bildübertragung erfunden, bei der das Bild über eine runde, sich drehende Scheibe mit spiralförmig angeordneten Löchern zeilenweise abgetastet wurde. Der in den USA lebende gebürtige Russe Vladimir K. Zworykin (1889 bis 1982) setzte sich zum Ziel, Nipkows Idee der Bildzerlegung in einzelne Elemente mit den Mitteln der Elektronik zu realisieren. Ausgangsbasis war die von K. F. Braun konstruierte Kathodenstrahlröhre, bei der der Elektronenstrahl so gesteuert werden konnte, daß er die Leuchtfläche auf der Frontseite zeilenweise beschrieb. Zworykin hatte die Idee, die Leuchtschicht durch eine Glimmerplatte (Mikaplatte) zu ersetzen, auf der sich lichtempfindliche Zellen befinden sollten. Im Hals der von ihm entworfenen Bildaufnahmeröhre waren, ebenso wie bei der Kathodenstrahlröhre, der Heizfaden, die Kathode und eine Elektrode zur Strahlbündelung (Wehnelt-Zylinder) sowie die Anode und die Ablenkplatten untergebracht. Der Röhrenhals mündete in eine Glaskugel, deren Durchmesser etwa dem fünffachen des Halses entsprach. Die lichtempfindliche Platte, ungefähr 6 mal 8 Zentimeter groß, war so in der Kugel angeordnet, daß sie vom Elektronenstrahl abgetastet werden konnte. Sie bestand aus einer dünnen, auf der Rückseite mit einer Silberschicht bedeckten Glimmerfolie; von der Silberschicht führte ein Anschluß nach außen. Die Vorderseite, die zum Röhrenhals zeigte, hatte Zworykin mit einer Schicht aus kleinsten Cäsium-Silberoxid-Körnern bedeckt. Dieses Material besaß nämlich eine bemerkenswerte Eigenschaft. An den

*Das Ikonoskop von Zworykin.*

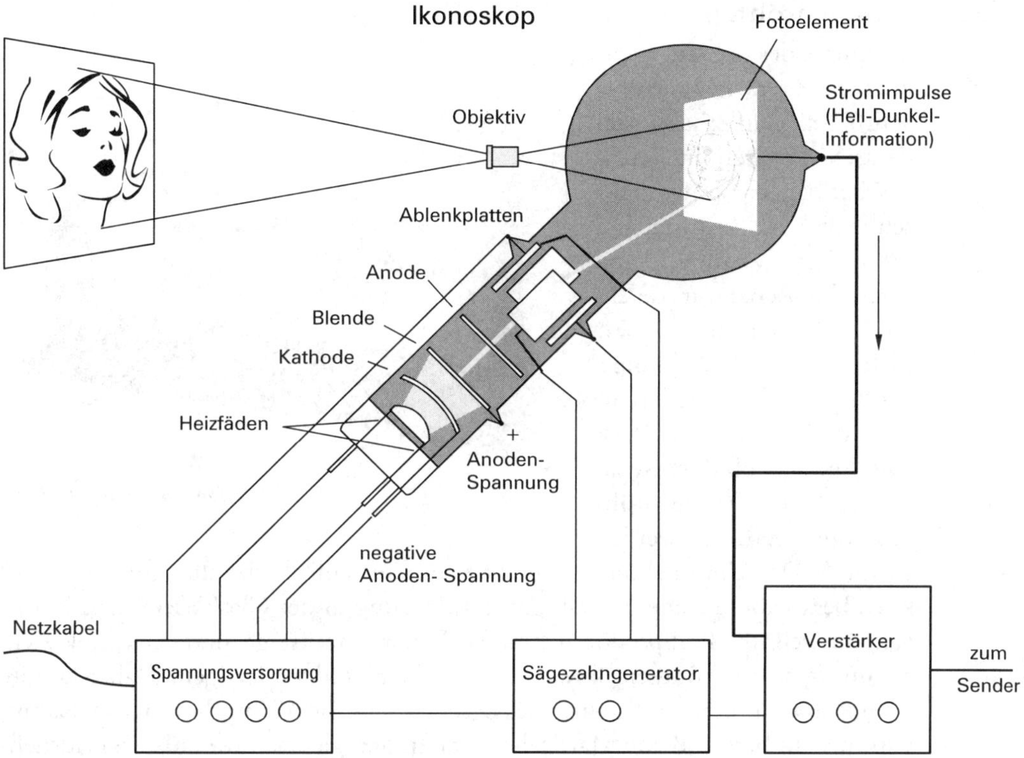


***Funktionsschema des Ikonoskops.***

Stellen, an denen Licht auf die Körner traf, entstanden elektrische Ladungen, so daß die Ladungsverteilung auf der Platte ein Abbild des optischen Bildes war („Ladungsmosaik"). Die mikroskopisch kleinen, fotoempfindlichen Zellen bildeten mit der Plattenrückseite ebenso kleine Kondensatoren, die vom Elektronenstrahl Zeile für Zeile entladen wurden. Der Momentanwert des Stromes, der über den Anschluß der Plattenrückseite floß, war zum Hell-Dunkel-Wert des aktuell abgetasteten Bildpunktes proportional.

Zworykins Ikonoskop stammt aus dem Jahr 1923. Weil es noch verschiedene Mängel hatte, wurde es später zum Superikonoskop weiterentwickelt. Die Strahlablenkung übernahmen Magnetspulen, und die beim Auftreffen des Elektronenstrahls aus der Platte herausgelösten sekundären Elektronen wurden von einem Kollektorring eingefangen.

## 1924 Röntgenröhren

*Erste Röntgenröhre von Philips.*

Während des Ersten Weltkrieges waren neue Röntgenröhren außerhalb der deutschen Grenzen nicht beschaffbar, da sie fast ausschließlich in Deutschland produziert wurden, und auch die Reparatur defekter Röntgenröhren war nicht möglich. Philips, ansässig in den Niederlanden, erhielt im Jahr 1916 eine Anfrage, ob dort Reparaturen von Röntgenröhren durchgeführt werden könnten. Das Unternehmen hatte bis dahin ausschließlich Glühlampen produziert, besaß aber gerade deshalb große Erfahrung in der Glasbläserei und Hochvakuumtechnik. Philips übernahm die Reparaturaufträge und entschloß sich, zukünftig selbst Röntgenröhren zu entwickeln und zu fertigen. Dabei konnte Philips auf ein eigenes Patent zurückgreifen, das die Verbindung von Glas mit Chromstahl betraf. Beide Materialien weisen den gleichen thermischen Ausdehnungskoeffizienten bei Temperaturen bis ca. 300 °C auf. Die erste im eigenen Unternehmen entwickelte Röntgenröhre stellte Philips im Jahr 1922 vor.

Das ärztliche Personal, das Röntgengeräte bediente, war einer hohen Strahlungsdosis ausgesetzt und litt nicht selten an dafür typischen Symptomen. Es waren Maßnahmen zur Abschirmung erforderlich, die die Strahlungsdosis auf ein ungefährliches Maß herabsetzten. Das erste derartige System, bei dem die Röntgenröhre in einem metallgepanzerten Mantel untergebracht war, brachte Philips 1924 unter dem Namen „Metalux“ heraus.

## 1925 Kohleschichtwiderstände

Um elektronische Schaltungen bauen zu können, brauchte man nicht nur Elektronenröhren, sondern unter anderem auch Widerstände mit den unterschiedlichsten Werten. Um 1920 gab es bereits zwei Technologien: Beim ersten, vor allem in den USA gebräuchlichen Verfahren stellte man den Widerstandskörper her, indem man ein Gemisch aus Kohlepulver und Ton unter hohem Druck zu kleinen Stäben preßte und anschließend in einem Ofen brannte. In Europa war es üblich, einen keramischen Träger bei hoher Temperatur mit einer dünnen Schicht aus polykristallinem Silizium zu überziehen. Anschließend wurde aus der Schicht, abhängig vom Widerstandswert, ein mehr oder weniger breiter, spiralförmiger Wendel herausgefräst. Drahtgewickelte Widerstände waren schon seit längerer Zeit bekannt, sie besaßen jedoch eine unerwünschte hohe Induktivität, und hohe Widerstandswerte konnten wegen des Mindestdrahtquerschnittes nicht hergestellt werden. Der Kohleschichtwiderstand, der ab 1925 produziert wurde, war eine verbesserte Weiterentwicklung der Vorgängertypen. Auf einen stabförmigen keramischen Träger wurde bei hohen Temperaturen in einer Atmosphäre aus Kohlenwasserstoffgas eine Schicht reinen Graphits aufgetragen. Nach der spiralförmigen Fräsung wurden kappenförmige metallene Endstücke mit axialen Anschlußdrähten aufgepreßt. Schließlich wurde der Rohling lackiert, so daß die Graphitschicht vor mechanischen und chemischen Einflüssen geschützt war. Verglichen mit ihren Vorgängern zeichneten sich Kohleschichtwiderstände durch geringeres Rauschen, kleinere Fertigungstoleranzen und niedrigere Kosten aus.

## Fernsehen

Zu Beginn der zwanziger Jahre waren alle technologischen Voraussetzungen geschaffen, um Nipkows Idee vom elektromechanischen Fernsehen zu verwirklichen. In verschiedenen Ländern wurden Laborversuche mit dem Ziel durchge-

***Bildempfänger mit Nipkow-Scheibe, Konstruktion von J. L. Baird, ca. 1930.***

***Bei Bairds System wurde das Bild vertikal abgetastet.***

führt, daraus ein brauchbares, leicht handhabbares System zu entwickeln. Schon 1924 konnte man im physikalischen Institut der Universität Leipzig einen eindrucksvollen Versuchsaufbau besichtigen. Die Aufnahme- und Wiedergabe-Lochscheiben drehten sich dort synchron, indem sie einfach durch eine gemeinsame Antriebsachse miteinander verbunden waren. Im März 1925 stellte der schottische Erfinder und Fernsehpionier John Logie Baird (1888 bis 1946) in London sein elektromechanisches TV-System vor, das Bilder innerhalb des Gebäudes übertrug, in dem die Vorführung stattfand. Man sah das Gesicht einer Bauchrednerpuppe, vermutlich, weil sie der Belastung durch die grellen, glühend heißen Scheinwerfer besser gewachsen war als eine lebende Versuchsperson. Eine Demonstration des Systems vor der Royal Society fand im Januar 1926 in Bairds improvisiertem Labor statt, das damals im Londoner Stadtteil Soho lag. Die versammelten Mitglieder der Royal Society ließen sich von der neuen Technik jedoch nicht überzeugen, vielleicht auch, weil einer der Herren mit seinem langen, weißen Bart in die drehende „Höllenmaschine" geraten war. Trotzdem konnte Baird noch einige Erfolge für sich verbuchen: Im Jahr 1926 gelang es ihm zum ersten Mal, TV-Signale aufzuzeichnen und wiederzugeben. Dazu verwendete er eine Wachsscheibe mit einem Durchmesser von 25 cm als Speichermedium. Die erste interkontinentale Fernsehübertragung in die USA wurde von Baird mit einem Kurzwellensender durchgeführt, und auch mit dem Farbfernsehen beschäftigte er sich schon. Vor die Nipkow-Scheiben wurden hierzu Filterscheiben in den Primärfarben gesetzt.

## *1926* Die Pentode

Mitte der zwanziger Jahre dachten die Röhrenhersteller verstärkt darüber nach, wie man die Abmessungen der Röhren verkleinern und die elektrischen Eigenschaften der Tetrode verbessern könnte. Die Forschungsarbeiten konzentrierten sich bei Philips vor allem auf das zweite Problem. Tetroden besaßen zwar eine hohe Verstärkung, doch die Anodenstrom-Anodenspannungs-Kennlinie ($I_a/U_a$-Charakteristik) war alles andere als ideal. Das Problem wurde durch den Einbau eines zusätzlichen Gitters zwischen Anode und Schirmgitter gelöst, das elektrisch mit der Kathode verbunden war. Dadurch lag dieses Gitter auf wesentlich niedrigerem Potential als Anode und Schirmgitter. Die von der Anode emittierten sekundären Elektronen wurden von dem zusätzlichen Gitter abgestoßen, so daß sie nicht auf das Schirmgitter trafen. Dagegen besaßen die von der Kathode emittierten primären Elektronen eine so hohe kinetische Energie, daß sie das zusätzliche Gitter auf ihrem Weg zur Anode fast ungehindert passieren konnten. Mit

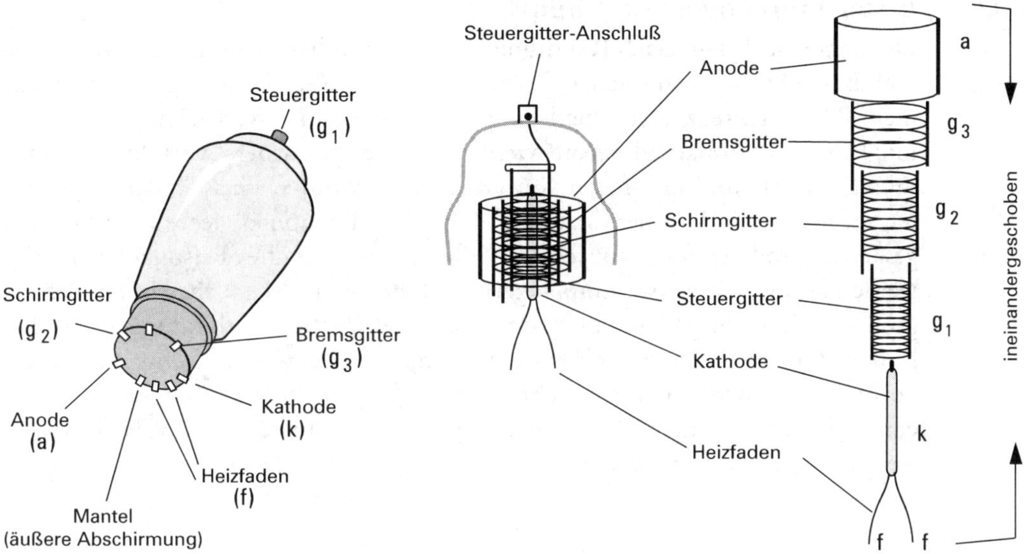


***Aufbau einer Pentode vom Typ AF 7 aus der Mitte der zwanziger Jahre.***

diesem Forschungsergebnis ist der Name von Professor B. D. H. Tellegen (1900 bis 1990), damals Mitarbeiter bei Philips, sehr eng verbunden. Die neue Röhrenkonstruktion war ein bedeutender Fortschritt der Röhrentechnik. Da sie fünf Elektroden besaß, wurde sie „Pentode" (griechisch „πεντε" = fünf) genannt, und das zusätzliche Gitter hieß „Brems-" oder „Fanggitter". Eine Pentode besaß die hohe Verstärkung einer Tetrode, der Einbruch im Kennlinienverlauf war jedoch beseitigt. Für die weitere Entwicklung der Röhren und ihrer Schaltungstechnik war die Erfindung der Pentode von großer Bedeutung.

Inzwischen war man zur indirekt geheizten Kathode übergegangen, bei der die Kathode und der Heizdraht nicht mehr eine Einheit bildeten. Die Kathode hatte nun die Form eines ovalen Röhrchens und besaß dadurch eine vergrößerte Oberfläche; sie bestand aus Nickel mit einer aufgetragenen Schicht aus Bariumoxid. Der Heizdraht, nun „Heizfaden" genannt, war elektrisch von der Kathode isoliert, was den Vorteil hatte, daß die Kathode auch mit Wechselstrom geheizt werden konnte. Philips begann mit der Produktion weiterer Bauelemente, die zur serienmäßigen Herstellung von Rundfunkempfängern benötigt wurden. Eine eigene Empfängerkonstruktion war zu dieser Zeit bereits in Vorbereitung.

## 1927 Erster Empfänger von Philips

Die starke Nachfrage nach Rundfunkempfängern führte bei Philips zu dem Entschluß, die Produktion solcher Geräte in die eigene Geschäftstätigkeit aufzunehmen. Man stellte zuerst Überlegungen an, wie ein zuverlässiger Empfänger möglichst kostensparend gebaut werden könnte. Nach dem Vorbild der Automobilindustrie und den Ideen von Henry Ford wurden Fließbänder eingerichtet, an denen die Montage stattfand. Eine Art „Drehbuch" legte minutiös den gesamten Produktionsablauf fest, so daß auch ungeschultes Personal beschäftigt werden konnte. Das erste Empfängermodell besaß ein Metallchassis, auf das die größeren Bauteile geschraubt wurden; die elektrischen Verbindungen wurden gelötet. Für die damalige Zeit hatte der Empfänger eine recht kompakte äußere Form, und außerdem war er sehr leicht bedienbar. Nach seiner Premiere auf einer Ausstellung, die 1927 in Utrecht stattfand, entwickelte sich das Gerät zu einem wahren Verkaufsschlager.

## Wellenlängen

Verschiedene Wissenschaftler waren damit beschäftigt, die Gesetzmäßigkeiten der Ausbreitung elektromagnetischer Wellen in der Atmosphäre zu erforschen. Aufgrund der unterschiedlichen Eigenschaften wurde das Frequenzspektrum in die Bereiche Langwellen, Mittelwellen, Kurzwellen, Ultrakurzwellen und Mikrowellen unterteilt. Man stellte unter anderem fest, daß sich Wellen mit sehr kleiner Wellenlänge geradlinig ausbreiten und sich ähnlich wie das sichtbare Licht verhalten.

*Erster Rundfunkempfänger von Philips (1927).*

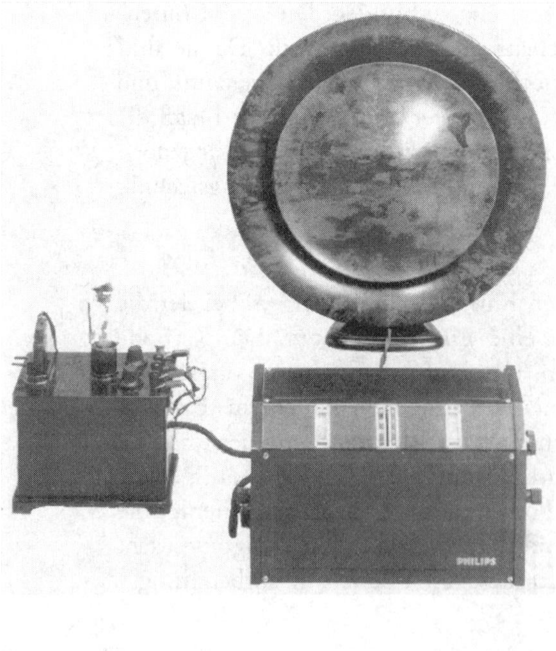


Bei Philips wurde am 11. März 1927 ein weiterer Erfolg gefeiert: Im Verlauf von Versuchssendungen konnte Funkkontakt zu den 16000 km entfernten niederländischen Gebieten in Indonesien hergestellt werden. Der Sender mit dem Rufzeichen „PCJJ" arbeitete mit einer leistungsfähigen, wassergekühlten Senderöhre im 31-m-Kurzwellenband.

***Kurzwellensender aus dem Jahr 1927; mit ihm wurde eine Entfernung von 16000 km überbrückt.***

## Lautsprecher

Die Geräteindustrie war auch um die Verbesserung der Klangqualität der bis dahin gebräuchlichen elektromagnetischen Lautsprecher bemüht. Als zukunftsweisend galt jedoch der elektrodynamische Lautsprecher; das elektrodynamische Prinzip war von Werner Siemens schon im Jahr 1878 entdeckt worden. Dem elektrodynamischen Prinzip liegt die von Hendrik A. Lorentz (1853 bis 1928) gefundene Tatsache zugrunde, daß auf einen stromdurchflossenen Leiter in einem Magnetfeld eine Kraft ausgeübt wird. Der elektrodynamische Lautsprecher besteht aus einem kräftigen Permanentmagneten und einer kegelförmigen Membran aus Spezialkarton, auf deren zylindrischem Hals eine Spule gewickelt ist. Die Spule taucht in den Luftspalt des Permanentmagneten ein, ohne ihn zu berühren; sie ist beweglich an einem gemeinsamen Chassis aufgehängt. Wenn ein niederfrequentes Signal an die Spule gelegt wird, bewegt sich die Spule im Magnetfeld, so daß die Membran die umgebende Luft in Schallschwingungen versetzt.

Um den Wirkungsgrad des elektrodynamischen Lautsprechers zu verbessern, gab es zwei Möglichkeiten: die Erhöhung der Spulenwindungszahl und die Vergrößerung der magnetischen Feldstärke. Die Spulenwindungszahl konnte nicht beliebig erhöht werden, weil eine zu große Masse der schwingenden Lautsprecherteile (Membran, Konus und Spule) die elektroakustischen Eigenschaften verschlechterte. Auch die Breite des Luftspaltes ließ sich nicht mehr wesentlich verkleinern, so daß die Feldstärke nur durch stärkere Magnete erhöht werden konnte. Einige Hersteller bauten in ihre Lautsprecher Elektromagnete ein, andere sahen sich nach besseren permanentmagnetischen Werkstoffen um.

*1927*

Philips gehörte zur zweiten Gruppe und untersuchte Legierungen aus ferromagnetischen Metallen (Eisen, Nickel, Kobalt) und paramagnetischen Metallen wie Aluminium und Kupfer. Später brachte Philips Magnete aus solchen Legierungen unter dem Namen „Ticonal" auf den Markt.

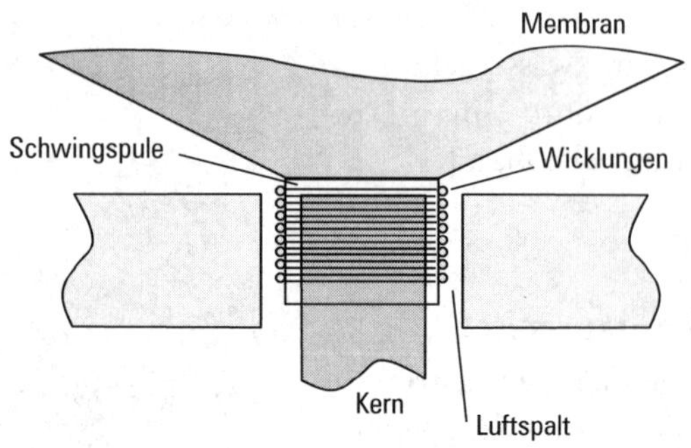


*Prinzip des elektrodynamischen Lautsprechers.*

Die ersten elektrodynamischen Lautsprecher wurden 1927 von Telefunken produziert, Philips folgte 1929. Auch das elektrodynamische Mikrofon ließ danach nicht mehr lange auf sich warten.

## Magnetische Tonaufzeichnung

Bei der Weiterentwicklung des magnetischen Draht-Tonaufnahmegerätes fanden die Amerikaner Carlson und Carpenter einen Weg, die starken Verzerrungen und das lästige Grundrauschen wesentlich herabzusetzen. Dem niederfrequenten Aufsprechsignal wurde ein Signal mit einer Frequenz von 10 kHz überlagert. Diese Frequenz lag damals weit oberhalb des Aufnahmefrequenzbereiches, so daß man von einer hochfrequenten Vormagnetisierung sprach. Trotz ihrer Überlegenheit geriet diese Erfindung bald wieder in Vergessenheit. Erst 1939 erfand der Amerikaner Camras die Hochfrequenzvormagnetisierung ein zweites Mal. Völlig unabhängig davon wurde 1940 im Entwicklungslabor von Telefunken das Verfahren ein drittes Mal entdeckt.

## Fernschreiben

Ebenfalls im Jahr 1927 begann bei dem deutschen Unternehmen Lorenz die Produktion von Fernschreibgeräten unter amerikanischer Lizenz. Fernschreiben, international „Telex" genannt, war im Prinzip eine Weiterentwicklung der Telegrafie. Der Fernschreiber war ein Gerät ähnlich einer Schreibmaschine, das Texte sowohl senden als auch empfangen konnte. Der Anschlag eines Zeichens beim sendenden Gerät löste den Anschlag des gleichen Zeichens beim empfangenden Gerät aus. Mit einem sendenden Gerät konnte ein große Gruppe empfangender Geräte verbunden sein.

## Fernseh- und Röntgenröhren *1928*

Während der Funkausstellung 1928 in Berlin zeigte Telefunken zum ersten Mal ein öffentliches Fernsehsystem. Im gleichen Jahr stellte Philips, übrigens gleichzeitig mit Siemens, eine Röntgenröhre mit rotierender Wolfram-Anode vor, in der die Verlustwärme gleichmäßiger verteilt war und die sich deshalb besser kühlen ließ. Dem plötzlichen Einbrennen der Anode wurde dadurch weitgehend vorgebeugt. Eine andere wichtige Erfindung betraf den Bildverstärker, der dazu beitrug, daß die Strahlungsintensität spürbar herabgesetzt werden konnte.

## Tonband

*1928*

Das Tonband wurde von dem Deutschen Fritz Pfleumer erfunden. Pfleumer hatte zahlreiche Versuche mit homogenen Streifenbändern aus Papier und anderen Materialien unternommen, auf die magnetisierbare Schichten aufgetragen waren. Im gleichen Jahr erhielt der Amerikaner Joseph O'Neil ein Patent auf sein Tonaufnahmeverfahren. Auch er verwendete Papierstreifen, die mit einer magnetischen Substanz beschichtet waren. Aus Gründen, die heute unverständlich erscheinen und nicht mehr nachvollziehbar sind, übersah die amerikanische Industrie die Bedeutung dieser Erfindung und scheute die für die Auswertung notwendigen Investitionen.

Die ersten Tonaufnahmegeräte, die mit Bändern arbeiteten, konnten noch nicht überzeugen, denn die Drahttongeräte waren inzwischen ständig verbessert worden und hatten einen kaum noch steigerbaren Entwicklungsstand erreicht. Auch bei der Schallplatte war die Entwicklung nicht stehengeblieben; sie hatte eine deutlich bessere Tonqualität als das Bandgerät zu bieten. Für das Band sprach allerdings die längere Spieldauer, die Möglichkeiten des Löschens und der Wiederverwendung sowie nicht zuletzt der niedrige Preis. Telefunken nahm sich deshalb der Idee von Pfleumer an, mit dem Ziel, sie zur Marktreife zu führen. Schwierigkeiten mechanischer Art entstanden zunächst durch die Tonbandbreite, die während der ersten Zeit immerhin fünf Zentimeter betrug, und auch das Bandmaterial bereitete Probleme. Der Bandkörper bestand aus Acetylzellulose, darauf war eine Schicht aus Nitrozellulose und Carbonyleisen aufgetragen. Den starken mechanischen Kräften, die beim Anlaufen und Abbremsen der schweren Bandspulen auftraten, konnte das Band oft nicht standhalten. Die Bänder rissen häufig, sicher nicht zuletzt auch deswegen, weil die Bandgeschwindigkeit 1 m/s betrug.

## Erster Elektrokardiograph

Der von Siemens entwickelte Elektrokardiograph, ausgestattet mit einem Röhrenverstärker und einer fotografischen Aufnahmeeinrichtung, war für die medizinische Diagnostik ein wesentlicher Fortschritt. Zuvor waren die äußerst schwachen elektrischen Impulse des menschlichen Herzens mit einem Spiegelgalvanometer gemessen worden, eine Erfindung, die auf den niederländischen Hochschullehrer Willem Einthoven zurückging.

Eine weitere Neuentwicklung von Siemens war der Fünf-Röhren- Rundfunkempfänger, bei dem die Verdrahtung aus Metallstegen bestand; sie waren mit Nieten auf der Rückseite der Montageplatte befestigt. Dieser Schaltungsaufbau kann als Vorläufer der gedruckten und geätzten Platine betrachtet werden.

## Festkörper-Verstärkerelement

Eine Verstärkerröhre ist physikalisch betrachtet ein Bauelement, bei dem der Elektronenstrom durch elektrische oder auch magnetische Felder gesteuert wird. Deshalb lag die Vermutung nahe, daß man den Elektronenstrom nicht nur im Vakuum, sondern auch in festen Stoffen auf gleiche oder ähnliche Weise steuern könnte. Man versprach sich davon, daß Kathode und Heizfaden überflüssig würden; die Energieverluste und die äußeren Abmessungen könnten dadurch wesentlich reduziert werden. Es wurde eine ganze Reihe von Versuchen unternommen, um den Feldeffekt bei festen Stoffen in den Griff zu bekommen. Die

*Verdrahtung eines Rundfunkempfängers durch Metallstege (Siemens, 1928).*

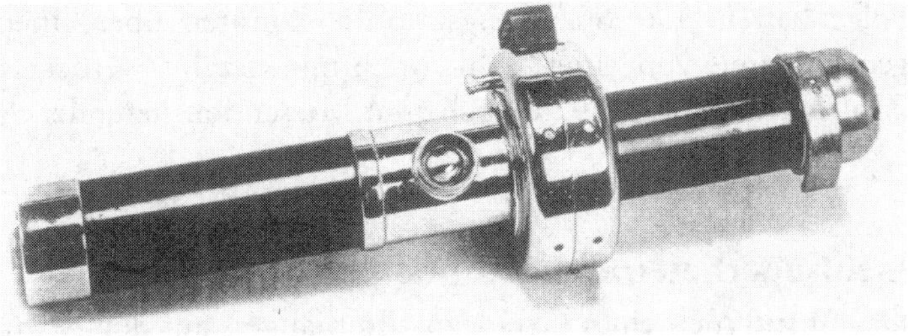

***Röntgenröhre „Rotalix" mit schnelldrehender Anode von Philips.***

bekanntesten Forschungsbeiträge stammen von J. E. Lilienfeld und O. Heil. Beiden wurde 1928 ein Patent für die Beschreibung eines Festkörper-Verstärkerelementes erteilt, das nach dem Feldeffekt-Prinzip arbeitete. Die damals noch recht spärlichen Kenntnisse über das Verhalten der Elektronen in festen Stoffen machten jedoch die Realisierung unmöglich; das Ziel mußte zunächst aufgegeben werden.

## Rotalix

Eine neue Röntgenröhre von Philips, die mit einer schnelldrehenden, tellerförmigen Drehanode arbeitete, kam unter der Bezeichnung „Rotalix" auf den Markt. Die Kühlung war bei dieser Röntgenröhre erheblich einfacher, und das Bild war kontrastreicher als bei den Vorgängertypen. Gleichzeitig konnten die Abmessungen reduziert werden, so daß sich die Röhre auch für den mobilen Einsatz eignete.

## Geiger-Müller-Zählrohr

Der deutsche Physiker Hans Geiger (1882 bis 1947) baute ein handliches Meßgerät, mit dem ionisierende Strahlung ($\alpha$-, $\beta$- und $\gamma$-Strahlung) nachgewiesen und quantitativ gemessen werden konnte. Hauptbestandteil des Gerätes war ein geschlossener zylindrischer Kondensator, dessen zweite Elektrode von einem metallenen, in der Zylinderachse befindlichen Stab gebildet wurde. Der Zylinder war mit einem verdünnten Gasgemisch gefüllt; an der Zylindervorderseite war ein strahlungsdurchlässiges Fenster angebracht. An die Elektroden wurde über einen Widerstand eine hohe Spannung gelegt, die nur wenig unterhalb des Wertes lag, bei dem der Kondensator durchschlug. Eindringende Strahlungsquanten lösten Stoßionisationsvorgänge aus, die Spannungsimpulse am Widerstand zur

Folge hatten. Die Spannungsimpulse konnten über einen Verstärker hörbar gemacht und von einer Zähleinrichtung gezählt werden. Das Geiger-Müller-Zählrohr wird auch heute noch zum Messen ionisierender Strahlung eingesetzt.

## *1930* Der Superheterodyn-Empfänger

Das Abstimmen eines Geradeaus-Empfängers auf den gewünschten Sender war oft eine mühsame Prozedur. Zuerst mußten die zum Wellenbereich passenden Spulen auf das Chassis gesteckt werden, und anschließend waren wechselweise zwei Drehkondensatoren zu bedienen, deren Einstellungen sich gegenseitig beeinflußten. Die Geräteindustrie suchte nach einem neuen Empfängerkonzept, das nicht nur die Bedienung vereinfachen sollte, sondern auch den steigenden Anforderungen an die Empfindlichkeit und Trennschärfe gerecht wurde. Die Anzahl der starken Rundfunksender war ständig gewachsen, so daß einfache Geradeaus-Empfänger oft nur „Wellensalat“ empfingen. Das neue Empfängerkonzept wurde Ende der zwanziger Jahre entwickelt; sein Prinzip läßt sich wie folgt beschreiben:

Nachdem das Antennensignal eine Vorverstärkerstufe durchlaufen hat, wird es mit einem zweiten hochfrequenten, unmodulierten Signal gemischt. Erzeugt wird dieses Signal von einem im Empfänger eingebauten Oszillator. Als Mischprodukte entstehen ein Summen- und ein Differenzsignal. Die Frequenz des Summensignals ist gleich der Summe aus der Empfangsfrequenz und der Oszillatorfrequenz, die Frequenz des Differenzsignals entspricht der Differenz dieser beiden Frequenzen. Die Modulation des Antennensignals bleibt bei den Mischprudukten unverändert erhalten.

Dieses zunächst umständlich erscheinende Verfahren hat einen entscheidenden Vorteil: Wenn sich die Oszillatorfrequenz einstellen läßt, brauchen die nach-

*Prinzip des Superheterodyn-Empfängers.*

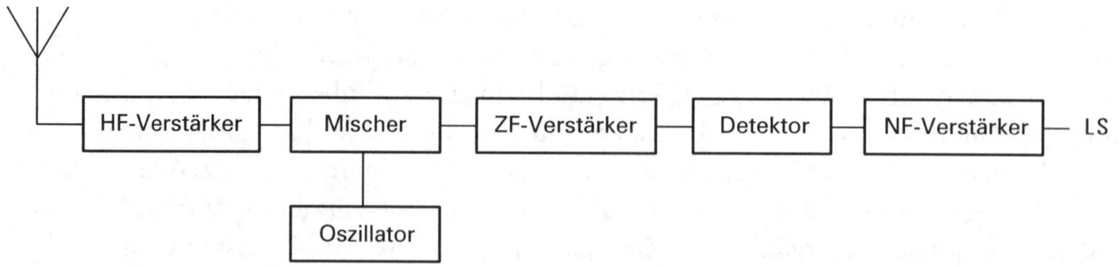

folgenden Empfängerstufen nur noch Signale mit stets gleicher Frequenz, der Differenzfrequenz, zu verstärken. Der Drehkondensator des Oszillatorschwingkreises kann mit dem Drehkondensator des Vorstufenkreises auf eine gemeinsame Achse gesetzt werden, so daß der Gleichlauf gewährleistet ist. Die Differenzfrequenz wird üblicherweise „Zwischenfrequenz" (ZF) genannt, bei den meisten Empfängern lag sie damals um 450 kHz.

***Einzelne Spulen, hier bei einem „Ducretet" aus dem Jahr 1920, gehörten nach Einführung des Wellenbereichschalters nicht mehr zum Erscheinungsbild.***

Rundfunkempfänger, die nach diesem Prinzip arbeiteten, hießen „Superheterodyn-Empfänger" oder einfach „Super". Die Kopplung zwischen der Mischstufe und der nachfolgenden ZF-Stufe sowie zwischen den ZF-Stufen untereinander übernahmen sogenannte Bandfilter, bestehend aus zwei abgestimmten, induktiv gekoppelten Schwingkreisen. Bei den ersten Supern wurden die Signale mit Hilfe einer Röhrendiode gemischt, der Oszillator war mit einer Triode bestückt. Da die Mischstufe zwei Röhren zusätzlich erforderte und Röhren recht kostbar waren, überlegte man, wie eine Röhre eingespart werden könnte. Die Lösung war die sogenannte Mischstufenröhre, bei der die Kathode und zwei Gitter in ihrer unmittelbaren Nähe eine Triode bildeten. Der Oszillator arbeitete mit dieser Triode als aktivem Bauelement. Der Elektronenstrom mußte die Triode auf seinem Weg zur Anode passieren und wurde dabei vom Oszillatorsignal moduliert. Über das Steuergitter wurde er gleichzeitig vom Empfangssignal beeinflußt, so daß innerhalb der Röhre eine multiplikative Mischung der beiden Signale stattfand. Mischstufenröhren wurden abhängig von der Anzahl ihrer Gitter als Hexoden, Heptoden oder Oktoden bezeichnet. Eine Hexode besaß zum Beispiel vier Gitter: ein Steuer- und ein Schirmgitter (das gleichzeitig als Anode der Triode diente) für den Oszillator sowie ein Steuer- und ein Schirmgitter für das Empfangssignal. Anfang der dreißiger Jahre kamen die ersten Super mit Zweifach-Abstimmdrehkondensator auf den Markt, und an die Stelle der Steckspulen trat der Wellenbereichschalter. Mechanisch waren die Geräteschaltungen meistens auf U-förmigen Chassis aufgebaut. Die größeren Bauteile wie Netztransformator, Röhren, Drehkondensatoren und Bandfilter fanden auf der Oberseite Platz, während die kleineren Bauteile, der Wellenbereichschalter und die Verdrahtung unterhalb des Chassis angeordnet waren. Teurere Modelle besaßen eine Stationsskala, auf der ein Zeiger, gekoppelt mit der Drehkondensatorachse, die Stationsnamen anzeigte. In der Regel waren die Chassis so gebaut, daß sie zu mehreren Gerätemodellen paßten. Die Montage war unkompliziert, so daß angelernte Arbeitskräfte sie in großer Stückzahl am Fließband montieren konnten.

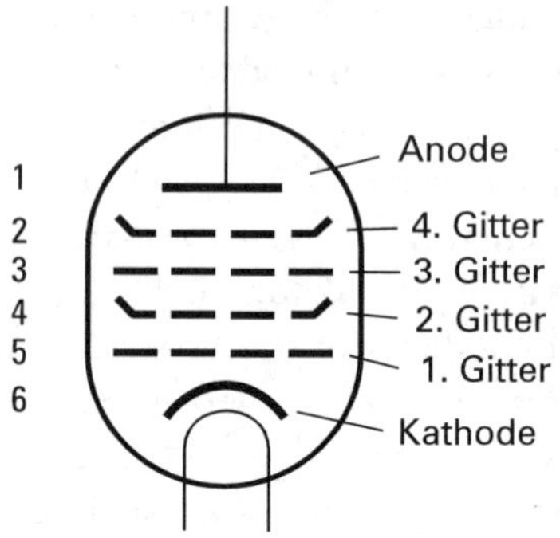


*Schaltungssymbol der Hexode.*

Einzelne Spulen, hier bei einem „Ducretet“ aus dem Jahr 1920, gehörten nach Einführung des Wellenbereichschalters nicht mehr zum Erscheinungsbild.

## *1931* Kabelnetze

In den Niederlanden begann die Rundfunkversorgung über Kabelnetze. Bei den an das Kabel angeschlossen Teilnehmern wurden ein Lautsprecher und ein Umschaltkasten installiert; die Teilnehmer hatten vier Programme zur Auswahl.

## Mikrowellen

Die Eigenschaften der elektromagnetischen Wellen im Mikrowellenbereich hatten das Interesse der Forschung immer wieder auf sich gezogen. Bis dahin gab es nur Röhrenkonstruktionen für die Verstärkung nieder- und hochfrequenter Signale; für den Einsatz im Mikrowellenbereich (Wellenlänge unter 1 m) waren diese Röhren nicht geeignet. Bei der Verstärkerröhre wurde die Intensität des zur Anode fließenden Elektronenstroms mit Hilfe der Steuergitterspannung beeinflußt. Die Geschwindigkeit der Elektronen hing von der Anodenspannung und, sofern vorhanden, von der Schirmgitterspannung ab; die Elektronen bewegten sich mit nahezu konstanter Geschwindigkeit von der Kathode zur Anode. Barkhausen und Kurz veröffentlichten 1920 einen Aufsatz über das Erzeugen von Schwingungen sehr hoher Frequenzen mit einer speziellen Triode, bei der sich die Elektronen mit unterschiedlicher Geschwindigkeit durch das Vakuum bewegen. Darin war ungefähr folgendes zu lesen:

Am Gitter der als Verstärker geschalteten Triode liegt eine positive Spannung, die Anode liegt auf leicht negativem Potential. Betrachtet man Elektronen, die die Kathode gleichzeitig verlassen, so werden sie zunächst vom positiven Gitter beschleunigt. Einige Elektronen treffen auf das Gitter auf und werden dort absorbiert, andere fliegen hindurch und gelangen in den Raum zwischen Gitter und Anode. Von der negativen Anode abgebremst fallen sie auf das Gitter zurück und werden dort absorbiert, oder sie fliegen ein zweites Mal hin und her, falls sie nicht auf das Gitter treffen. Durch den Vorgang des Bremsens und Beschleunigens bewegen sich die Elektronen mit unterschiedlichen Geschwindigkeiten. Dieser Effekt bedeutet, daß die als „Bremsfeld-Oszillator" bezeichnete Schaltung Schwingungen erzeugt.

Die beschriebene Methode der Geschwindigkeitssteuerung war bis zu einer Wellenlänge von ungefähr 50 cm brauchbar. Bei noch kürzeren Wellenlängen stieg die Verlustleistung des Gitters so stark an, daß sie nicht mehr beherrscht werden konnte. Als Gitter- und Anodenkreis verwendeten Barkhausen und Kurz sogenannte Lecher-Leitungen. Der zitierte Aufsatz war die Grundlage vieler Forschungs- und Entwicklungsarbeiten im Lauf dieses Jahrzehnts.

## Die Clavier-Röhre

Der französische Professor Clavier (LMT) entwickelte eine völlig neue Elektronenröhre mit spiralförmig gewendeltem Gitter, dessen Länge das 1,24-fache der Wellenlänge des erzeugten Signals betrug. Es war die erste Röhre, die tatsächlich im Mikrowellenbereich (bei ca. 14 cm) arbeitete. Die Clavier-Röhre war am 31. März 1931 im Einsatz, als zum ersten Mal eine Übertragung im Mikrowel-

*Mit dieser Parabolantenne wurden im März 1931 Signale im Mikrowellenbereich über den Ärmelkanal übertragen.*

lenbereich öffentlich vorgeführt wurde. Mit einer Parabolantenne von 3 m Durchmesser wurden bei Dover (England) Signale über den Ärmelkanal geschickt. Schon nach wenigen Jahren war die Clavier-Röhre überholt, weil neuere Konstruktionen zu besseren Ergebnissen führten. Auch Marconi und seine Mitarbeiter untersuchten die Möglichkeiten der Nachrichtenübertragung mit Mikrowellen. 1931 gelang es ihm, mit sehr kurzen Wellen eine Strecke von 18 km in der Nähe von Genua zu überbrücken. Diesen Erfolg übertraf er 1932 selbst, als ihm eine Duplex-Mikrowellenverbindung über 35 km Entfernung glückte. Im Winter 1932/33 installierten Marconis Mitarbeiter im Auftrag des Vatikans eine 24 km lange Mikrowellenverbindung vom Vatikan nach Castel Gandolfo, dem Sommersitz des Papstes. Am 11. Februar 1933 wurde die Einrichtung offiziell in Betrieb genommen. Marconi war an diesem Tag persönlich anwesend und erklärte dem Papst die Arbeitsweise des Systems. Im gleichen Jahr wurde in Deutschland der erste FM-Sender in Betrieb genommen; er war von Telefunken gebaut worden.

## *1932* Elektronenoptik

Im Hochspannungsinstitut der Technischen Hochschule Berlin gelang 1932 der experimentelle Beweis, daß die Bahnen von Elektronen durch elektrische und magnetische Felder beeinflußbar sind. Dabei wurde eine Analogie zur Brechung des Lichtes durch optische Linsen festgestellt. Beteiligt waren an den Untersuchungen Manfred von Ardenne, Ernst Brüche (Telefunken) und Reinhold Rudenberg (Siemens & Halske). Damit waren die Grundlagen für die Elektronenoptik glelegt.

*Elektronenmikroskop von Siemens (1938).*

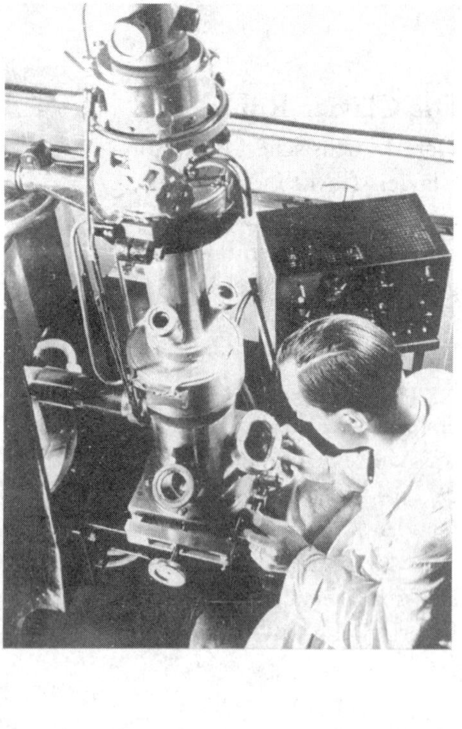

## *1933* Elektronenmikroskop

Die vorangegangenen Forschungsarbeiten an der Technischen Hochschule Berlin wurden von Bodo von

Borries (1905 bis 1956) und Ernst Ruska (1906 bis 1988) fortgesetzt und führten schließlich zum Bau des ersten Elektronenmikroskops. Bei diesem Mikroskop waren im Prinzip die optischen Linsen aus Glas durch elektronische Linsen ersetzt worden. Der Vergrößerungsfaktor konnte schon bald auf 30000 gesteigert werden. Bereits 1939 wurden Elektronenmikroskope von mehreren Herstellern in Serie gebaut.

Ebenfalls 1933 brachte Siemens & Halske die sogenannte „Röntgenkugel" heraus, bei der die Röntgenröhre und der Hochspannungstransformator in einem gemeinsamen, ölgefüllten Gehäuse untergebracht waren. Die Konstruktion eignete sich für den mobilen Einsatz, so daß der Patient für die Aufnahme eines Röntgenbildes nicht mehr das Bett verlassen mußte.

## Das Magnetron

*1934*

Ein Verfahren zur Modulation der Elektronengeschwindigkeit wurde schon 1921 von Albert W. Hull (1880 bis 1966) beschrieben. Hull verwendete eine Diode, bei der die Kathode und die Anode aus zwei koaxialen Zylindern bestanden. Beim Anlegen der Anodenspannung baute sich zwischen den beiden Elektroden ein elektrisches Feld auf, dessen Feldlinien in radialer Richtung verliefen.

***Prinzip des Magnetrons von Posthumus.***

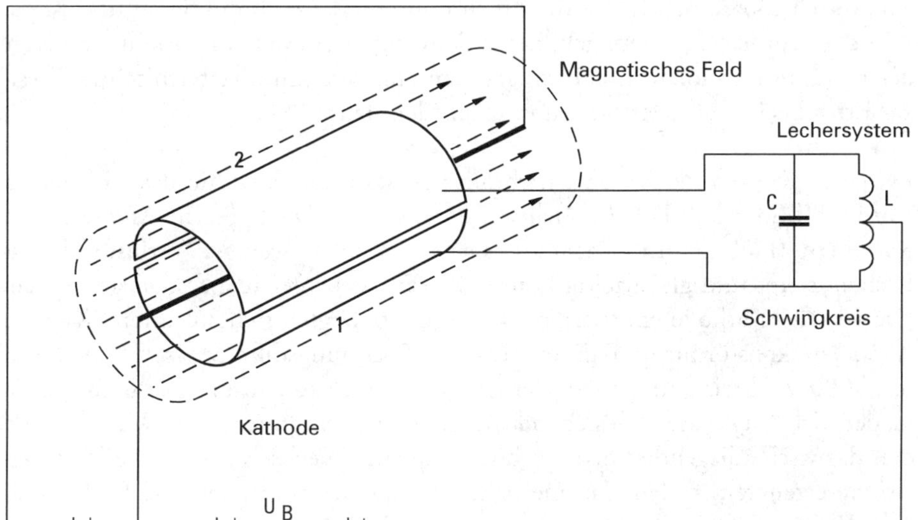

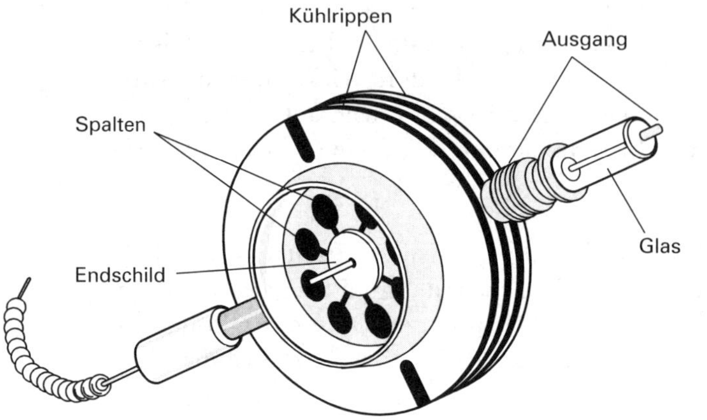


*Prinzipieller Aufbau eines Magnetrons.*

Senkrecht zur Zylinderachse wurde ein magnetisches Feld erzeugt; die magnetischen Feldlinien waren axial gerichtet. Unter dem Einfluß der beiden Felder beschrieben die von der Kathode emittierten Elektronen im Raum zwischen Kathode und Anode Zykloidenbahnen; sie bewegen sich abwechselnd zur Anode hin und entfernten sich wieder von ihr.

K. Posthumus, Mitarbeiter bei Philips, gab 1934 eine weiterentwickelte Version dieser Oszillatordiode an, die unter der Bezeichnung „Magnetron" auch heute noch zur Schwingungserzeugung in Radargeräten eingesetzt wird. In der Veröffentlichung von Posthumus bestand die Anode aus zwei Halbzylindern; sie waren mit einem Lechersystem verbunden. Die Lecher-Leitung diente als Resonanzkreis für die vom Magnetron erzeugten Schwingungen. Ein solches Lechersystem bestand aus zwei parallelen, versilberten Rohren oder Stäben, auf denen eine verschiebbare Brücke für die Abstimmung saß. Die Induktivität und Kapazität des vom Lechersystem gebildeten Schwingkreises war zur wirksamen Länge der Leiter proportional. Das Lechersystem ging auf den österreichischen Physiker Ernst Lecher zurück und stammte aus dem Jahr 1890.

Einige Jahre nach der Veröffentlichung von Posthumus wurde das Magnetron von H. H. Boot und J. T. Randell weiterentwickelt. Die kupferne Anode erhielt Kammern (Hohlraumresonatoren); sie verursachten weniger Verluste als das Lechersystem, und gleichzeitig konnte die Frequenz genauer festgelegt werden. Die von der Kathode emittierten Elektronen bewegten sich auf ihrem Weg zur Anode in kreisförmigen Bahnen. Da die Spannungsdifferenz sehr hoch war (ca. 4000 V), kreiste im Innern der Anode ein Elektronenring. Dadurch flossen in den Schwingkreisen, bestehend aus den Anodenzähnen, den Wänden und den dazwischenliegenden Spalten hochfrequente Wechselströme. Die Wechselströme erzeugten in den Kammern der Anode elektromagnetische Felder gleicher Frequenz, die von einer Antenne ausgekoppelt und nach außen geführt wurden. Das Magnetron ist im Lauf der Zeit ständig verbessert worden, das Prinzip blieb jedoch stets gleich. Zur Erzeugung von Mikrowellen wird das Magnetron heute vielfältig eingesetzt.

## Tonbandgeräte

*1935*

Einen technologischen Sprung nach vorn erlebte das Tonband im Jahr 1935, als das relativ grobe Carbonyleisen durch das wesentlich feinere Magnetit ersetzt wurde. Gleichzeitig konnte die Tonbandbreite auf 6,5 mm und die Bandgeschwindigkeit auf 76 cm/s herabgesetzt werden. Noch einige weitere Fortschritte trugen dazu bei, daß das Tonband schnell breite Akzeptanz fand. An die Stelle des Elektromagneten, den Stille bei seinem Stahldraht-Gerät verwendet hatte, trat der Ringtonkopf, eine Erfindung des Ingenieurs E. Schüller von Telefunken. Der Magnetkern war ringförmig gebogen und besaß zwischen den beiden Polschuhen einen äußerst schmalen Luftspalt. Das Band wurde mit leichtem Druck an der polierten Rundung des Tonkopfes vorbeigeführt. Durch diese Konstruktion konnte das magnetische Feld auf die Bandstelle vor dem Luftspalt konzentriert werden; die störenden Streufelder des zuvor verwendeten Stabmagneten waren stark reduziert. Der Ringtonkopf ließ sich sowohl für die Aufnahme und Wiedergabe als auch zum Löschen von Bändern verwenden. Abgesehen von kleineren Verbesserungen hat der Tonkopf über die Jahre hinweg bis heute seine ursprüngliche Form behalten. *1935*

***Eduard Schüller (links) entwickelte bei Telefunken das „Magnetophon".***

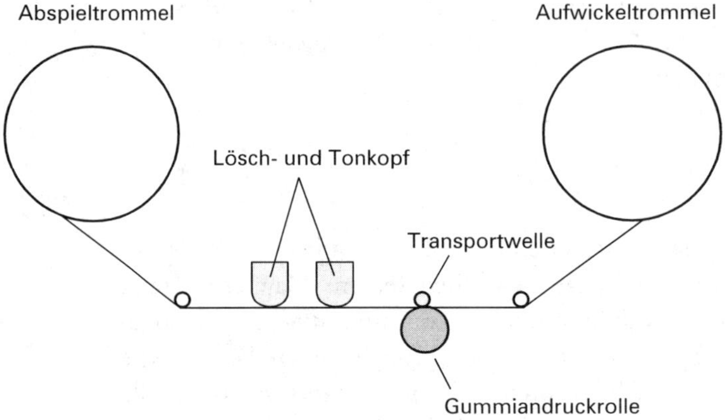


*Grundprinzip des modernen Tonbandgerätes.*

Eine weitere wesentliche Verbesserung betraf den Bandtransport. Gute Wiedergabequalität setzt voraus, daß das Band mit konstanter Geschwindigkeit am Tonkopf vorbeigezogen wird und die Geschwindigkeit bei der Wiedergabe mit der Aufnahmegeschwindigkeit übereinstimmt. Beim Stahldraht-Gerät war das praktisch nicht möglich gewesen, da nur die Aufwickeltrommel angetrieben wurde und der Draht nie exakt die gleiche Wickellage wie beim vorangegangenen Aufwickeln einnahm. Außerdem wurde der Draht nicht mit konstanter Geschwindigkeit transportiert, denn die Geschwindigkeit hing vom Durchmesser des Wickels ab. Eine konstante Bandgeschwindigkeit brachte erst das Drei-Motoren-Antriebssystem, bei dem zwei Motoren das Auf- und Abwickeln des Bandes übernahmen, während der dritte Motor für konstante Bandgeschwindigkeit sorgte. Das Band wurde dazu durch eine Gummiandruckrolle gegen die Welle des dritten, mechanisch hochpräzisen Motors gedrückt.

Auf der Berliner Funkausstellung 1935 wurden Tonbandgeräte vorgestellt, die auf dem neuesten Stand der Technik waren und im Vergleich zu ihren Vorgängern den wesentlich größeren Frequenzbereich von 50 bis 10000 Hz beherrschten. Das Band wurde in voller Breite bespielt, und zum Vormagnetisieren und Löschen benutzte man Gleichstrom. Die magnetische Schicht des Bandes war 20 µm dick und bestand aus Magnetit-Teilchen, die in Bindemittel eingebettet waren; die darunterliegende Trägerfolie hatte eine Dicke von 30 µm. In diesem Jahr verkaufte der Hersteller BASF bereits die ersten 50000 m Tonband. Wegen der neuen Möglichkeiten des Schneidens und Zusammen-

*Der Ringtonkopf, eine Erfindung von Eduard Schüller (Telefunken).*

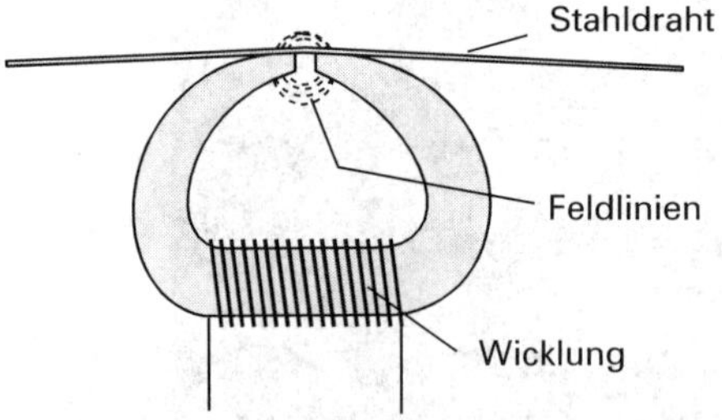

klebens sowie der inzwischen verhältnismäßig guten Reißfestigkeit fand das Tonband schon bald Eingang in alle Rundfunksender. Die von Telefunken entwickelten und gebauten Tonbandgeräte erhielten den Namen „Magnetophon".

## Elektrolytkondensatoren

Ende der zwanziger Jahre hatte die Geräteproduktion einen großen Bedarf an Kondensatoren hoher Kapazität bei möglichst geringen äußeren Abmessungen. Diese beiden gegensätzlichen Merkmale vereinte weitgehend der Elektrolytkondensator. Das Dielektrikum bestand aus einer dünnen Aluminiumoxidschicht, die auf eine der beiden Elektroden aufgebracht war. Aluminiumoxid widerstand ziemlich hohen Feldstärken, seine Dielektrizitätskonstante war größer als die von wachsimprägniertem Papier. Um 1933 gab es die ersten Elektrolytkondensatoren, bei denen das Elektrolyt durch ein Baumwollgewebe zwischen den Aluminiumplatten gebunden war. Nach dem Rollen zu einem Wickel wurde der Kondensator in einem Aluminium- oder Hartpapierbecher untergebracht. 1935 gelang es, die Kapazität bei gleicher Bauform spürbar zu vergrößern. Dazu wurde die Anodenoberfläche durch einen mechanisch-chemischen Prozeß angerauht, so daß die effektive Oberfläche zunahm.

Das Verfahren wurde 1938 dadurch erweitert, daß ein chemischer Ätzprozeß die glatte Anodenoberfläche noch stärker anrauhte. Verglichen mit der glatten Oberfläche konnte nun eine 3,5- bis 4,2-fache effektive Oberfläche bei gleichen geometrischen Abmessungen erzielt werden. Zu dieser Zeit arbeiteten alle Elektrolytkondensatoren noch mit sogenannten „nassen" Elektrolyten.

## Radar

„Radio Detecting and Ranging" bedeutet „räumliches Erfassen von Objekten mit Hilfe elektromagnetischer Wellen" und wurde von Sir Robert A. Watson-Watt erfunden. Das Grundprinzip, die Reflexion von Wellen an bewegten oder unbewegten Objekten, übernahm Watson-Watt aus der Akustik, wo Schallwellen als Echo reflektiert werden, wenn sie auf Hindernisse treffen. Das Radar mußte mit möglichst kurzen elektromagnetischen Wellen arbei-

***Aufbau des Elektrolytkondensators.***

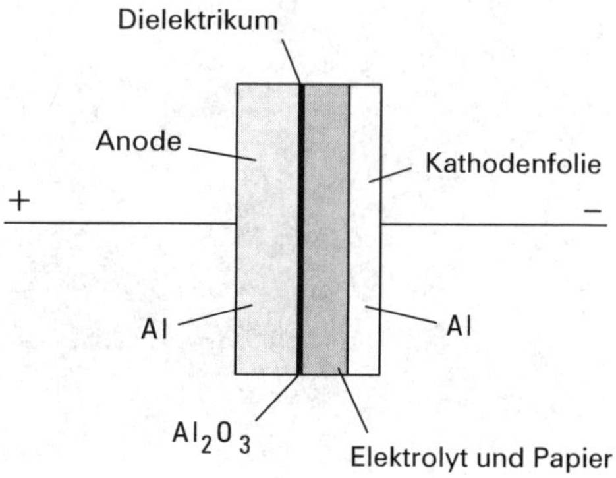

ten, da die Ausbreitung mit kürzer werdender Wellenlänge geradliniger verläuft und die Wellen weniger streuen. In Betracht kamen deshalb nur Wellenlängen im Mikrowellenbereich.

Das Radargerät bestand aus einem Mikrowellensender und -empfänger, die beide an die gleiche, stark bündelnde Parabolantenne angeschlossen waren. Ausgesendet wurde ein pulsförmiges Signal im Meter-, Dezimeter- oder Zentimeterbereich. Das vom Objekt reflektierte Empfangssignal wurde auf dem Schirm einer Kathodenstrahlröhre sichtbar gemacht. Die Erfindung des Radars gab der Mikrowellentechnik einen neuen, starken Auftrieb. Insbesondere in den USA wurde viel Forschungsarbeit geleistet, sicher nicht zuletzt aus militärischem Interesse. Weiterentwickelt wurden unter anderem das Magnetron, die Hohlleitersysteme, die Lecherleitung und die Wanderfeldröhre. Auch das erste Breitband-Koaxialkabel war nun verfügbar.

## *1936* Philips-Miller Tonaufzeichnung

Anfang der dreißiger Jahre entwickelte Philips zusammen mit dem Amerikaner J. A. Miller ein neues Tonaufzeichnungsverfahren. Das Speichermedium war ein aus drei Schichten bestehendes Band: Auf einem Zelluloid-Träger befand sich eine 60 µm dicke Schicht aus transparenter Gelatine, drüber lag eine äußerst dünne, nichttransparente Schicht (Dicke ca. 3 µm). Bei der Aufnahme wurde ein keilförmiger Stichel analog zum aufzunehmenden Signal senkrecht zur Bandoberfläche bewegt. Das Band lief mit konstanter Geschwindigkeit am Stichel vorbei, so daß der Stichel eine transparente Tonspur auf das Band schrieb. Bei der Wiedergabe wurde das Band über ein optisches System von einer Fotozelle abgetastet, das Fotozellensignal wurde elektronisch verstärkt. Das Philips-Miller-Verfahren war 1936 so weit ausgereift,

*Philips-Miller-System für mechanisch-optische Tonaufzeichnung.*

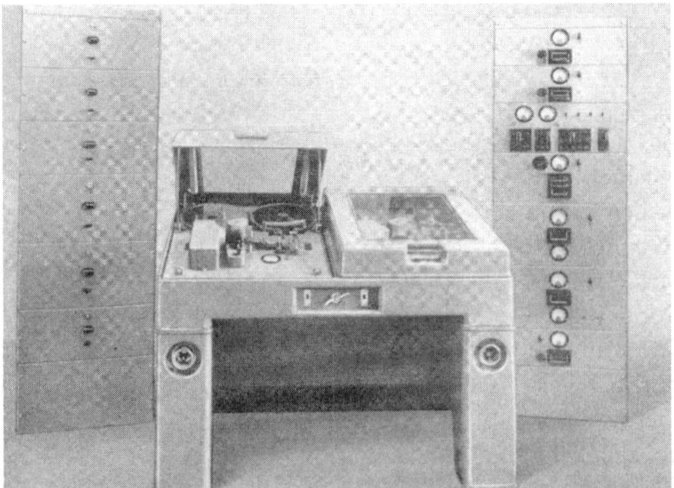

daß es der Öffentlichkeit vorgestellt werden konnte. Im Vergleich zu anderen Tonaufzeichnungssystemen besaß dieses mechanisch-optische System eine Reihe von Vorteilen. Das Rauschverhalten und die Wiedergabe hoher Frequenzen war besser als zum Beispiel bei der Schallplatte, das Band ließ sich äußerst präzise schneiden und kleben, und die Bandabnutzung durch häufige Wiedergabe war minimal. Von der Internationalen Rundfunkunion (Union Internationale de Radiodiffusion) in Genf wurde das System zum besten Tonwiedergabesystem seiner Zeit erklärt. Vor dem Zweiten Weltkrieg waren die meisten Rundfunkstudios mit Philips-Miller-Geräten ausgerüstet, nach dem Krieg mußten die Geräte ihren Platz zugunsten der inzwischen preiswerteren und vielseitigeren Magnetbandgeräte räumen.

## Fernsehen

Schon 1929 gab es in Deutschland mechanische Bildabtaster, die mit 441 Zeilen (!) im Zeilensprungverfahren arbeiteten. Die hochpräzise Nipkowscheibe befand sich bei diesen Systemen in einem luftevakuierten, trommelähnlichen Gehäuse. Damit war man, wie sich beim Betrieb immer wieder zeigte, an der äußersten Grenze eines elektromechanischen Abtastsystems angelangt. Gesendet wurde Fernsehen in Deutschland zum ersten Mal im Jahr 1935, wenn auch noch in sehr bescheidenem Rahmen. Die Aufnahme- und Sendetechnik arbeitete von Anfang an vollelektronisch, die Anzahl der Zeilen pro Bild betrug 180. Empfänger waren vor allem in öffentlich zugänglichen Räumen, den sogenannten „Fernsehstuben" aufgestellt. Die Olympischen Spiele 1936 in Berlin waren die ersten, die das Fernsehen übertrug. Unter den Kameraleuten war Walter Bruch, der später bei Telefunken das PAL-Farbfernsehsystem entwickelte. Schon in den dreißiger Jahren war Bruch Mitarbeiter bei Telefunken; damals war er dort mit der Konstruktion von Fernsehkameras beschäftigt.

Von 1929 bis Mitte 1935 hatte die britische BBC auf der Grundlage von John Bairds elektromechanischem Fernsehsystem etwa 1500 Sendungen ausgestrahlt. Baird soll schon 1932 monochrome TV-Empfänger, von ihm „Televisor" genannt, in einer Stückzahl von rund 10000 Geräten verkauft haben. Während die Empfänger noch mit der alten Nipkowscheibe arbeiteten, ging man auf der Sendeseite dazu über, eine empfindlichere Variante in Form eines Spiegelrades zu verwenden. Das Bild bestand aus 30 vertikalen Zeilen, die Bildfrequenz betrug nur 12,5 Hz. Die dadurch stark flimmernden, grobgerasterten Bilder waren wegen der Farbe der Neonlampe schwarz-orange getönt. Im Rundfunkband, auf der Wellenlänge 261,1 m, belegte das Fernsehsignal eine Bandbreite von nur

28 kHz. Einen wesentlich höheren Bandbreitebedarf hatte das Signal, als die BBC im Jahr 1931 eine verbesserte Norm mit einer Auflösung von 220 Zeilen einführte. Wegen des kleinen Filmbildformates eignete sich dieses System insbesondere für die Filmabtastung. Diese Technik setzte die BBC übrigens auch während sogenannter „Live"-Sendungen ein. Der von Spezialkameras aufgenommene Film wurde unmittelbar nach der Belichtung entwickelt. Dazu war in die Kamera eine Entwicklungseinheit integriert, die die Entwicklung noch vor dem Wiederaufwickeln des Filmes erledigte. Es dauerte ungefähr eine Minute, bis ein aufgenommenes Bild den Nipkow-Filmabtaster passierte. Bairds TV-System konnte sich nur während eines verhältnismäßig kurzen Zeitabschnittes behaupten. Im September 1935 nahm die BBC Versuchssendungen mit einem vollelektronischen TV-System auf.

Das Prinzip eines vollelektronischen TV-Systems hatte A. A. Campbell-Swinton schon 1908 vollständig beschrieben. Nach seiner Veröffentlichung in der britischen Zeitschrift „Nature" dauerte es noch fast 30 Jahre, bis die technologischen Voraussetzungen für die elektronische Bildabtastung geschaffen waren. Dann allerdings war die Braun'sche Kathodenstrahlröhre so perfektioniert, daß sie als TV-Bildröhre eingesetzt werden konnte, und Zworykins Ikonoskop aus dem Jahr 1923 hatte die Gestalt einer schon recht brauchbaren elektronischen Kamera angenommen. Auf der Basis dieser beiden Komponenten entwickelte Marconi zusammen mit der EMI (Electrical & Musical Industries) ein Fernsehsystem mit einer Auflösung von 405 Zeilen und einer Bildfrequenz von 25 Hz. Ebenso wie die heutige Fernsehnorm arbeitete das System mit dem Zeilensprungverfahren, bei dem zwei aufeinanderfolgende Halbbilder gegeneinander um eine Zeilenbreite versetzt sind; die Rasterfrequenz beträgt hier 50 Hz. Damit wurde das bei einer Bildfrequenz von 25 Hz noch stark in Erscheinung tretende Flimmern fast vollständig beseitigt. Anfang November 1936 entschied sich die BBC endgültig für das in jeder Hinsicht überlegene elektronische System. Das System von Baird wurde im Februar 1937 aufgegeben.

## Frequenzmodulation

Das Prinzip der Frequenzmodulation war schon seit einigen Jahren bekannt, und es gab auch bereits einige Sender, die FM-Sendungen ausstrahlten. Doch erst als Edwin H. Armstrong (1890 bis 1954) im Jahr 1936 die geringere Störempfindlichkeit im Vergleich zur Amplitudenmodulation entdeckte, gewann die Frequenzmodulation an Bedeutung. Störspitzen auf der Stromversorgung, atmosphärische Störungen durch Gewitter und auch Rauschquellen aller Art hatten

Einfluß auf die Signalamplitude, nicht jedoch auf die Signalfrequenz (E. H. Armstrong: A method of reducing disturbances in radio signaling by a system of frequency modulation, Proc. Inst. Radio Engr. 24/1936).

## Fernsehen *1937*

Philips besaß eine mobile TV-Sende- und Empfangsanlage mit 405 und 625 Zeilen für Versuchs- und Demonstrationszwecke, die 1937 auf der Ausstellung „Radiolympia" in London zu sehen war. Viele Besucher kamen dort zum ersten Mal mit dem Fernsehen in unmittelbare Berührung. Ausstellungen in anderen Ländern folgten. Erwähnt werden soll noch, daß Philips inzwischen einen Rundfunkempfänger produzierte, der mit nur einem einzigen Knopf zu bedienen war.

## Bildröhren *1938*

Telefunken kam 1938 als erster Hersteller mit einer Bildröhre auf den Markt, deren Schirm rechteckig war. Zuvor hatte man nur Bildröhren mit kreisrundem Bildschirm gekannt.

## Keramische Kondensatoren *1939*

Wegen ihrer guten elektrischen Eigenschaften spielten keramische Kondensatoren seit ihrem Erscheinen in der zweiten Hälfte der zwanziger Jahre eine wichtige Rolle. Die äußeren Abmessungen der verhältnismäßig großen röhren- oder scheibenförmigen Kondensatoren waren dabei meistens von untergeordneter Bedeutung. Als Dielektrikum wurde zuerst ein magnesiumsilikathaltiger Werkstoff verwendet; ungefähr ab 1939 ging man wegen der noch besseren Eigenschaften zu Titandioxid über.

## Das Klystron

Mit dem Klystron bekam die Höchstfrequenztechnik in der zweiten Hälfte der dreißiger Jahre ein neues aktives Bauelement in die Hand. Eine der ersten Veröffentlichungen erschien 1939 unter dem Titel „A high frequency oscillator and amplifier" im „Journal for Applied Physics" und stammte von R. H. Varian und S. F. Varian.

Auch bei dieser Röhre wird der Elektronenstrom geschwindigkeitsmoduliert. Die von der Kathode emittierten Elektronen passieren zuerst ein zylinderförmiges, in Längsrichtung zur Röhre angeordnetes Gitter. Bezogen auf die Kathode liegt an diesem Gitter positive Spannung, so daß der Elektronenstrom beschleunigt und gleichzeitig auch gebündelt wird. Der Strahl gelangt durch ein zweites Gitter zu einem dritten Gitter, an dem ebenfalls positive Spannung liegt. Auf dem weiteren Weg zur Anode durchläuft der Elektronenstrahl noch zwei weitere Gitter. Die Verstärkung und Schwingungserzeugung findet im Raum zwischen den Gittern 2 und 5 statt. Alle vom ersten Gitter beschleunigten und gebündelten Elektronen treffen am zweiten Gitter mit gleicher Geschwindigkeit ein. Durch Anlegen einer Wechselspannung zwischen den Gittern 2 und 3 wird erreicht, daß die Elektronengeschwindigkeit zwischen diesen beiden Gittern vom Momentanwert der Wechselspannung abhängt. Zwischen den Gittern 3 und 4 liegt ein Raum, der in seiner gesamten Ausdehnung auf gleichem Potential gehalten wird, der sogenannte Lauf- oder Triftraum. In diesem Raum bewegen sich die Elektronen mit unterschiedlichen Geschwindigkeiten.

Die Geschwindigkeit des einzelnen Elektrons hängt direkt von der Beschleunigung oder Verzögerung ab, die es zwischen den Gittern 2 und 3 erfahren hat. Da der Triftraum wegen seines gleichverteilten Potentials nichts zur Beschleunigung oder Abbremsung beiträgt, holen die schnelleren Elektronen die langsameren ein, so daß Verdichtungen und Verdünnungen im Elektonenstrahl auftreten. Ihre räumliche Verteilung entspricht der zwischen den Gittern 2 und 3 angelegten Wechselspannung. Zeitlich betrachtet treten auch durch die Gitter 4 und 5 unterschiedlich viele Elektronen hindurch, so daß zwischen diesen beiden Gittern eine Wechselspannung entsprechend der Wechselspannung an den Gittern 2 und 3 entsteht.

*Schematische Darstellung des Klystrons.*

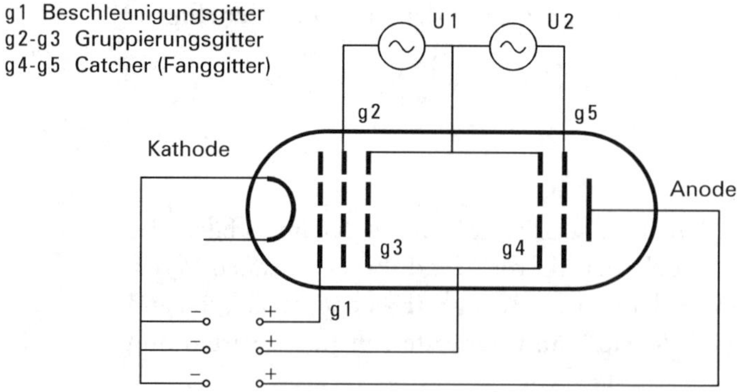


Bei einer bestimmten Länge des Triftraumes, abhängig von der Frequenz der Wechselspannung, ist der Effekt der Elektronenverdichtung und -verdünnung zwischen den Gittern 4 und 5 so groß, daß eine Verstärkerwirkung eintritt. Da die Länge nicht beliebig ausgedehnt werden kann, muß sich der Einsatz von Klystrons auf den Zentimeter-Wellenbereich beschränken. Die innerhalb der Röhre angeordneten Spalten bilden die Abstimmkreise zwischen den Gittern 2 und 3 sowie zwischen den Gittern 3 und 4, und die für den Betrieb als Oszillator notwendige Rückkopplung wird durch eine Koaxialleitung zwischen den Spalten erreicht.

## Raumakustik und Stereophonie

Ende der dreißiger Jahre wurden verstärkt die Gesetzmäßigkeiten der Raumakustik und die Möglichkeiten der Stereophonie untersucht. Dazu benutzte man eine Nachbildung des menschlichen Kopfes, den sogenannten Kunstkopf, bei dem in den Ohren Mikrofone angebracht waren. Die ausgestrahlten Kunstkopf-Stereo-Versuchssendungen belegten einen Sender für den linken und einen zweiten Sender für den rechten Kanal. Empfang in Stereo war nur mit zwei gleichen Empfängern und Lautsprechern möglich.

## Die Kristalldiode

Nach intensiver Grundlagenforschung auf dem Gebiet der Halbleiter veröffentlichten die Physiker Walter Schottky (1886 bis 1976) und Eberhard Spenke (Siemens & Halske) eine Arbeit über die Wirkungsweise der Kristalldiode an Hand der gleichrichtenden Eigenschaften eines Metall-Halbleiter-Übergangs. Die 1939 erschienene Arbeit hatte den Titel „Zur quantitativen Durchführung der Raumladungs- und Randschichttheorie der Kristallgleichrichter". Zur Erinnerung an Schottkys Verdienste wird noch heute ein spezieller Diodentyp als „Schottky-Barrier-Diode" bezeichnet.

## Fernsehen

Bei Ausbruch des Zweiten Weltkrieges mußte die BBC die öffentlichen Fernsehsendungen in London für unbestimmte Zeit einstellen. Verschiedene Hersteller begannen 1939 mit der Produktion von Kathodenstrahl-Oszilloskopen.

## Pulscodemodulation

Dem britischen Wissenschaftler Alec Reeves, Mitarbeiter von ITT in Paris, wurde 1939 das Prinzip der von ihm 1937 beschriebenen Pulscodemodulation (PCM) patentiert. Zu Beginn des Zweiten Weltkrieges kehrte Reeves in seine Heimat nach England zurück.

## Telefonie

Die Entwicklung der Fernsprechtechnik war in starkem Maß vom Einzug der Verstärker, insbesondere in die Weitverkehrstechnik, sowie von der Einführung der Trägerfrequenztechnik geprägt. Im Jahr 1930 konnte man die Kapazität des Seekabels zwischen Stralsund (Deutschland) und Malmö (Schweden) durch Einsatz eines Trägerfrequenzsystems verdoppeln. Großbritannien nahm sein erstes Tägerfrequenzsystem 1932 in Betrieb. Seit den Jahren 1935/36 war es möglich, zwischen Berlin und Leipzig über ein einziges Koaxialkabel 200 Gespräche gleichzeitig zu übertragen; die Technik dazu stammte von Siemens & Halske. Philips entwickelte ab 1938 ein 18-Kanal-Trägerfrequenzsystem, das für die Verbindung von Sydney nach Maitland in Australien bestimmt war. Eine internationale Norm von Bandbreiten und Kanalabständen von Trägerfrequenzsystemen kam 1938 zustande.

Seit etwa 1930 gewann die Einseitenbandmodulation (Single Side Band = SSB) zunehmend an Bedeutung für die Telefonie auf Kurzwellen. Eine SSB-Verbindung zwischen den Niederlanden und den niederländischen Gebieten in Indonesien wurde 1933 in Betrieb genommen, ab 1936 war auf dieser Funkstrecke ein 12-Kanal-System in Betrieb. Zwischen den USA und Großbritannien wurden solche Funkstrecken erst 1939 eingerichtet. Im Gegensatz dazu gestaltete sich der Einsatz von Verstärkern in Seekabeln äußerst schwierig. Die im Kabel integrierten, meistens mit Pentoden bestückten Verstärker mußten über möglichst lange Zeit hinweg ihren Dienst verrichten und durften auf keinen Fall vorzeitig defekt werden. Es wurden Spezialröhren entwickelt, die mit niedrigen Anodenspannungen arbeiteten; die Metallteile im Röhrenkolben wurden vor dem Einbau so weit wie überhaupt möglich entgast. Das erste Telefon-Seekabel quer durch den stürmischen Atlantik wurde erst 1956 gelegt und in Betrieb genommen.

## Magnetische Tonaufzeichnung

Im Jahr 1939 (wieder-)entdeckte Marvin Camras (1916 bis 1995) die hochfrequente Vormagnetisierung für die magnetische Tonaufzeichnung; sie sollte für die weitere Entwicklung in diesem Bereich von großer Bedeutung sein. Camras, der mit der Armour Research Foundation zusammenarbeitete, der Vorläuferin des Illinois Institute of Technology, erhielt später ein Patent für seine Erfindung. Bis 1945 erwarb die amerikanische Marine etwa 5000 Drahttongeräte, die nach dem Patent von Camras arbeiteten. Während der Kriegsjahre waren die Forschung und Entwicklung in den verschiedenen Teilen der Welt stark gegeneinander abgeschottet. So konnte es geschehen, daß auch H. J. Braunmühl und H. Weber, denen die Erfindung von Camras völlig unbekannt war, die HF-Vormagnetisierung ein zweites Mal erfanden. Beide waren bei Telefunken mit der Weiterentwicklung des Tonbandgerätes beschäftigt, das Telefunken unter dem Namen „Magnetophon" herausgebracht hatte. Durch Überlagern des am Tonkopf liegenden niederfrequenten Signals mit einem hochfrequenten Sinussignal während der Aufnahme wurde das Bandrauschen erheblich reduziert und gleichzeitig die Dynamik angehoben. Außerdem diente das hochfrequente Signal zum Löschen bespielter Bänder.

Ende des Krieges, im Jahr 1945, hielt bereits die sechste Generation der Telefunken-Tonbandgeräte unter der Typenbezeichnung „K6" Einzug in die deutschen Rundfunkstudios. Die amerikanische Besatzung, der auch die K6-Maschinen nicht verborgen blieb, war über die exzellente Tonqualität äußerst überrascht. John Mullin und Herbert Orr requirierten ein rundes Dutzend K6-Geräte und verschifften sie zusammen mit 50 Bändern in die USA. Mit den Geräten stieß Mullin unter anderem beim amerikanischen Tonbandgeräte-Hersteller Ampex auf Interesse. Seit den vierziger Jahren war nicht nur die Gerätetechnik weiter vorangeschritten, sondern auch die Bänder wurden ständig verbessert. Magnetische Substrate mit immer feineren Korngrößen lösten einander ab, die Kunststoffträger wurden zunehmend reißfester und temperaturbeständiger. Gleichzeitig wurden die Bänder dünner, so daß die Spulen die doppelte und sogar dreifache Bandlänge aufnehmen konnten. Auch die fortschreitende Gerätetechnik trug maßgeblich dazu bei, daß die Bandgeschwindigkeit von 76 auf 38, 19, 9,5 und schließlich sogar auf 4,75 cm/s herabgesetzt werden konnte, ohne daß die Wiedergabequalität spürbar darunter litt.

*1940*

## Weichmagnetische Werkstoffe

Schon in den dreißiger Jahren hatte es Forschungsaktivitäten auf dem Gebiet der weichmagnetischen Werkstoffe gegeben. Das Ziel waren nicht nur bessere magnetische und elektrische Eigenschaften im niedrigen Frequenzbereich, sondern die neuen Werkstoffe sollten auch bei hohen und höchsten Frequenzen einsetzbar sein. Das herkömmliche Carbonyleisen-Granulat, das zusammen mit Bindemitteln unter hohem Druck in die gewünschte Form gepreßt wurde und unter anderem als Spulenkern in Bandfiltern für den Mittelwellenbereich verwendet wurde, genügte den Anforderungen nicht. Die Forschungen führten zur Entwicklung technischer Ferrite mit Spinellstruktur. In der Natur kommen Ferrite in Form des Magneteisensteins oder Magnetits vor, eine der wichtigsten Arten des

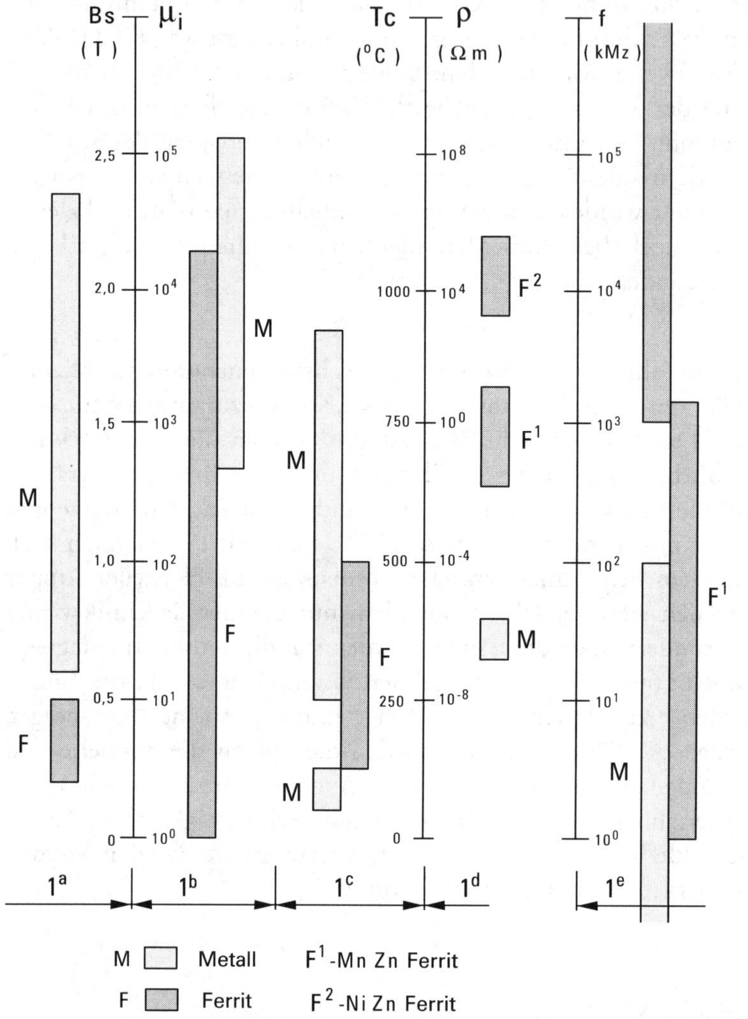


***Kenngrößen weichmagnetischer Werkstoffe.***

Eisenerzes. Magnetit ist eine mineralische Doppelverbindung von Ferro-Oxid und Ferri-Oxid ($FeO:Fe_2O_3$) mit guten magnetischen Eigenschaften.

Bei den ersten technischen Ferriten wurde das Molekül FeO gegen das Molekül eines gleichwertigen Metalloxids ausgetauscht, also gegen ein Oxid eines ebenfalls zweiwertigen Metalls wie Mangan, Nickel oder Kupfer. Diese einfachen

Ferrite weisen einen hohen elektrischen Widerstand und eine hohe relative Permeabilität auf, sie sind frei von Wirbelstromverlusten. Auch Philips beteiligte sich an der Entwicklung neuer magnetischer Werkstoffe und brachte 1941 ein weichmagnetisches Ferrit unter dem Namen „Ferroxcube" auf den Markt. Vereinfacht dargestellt lief der Herstellungsprozeß in drei Schritten ab: Dosieren und Mischen der Granulate, Pressen des Gemisches zusammen mit einem Bindemittel in die vorgesehene Form und Sintern des gepreßten Zwischenproduktes. Das so gewonnene polykristalline Material war sehr hart und ließ sich nur durch Schleifen bearbeiten.

## Erster Rechner

Auf der Grundlage der Bool'schen Algebra baute der in Berlin geborene Konrad Zuse (1910 bis 1995) im Jahr 1936 die erste programmgesteuerte, elektromechanische Rechenmaschine. Dieser Rechner erhielt die Typenbezeichnung „Z3", er wurde 1941 in Betrieb genommen.

## NTC-Widerstände *1941*

Während der Forschungsarbeiten auf dem Gebiet der Ferrite waren unter anderem auch Werkstoffe gefunden worden, deren elektrischer Widerstand negative Temperaturkoeffizienten aufwies. Daraus wurde der NTC-Widerstand entwikkelt, ein Bauelement, dessen Widerstand bei steigender Temperatur sinkt. Mit NTC-Widerständen lassen sich zum Beispiel Einschaltstromspitzen von elektrischen Motoren verringern. Auch in sogenannten Allstrom-Rundfunkempfängern, bei denen die Röhrenheizfäden in Serie geschaltet waren, kamen NTC-Widerstände zum Einsatz. Dort wurden die hohen Einschaltströme, die durch die niedrigen Kaltwiderstände der Heizfäden entstanden, von NTC-Widerständen auf ungefährliche Werte herabgesetzt.

## Germaniumdioden *1942*

Zur Verwendung in der Mikrowellentechnik, insbesondere in der Radartechnik, wurden die ersten Punktkontakt-Germaniumdioden produziert; Hochvakuumdioden waren hier nicht mehr brauchbar. Philips brachte in diesem Jahr den ersten tragbaren Plattenspieler mit eingebautem Verstärker und Lautsprecher unter dem Namen „Porteldisc" auf den Markt.

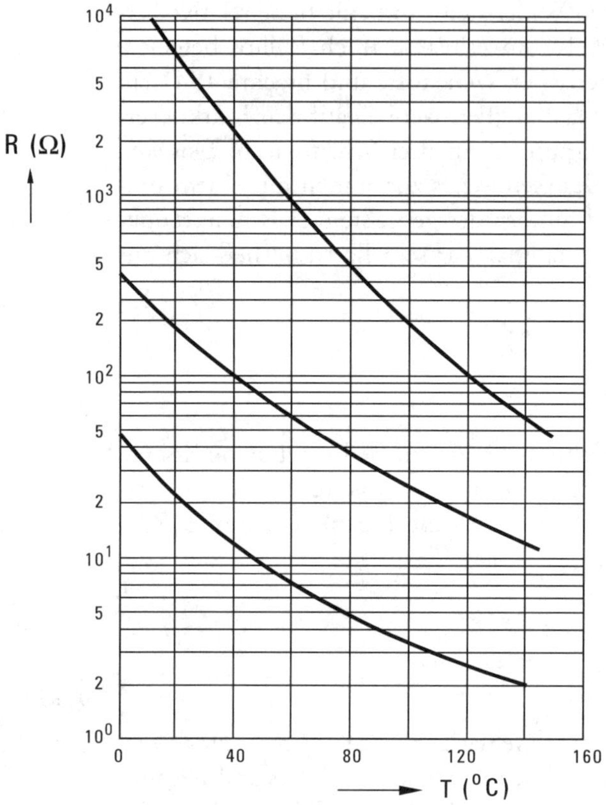


*Kennlinien von NTC-Widerständen.*

## Weichmagnetische Werkstoffe

Über den Magnetismus weichmagnetischer Werkstoffe fertigte der französische Wissenschaftler Louis Néel (geb. 1904) eine umfangreiche Studie an; er nannte den Magnetismus dieser Stoffe „Ferrimagnetismus" (L. E. F. Néel, Cahiers de Phys. 12 aus 1942). Schon bald wurden die einfachen Ferrite durch zusammengesetzte Ferrite wie MnZn- und NiZn-Ferrit ersetzt, weil sie in wichtigen Bereichen bessere Eigenschaften besaßen. Bei den neuen Ferriten konnte die Sättigungsinduktivität gesteigert werden, und ihr Verhalten bei höheren Frequenzen war ebenfalls überlegen.

## *1946* Computer

Die Idee, eine Maschine zu bauen, die imstande ist, mathematische Formeln zu berechnen, geht auf den Gelehrten Charles Babbage (1792 bis 1871) zurück. Der 1822 von Babbage konstruierte mechanische Rechner arbeitete mit Zahnrädern und Nockenwellen, die Babbage selbst entwarf. Im Jahr 1833 war die von Babbage „The Analytic Engine" genannte Maschine fertiggestellt. Der erste praktisch brauchbare Computer, bei dem die Ideen von Babbage einflossen, wurde Anfang der vierziger Jahre, also rund 110 Jahre später, von einer Gruppe von Wissenschaftlern an der Harvard-Universität in Cambridge (USA) gebaut. Geistiger Vater des Projektes war Howard Aiken (1900 bis 1973). Der Computer, der „Automatic Sequence Controlled Calculator" (ASCC) hieß, arbeitete elektromechanisch mit Relais und Elektronenröhren. Später wurde er unter dem

Namen „Mark I" bekannt. Das Besondere an diesem Rechner war, daß er als erster nicht mit den geläufigen Dezimalzahlen, sondern im binären Zahlensystem arbeitete.

Charles Babbage (1792 bis 1871).

1945 begannen die Amerikaner Eckert, Mauchly und Goldstine an der Universität von Pennsylvanien mit dem Bau des ersten elektronischen Computers. Der „Electronic Numerial Integrator And Calculator" (ENIAC) arbeitete mit 17468 Röhren und 1500 Relais, er nahm eine elektrische Leistung von 150 kW auf und wog 30 Tonnen. Das Ungetüm, 1946 in Betrieb genommen, gilt als der erste Vertreter der ersten Computergeneration. Die größten Schwächen des ENIAC waren seine extrem hohe Störanfälligkeit infolge der hohen Anzahl an Elektronenröhren sowie sein enorm hoher Leistungsbedarf, der eine heute kaum noch vorstellbare Wärmeentwicklung verursachte.

John Eckert, John Mauchly (1907 bis 1980) und John von Neumann (1903 bis 1957) entwickelten im Jahr 1946 einen Computer, der auf einem Konzept von John von Neumann aufbaute. Es war ein sogenannter „Stored Program Computer"; er bekam den Namen „UNIVAC I". Bei diesem Computer wurden die Programme und die zu verarbeitenden Daten noch mit Hilfe von Relais eingegeben.

Der legendäre ENIAC, erster Vertreter der ersten Computergeneration.

## Die Wanderfeldröhre

Der Österreicher Dr. Rudolf Komfner war während der letzten Jahre des Zweiten Weltkrieges mit der Entwicklung von Mikrowellenröhren für die britische Marine beschäftigt. Die

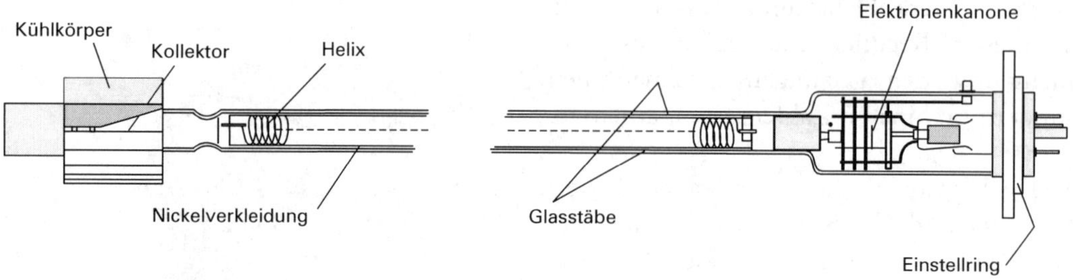


***Schematische Darstellung der Wanderfeldröhre.***

Einzelheiten der von ihm konstruierten Wanderfeldröhre wurden erst nach Kriegsende freigegeben. Im Jahr 1946 veröffentlichte er in der Zeitschrift „Wireless World“ einen Aufsatz mit dem Titel „The Travelling Wave Valve“. Die Wanderfeldröhre bedeutete einen gewaltigen Fortschritt der Mikrowellentechnik, insbesondere im Bereich der Zentimeter- und Millimeterwellen. Zwischen 1946 und 1949 erschienen in diversen Zeitschriften Veröffentlichungen über dieses neue aktive Mikrowellen-Bauelement.

## *1947* Röntgenstrahlung

Telefunken war der erste Hersteller, bei dem eine 400-kV-Röntgenröhre für Materialprüfungszwecke in Produktion ging. Philips begann mit Fernsehversuchssendungen, die mit 625 Bildzeilen und frequenzmoduliertem Tonträger vom Standort Eindhoven gesendet wurden. Ferner erschienen die ersten Schallplatten mit Mikrorillen, die stählerne Abtastnadel wurde durch den Saphir ersetzt.

## *1948* Betatron

Die ersten medizinischen Anwendungen eines 6-MeV-Betatrons wurden am Klinikum der Universität Göttingen durchgeführt. Die Einrichtung war von Siemens & Halske geplant und gebaut worden.

# Vom Transistor zur integrierten Schaltung

4

**Ein weiterer markanter Meilenstein in der Geschichte der Elektronik war zweifellos die Erfindung des Transistors. Schon bald sollte der Transistor die Elektronenröhre in vielen angestammten Bereichen ablösen. Auch bei den magnetischen Werkstoffen und den passiven Bauelementen brachte der Fortschritt in dieser Epoche wichtige Neuerungen hervor.**

*1948 bis 1960*

In der Fernsprechtechnik wurde der Reed-Kontakt eingeführt. Die Tonqualität von Audiogeräten konnte stark verbessert werden, und die Stereophonie trat ihren Siegeszug an. Die Gemeinde der Fernsehzuschauer wuchs dank besserer und preiswerterer Gerätetechnik und größerem Programmangebot. Ende der fünfziger Jahre standen die ersten Videomaschinen in den Fernsehstudios.

## Der Transistor

*1948*

Bei den Bell Laboratories, der Forschungsabteilung des mächtigen amerikanischen Telekommunikationskonzerns AT&T, begann im Jahr 1945 eine Gruppe von Wissenschaftlern unter der Leitung von William Shockley (1910 bis 1989) mit der Untersuchung von Halbleitern, insbesondere von Germanium und Silizium. Zur Gruppe gehörte Walter Brattain (1902 bis 1987), der ebenso wie Shockley zuvor an der Entwicklung von Elektronenröhren mitgearbeitet hatte. John Bardeen (1908 bis 1991), ein Halbleiterphysiker, stieß als dritter zu der Gruppe. Brattain war der erfahrene Praktiker, Bardeen der beschlagene Theoretiker, und Shockley war zur einen Hälfte Theoretiker und zur anderen Praktiker.

*William Shockley (1910 bis 1989).*

Ende des Jahres 1947 unternahmen Bardeen und Brattain Versuche mit sogenannten Duo-Punktkontaktdioden. Als sie am

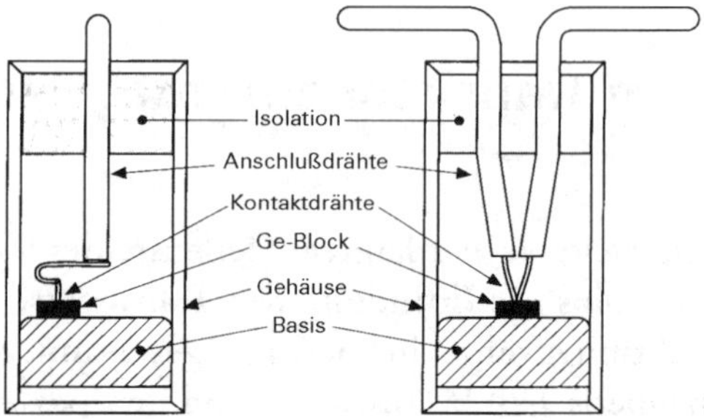


***Der erste Transistor (23. Dezember 1947). Die Federn aus Phosphorbronze drückten ca. 50 µm in den Germaniumkristall hinein.***

16. Dezember 1947 die beiden Kontakte auf dem Germaniumkristall sehr nah nebeneinander anordneten, entdeckten sie durch Zufall ein bis dahin unbekanntes Phänomen: Wenn die Spannung an der ersten Diode verändert wurde, hatte dies eine Änderung des Stromes zur Folge, der durch die zweite Diode floß. Die Wissenschaftler nannten diese Erscheinung „Transistoreffekt", abgeleitet von den Wörtern „transit" (Übergang) und „resistor" (Widerstand). Das entstandene neue Bauelement bestand aus einer kleinen Scheibe polykristallinem Germanium, deren Unterseite Kontakt mit einem metallenen Plättchen, der sogenannten „Basis" hatte. Auf der Oberseite waren nahe beieinander zwei spitze, federnde Kontakte angebracht, die ungefähr 50 µm tief in die Germaniumscheibe hineindrückten und sich dadurch nicht verschieben konnten. Die mechanische Stabilität wurde durch eine Art Wachs erhöht, das um die Germaniumscheibe herum aufgetragen war. Die weiteren Untersuchungen ergaben, daß das neue Bauelement tatsächlich in der Lage war, elektrische Signale zu verstärken.

Die erste interne Demonstration vor Mitarbeitern der Bell Laboratories fand am 23. Dezember 1947 statt. Weltweit bekanntgegeben wurde die Erfindung des Transistors im Lauf des Jahres 1948. Die angestrebte Serienfertigung des neuen Bauelementes war zunächst mit großen Schwierigkeiten verbunden. Schnell stellte sich heraus, daß die elektrischen Eigenschaften der einzelnen Exemplare sehr stark auseinanderdrifteten; es war trotz größter Anstrengungen nicht möglich, zwei gleiche Transistoren herzustellen. Deshalb hatten die Röhrenhersteller
*1948* zunächst keine Sorge, daß die Elektronenröhre dem Transistor irgendwann einmal weichen müßte, auch wenn der Transistor einige entscheidende Vorteile besaß:

- keine Heizung und kein Gitter,
- kein Hochvakuum,
- kein relativ großer Glaskolben,
- sehr kleine Abmessungen.

Punktkontakt-Transistoren hatten den Nachteil, daß sie mit zwei wenig stabilen Metall-Halbleiter-Übergängen arbeiteten. Shockley kam auf die Idee, daß die Übergänge in den Kristall hineinverlegt werden müßten, so daß die Kontaktfedern überflüssig würden. Dazu bräuchte man zwei Germanium-Arten mit unterschiedlichem Fermi-Niveau. Das vierwertige Germanium könnte mit einem fünfwertigen Element „verunreinigt" werden, zum Beispiel mit Arsen, so daß die Anzahl der freien Elektronen künstlich erhöht würde. Die zweite Germanium-Art könnte man gewinnen, wenn das Germanium mit einem dreiwertigen Element dotiert würde, zum Beispiel mit Indium. Hierdurch müßte ein Mangel an freien Elektronen entstehen. Shockley hatte damit, wenn auch nur in der Theorie, den ersten Flächentransistor geschaffen. Seine umfangreichen Arbeiten zu diesem Thema veröffentlichte er 1949. Nach einigen Fehlschlägen gelang es Shockley im Jahr 1950, den ersten PNP-Germanium-Flächentransistor herzustellen und so die Richtigkeit seiner Theorie zu beweisen. Der Flächentransistor erwies sich als wesentlich zuverlässiger als der Punktkontakt-Transistor, und er konnte auch höhere Leistungen verarbeiten. Das neue Bauelement bestand aus einem Stück n-dotierten Germaniumkristall, das örtlich mit Indium dotiert worden war, so daß an diesen Stellen p-Germanium entstand. Dazu hatte man ein dünnes Stück n-Germanium an den gegenüberliegenden Seiten mit

***Schnitt durch einen in Legierungstechnik hergestellten Germanium-Flächentransitor.***

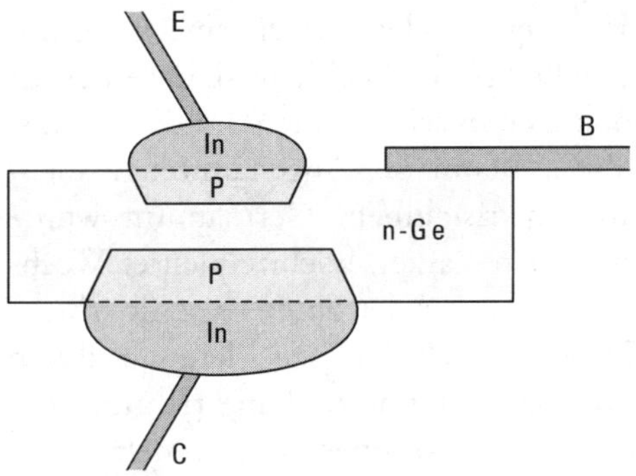


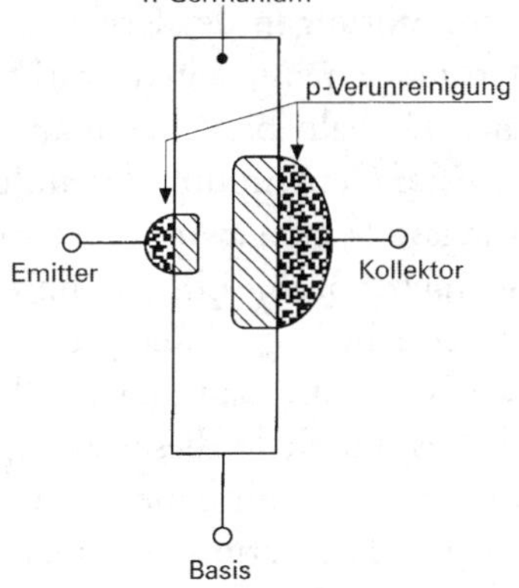

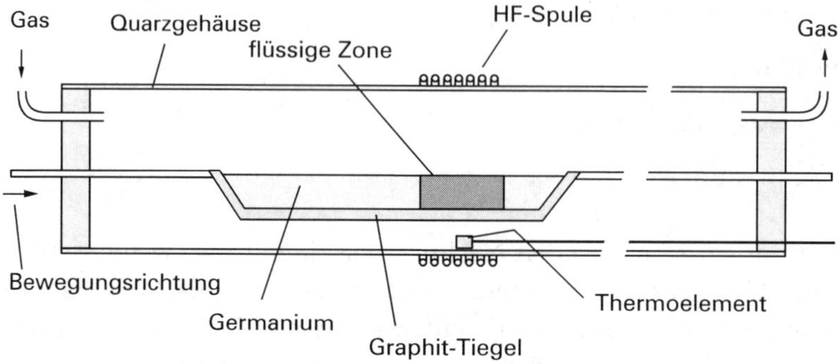


*Prinzip des Zonenschmelzprozesses zur Herstellung von monokristallinem Germanium.*

jeweils einem Stück Indium zusammengepreßt und so erhitzt, daß sich das geschmolzene Indium im Germanium löste (Legierungstechnik). Auf diese Weise waren innerhalb des Germaniumkristalls zwei pn-Übergänge entstanden. Ein großes Problem war es zunächst noch, Flächentransistoren mit gleichbleibenden Abständen zwischen den beiden p-Zonen (Breite der Basis) herzustellen.

Inzwischen nahmen einige Hersteller versuchsweise Punktkontakt-Transistoren in ihre Produktion auf, doch sie hatten damit nur wenig Erfolg. Kurze Zeit später gaben die Bell Laboratories auf Tagungen und Kongressen die Einzelheiten des PNP-Flächentransistors bekannt. Das erste Standardwerk zu diesem Thema erschien in Buchform; es war von Shockley geschrieben und trug den Titel „Holes and Electrons in Semiconductors".

Gasreste, die in den Kolben von Elektronenröhren zurückblieben, führten zur Verschlechterung der Röhreneigenschaften. Bei Halbleitern verhielt es sich ähnlich: Störungen des Kristallgitters, hervorgerufen durch Fremdatome oder Gitterunregelmäßigkeiten, wirkten sich nachteilig auf den Leitungsmechanismus aus. Deshalb brauchte man für die Herstellung von Halbleiter-Bauelementen reinstes Germanium, das außerdem monokristallin sein mußte. Um diesen Ausgangsstoff zu gewinnen, entwickelte W. G. Pfann den sogenannten Zonenschmelzprozeß. Ein Graphit-Tiegel mit polykristallinem Germanium wurde durch eine enge Spule geschoben, durch die ein starker, hochfrequenter Wechselstrom floß. Dadurch wurde das Germanium unter der Spule so stark erhitzt, daß es innerhalb dieser Zone schmolz. Während sich der Tiegel langsam durch die Spule hindurchbewegte, wanderte die Schmelzzone in Längsrichtung des Tiegels. Die Verunreinigungen wurden dabei mitgenommen, sie sammelten sich am Tiegelende. Das Endstück wurde nach dem Schmelzprozeß entfernt, so daß fast reines, monokristallines Germanium übrigblieb. Die restlichen Störungen im Kristall waren so minimal, daß sie vernachlässigt werden konnten.

Germanium als Ausgangsmaterial für Halbleiter-Bauelemente hat den Nachteil, daß es Temperaturen über ca. 75 °C nicht übersteht. Die gleiche Kristallstruktur wie Germanium besitzt Silizium, die oberere Temperaturgrenze von Silizium liegt jedoch bei etwa 150 °C. Deshalb wurde intensiv untersucht, wie man Germanium durch Silizium ersetzen könnte, zumal Silizium in der Natur als Quarzsand sehr reichlich vorkommt. Eine weitere willkommene Eigenschaft des Siliziums ist die hohe chemische und elektrische Stabilität seines Oxids. Ein Stück Silizium kann durch Einwirkung hoher Temperaturen mit einer isolierenden Schicht aus Siliziumoxid bedeckt werden; die Schicht läßt sich durch einfache Prozesse wie Ätzen wieder entfernen. Hinsichtlich der elektrischen Eigenschaften hat Silizium den Vorteil, daß der Strom, der in Sperrichtung eines pn-Überganges fließt, wesentlich niedriger als bei Germanium ist.

## Zyklotron *1949*

Am 10. November 1949 wurde in Amsterdam ein Zyklotron zur Herstellung radioaktiver Isotope in Betrieb genommen. In einem Zyklotron werden atomare Teilchen durch elektrische Felder so stark beschleunigt, daß ihre kinetische Energie sehr hohe Werte erreicht. Gleichzeitig zwingen magnetische Felder die Teilchen in eine spiralförmige Umlaufbahn. Die kinetische Energie der Teilchen ist so hoch, daß die Atomkerne beim Auftreffen auf andere Atome gespalten werden. Das erste Zyklotron wurde schon lange vor dem Zweiten Weltkrieg von Professor O. E. Lawrence an der Universität von Kalifornien gebaut.

*Synchro-Zyklotron von Philips in Amsterdam.*

## 1950 Schallplatte mit 45 U/min

Die Schallplatte, die sich mit 45 Umdrehungen pro Minute auf dem Plattenteller dreht, wurde 1950 von der Radio Corporation of America (RCA) eingeführt. Zeitgleich baute Philips das erste Elektronenmikroskop für Materialuntersuchung.

## Senderöhren

Während der zweiten Hälfte der vierziger Jahre entwickelte Philips eine Serie von Senderöhren, die für kleinere Sender und industrielle Anwendungen bestimmt war. Die Anode bestand nicht mehr aus Molybdän und war auch nicht mehr zylinderförmig, sie hatte jetzt die Form einer Garnrolle und bestand aus Graphit. Dadurch konnte die höchstzulässige Wärmebelastung um einiges gesteigert werden. In Produktion gingen auch die ersten Senderöhren mit weiterentwickelter Luftkühlung.

## Erste UKW-Sender

Insbesondere in Deutschland wurden UKW-FM-Sender gebaut und in Betrieb genommen, denn für die vielen regionalen Sender war der Platz im Mittelwellenbereich zu eng geworden. Wegen ihrer hohen Bandbreite wurden die FM-Sender im Bereich 87,5...104 MHz untergebracht.

## 1951 Radar

Das erste große Hafenradarsystem in Europa nahm am 1. November 1951 im niederländischen Ijmuiden seinen Dienst auf. Zwei Jahre später erhielt der „Nieuwe Waterweg" ein ähnliches System. In Deutschland wurden die Flußmündungsgebiete von Elbe und Weser im Jahr 1960 durch moderne Radarsysteme gesichert.

## Der Maser

Schon 1905 veröffentlichte der geniale Theoretiker Albert Einstein (1879 bis 1955) einen Aufsatz, in dem er die stimulierte Emission von Strahlung infolge der Interaktion zwischen Strahlung und Atomen oder Molekülen für möglich hielt. Doch erst im Jahr 1951 entwickelte der amerikanische Physiker Charles

H. Townes eine Methode, die stimulierte Emission zu verstärken. Er gilt als der erste, dem es zusammen mit seinen Mitarbeitern James Gordon und Herbert Zeiger (Columbia University) gelang, die Verstärkung stimulierter Emission zu realisieren. Weil er dazu Mikrowellen benutzte, hieß das Projekt „Microwave Amplifier by Stimulated Emission of Radiation", abgekürzt MASER.

## Fernsehen

Der Nordwestdeutsche Rundfunk begann am 12. Juli 1950 mit der versuchsweisen Ausstrahlung eines Testbildes von einem Hochbunker auf dem Heiligengeistfeld in Hamburg. Auf diesem Bunker hatte 1935 schon einmal ein Fersehversuchssender gestanden. Bereits vom 27. November 1950 an wurde regelmäßig an drei Tagen in der Woche ein Versuchsprogramm ausgestrahlt. Das erste Fernsehspiel übertrug der Sender am 2. März 1951; es war das „Vorspiel auf dem Theater" von Goethe. Die Sendeanlage, die während des ersten Jahres benutzt wurde, hatte eine Leistung von 0,1 kW und stammte von Telefunken. Im Juni 1951 wurde sie durch einen neuen 1-kW-Sender, ebenfalls von Telefunken, abgelöst. Die Berliner Bevölkerung erlebte im August 1951 die erste große Demonstration des Fernsehens nach dem Zweiten Weltkrieg. Schon damals führte eine amerikanische Fernsehgesellschaft ihr Farbfernsehsystem vor.

Die USA waren vom Zweiten Weltkrieg nicht unmittelbar im eigenen Land betroffen, so daß das Fernsehen sich dort ungehindert entwickeln konnte. Im Jahr 1950 gab es in den USA bereits 100 Sender, mit denen ungefähr 12 Millionen Empfänger versorgt werden konnten. In den Niederlanden startete das Fernsehen am 17. März 1950 mit einem Testprogramm, ausgestrahlt von einem Sender in Eindhoven, während Belgien erst im Oktober 1953 mit der Ausstrahlung öffentlicher Sendungen begann. Die erste internationale „Eurovisionssendung" konnten die Fernsehzuschauer 1954 sehen, als aus Montreux die Wintersportereignisse übertragen wurden. Zu diesem Anlaß waren die Sender von acht europäischen Ländern zusammengeschaltet.

*Fernsehgerät von Philips, das 1948 zum Empfang der Versuchssendungen eingesetzt wurde.*

Die Fernsehtechnik hielt nun auch Einzug in andere Bereiche, zum Beispiel in die Röntgentechnik. Durch den Einsatz von Bildverstärkern konnten trotz minimaler Röntgenstrahlungsdosis kontrastreiche und scharfe Bilder auf den Schirm gezeichnet und sogar fotografiert werden. Der nächste Schritt mußte die Entwicklung eines Bildspeichers sein, mit dem eine zeitlich unbegrenzte Betrachtung der Röntgenbilder möglich war. Ein Bildspeicher in Gestalt eines sich schnell drehenden Rades wurde 1959 erfunden. Der Radmantel trug eine magnetempfindliche Schicht; auf dieses „Endlosband" konnte während einer Radumdrehung ein vollständiges Bild aufgezeichnet und anschließend als Standbild wiedergegeben werden. Aus der Telefontechnik ist zu berichten, daß 1951 die ersten Telefonapparate mit Tastenwahl erschienen.

## *1952* Monokristallines Silizium

Gordon Teal und E. Buchler von den Bell Laboratories veröffentlichten die Beschreibung eines Verfahrens, das geeignet war, monokristallines Silizium aus einer Schmelze mit polykristallinem Silizium „wachsen" zu lassen. Heute ist dieses Verfahren als Ziehmethode nach Czochralski bekannt. Die Reinheit des monokristallinen Siliziums betrug annähernd 99,7 %.

*Tiegelziehanlage nach Czochralski zur Züchtung von Silizium-Einkristallstäben mit großem Querschnitt.*

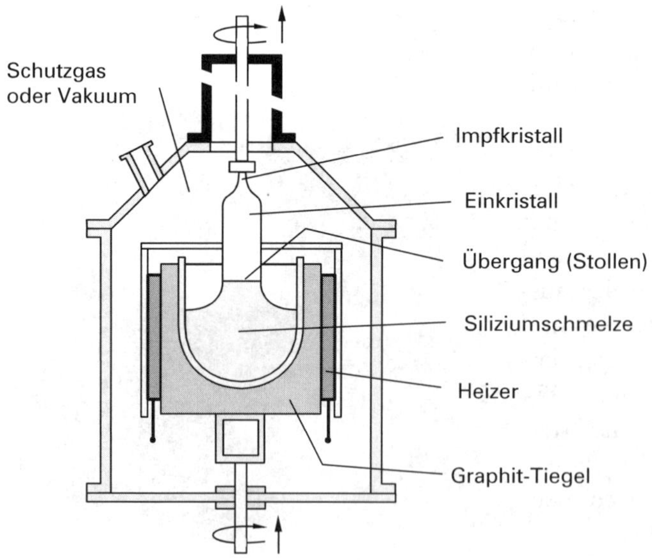


### Der Feldeffekt-Transistor

Shockley gab eine ausführliche theoretische Beschreibung des Feldeffekt-Transistors heraus. Der Bau eines solchen Transistors war noch nicht möglich, da die technologischen Voraussetzungen fehlten. Erstaunlich ist die Tatsache, daß das Prinzip der Verstärkung durch Nutzung des Feldeffektes schon 1928 von den Wissenschaftlern J. E. Lilienfeld und O. Heil beschrieben worden war. Die Idee, für die Lilienfeld und

Heil sogar ein Patent erhalten hatten, stützte sich auf folgende Überlegung: Eine Elektronenröhre ist ein Feldeffekt-Bauelement, da bei ihr nur eine Art von Ladungsträgern (die Elektronen) wirksam ist und die Steuerung mit Hilfe elektrischer oder magnetischer Felder geschieht. Analog dazu müßte es auch möglich sein, die Elektronen in festen Stoffen auf eine noch unbekannte Weise zu steuern. An Versuchen, die Idee in die Tat umzusetzen, hat es nicht gefehlt, doch die seinerzeit noch sehr vagen Erkenntnisse der Festkörperphysik reichten nicht aus, um dieses Ziel zu erreichen. Der „Festkörper-Verstärker" war damals als unrealisierbar aufgegeben worden.

Das amerikanische Verteidigungsministerium zeigte zunehmend Interesse an den wissenschaftlichen Forschungen im Zusammenhang mit dem Feldeffekt-Transistor. Grund waren die zahllosen und allgegenwärtigen Röhrenausfälle in den militärischen Anlagen.

## Hartmagnetische Werkstoffe

Schon im vorigen Jahrhundert war entdeckt worden, daß durch Legieren ferromagnetischer Werkstoffe mit dia- oder paramagnetischen Materialien eine beträchtliche Erhöhung des remanenten Magnetismus erzielt werden konnte, obwohl diese Materialien selbst keinen remanenten Magnetismus besaßen. Eine bekannte, von Philips in den dreißiger Jahren hergestellte Legierung war Ticonal.

Der Engpaß an Nickel gab 1951 Anlaß, nach neuen Materialien mit möglichst hochwertigen permanentmagnetischen Eigenschaften zu suchen. Das Ergebnis waren die hartmagnetischen Ferrite, eine völlig neue Gruppe magnetischer Werkstoffe, die magnetische Eigenschaften besaßen, jedoch keine metallischen, sondern keramische Werkstoffe waren. Von Philips wurde dieser Werkstoff, dessen Hauptbestandteil $BeFe_{12}O_{19}$ war, unter der Bezeichnung „Ferroxdure" eingeführt. Die Mischkristalle hatten hier eine hexagonale Struktur, während das vorher entdeckte Ferroxcube, ein weichmagnetisches Ferrit, eine kubische Struktur besaß.

## Herstellung von monokristallinem Silizium *1953*

Zwischen 1953 und 1956 entwickelte Siemens ein alternatives Verfahren zur Gewinnung von hochreinem Silizium. Beim sogenannten CVD-Verfahren (Chemical Vapour Deposition) lief der Herstellungsprozeß in zwei Phasen ab:

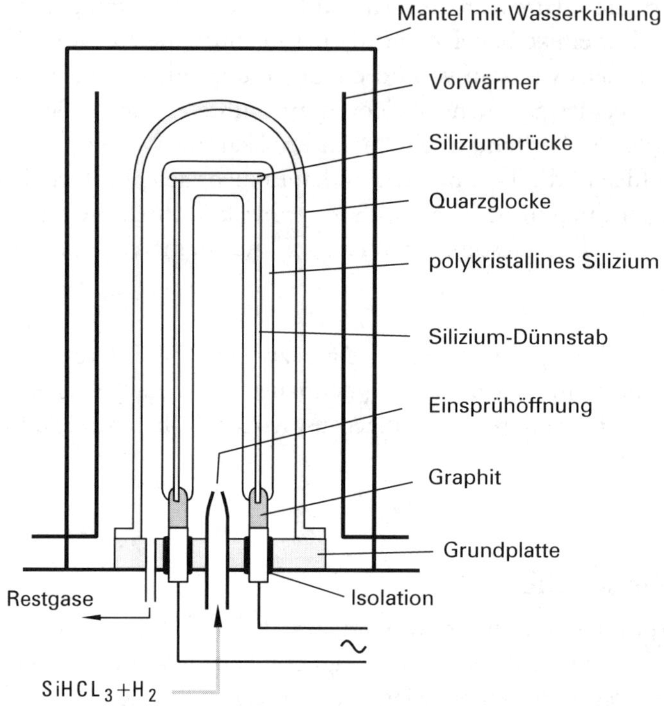


*Anlage zur Siliziumabscheidung aus der Gasphase nach dem CVD-Verfahren (Chemical Vapour Deposition) von Siemens.*

1. Die Abscheidungsphase, in der bereits fast reines, polykristallines Silizium durch thermische Dissoziation gewonnen wurde. Die Siliziumstäbe hatten einen Durchmesser von 10 cm, eine Länge von 35 cm und wogen ungefähr 7 kg.

2. Die Zonenschmelzphase, bei der das stabförmige polykristalline Silizium sowohl gereinigt als auch in monokristallines Silizium umgewandelt wurde (nach W. G. Pfann).

Während das Verfahrensprinzip seit 1956 im wesentlichen unverändert blieb, wurde der Herstellungsablauf ebenso wie die Gerätetechnik im Lauf der Zeit stark verbessert. Gegenwärtig werden monokristalline Siliziumstäbe von ca. 1 m Länge und mit Durchmessern von 10 bis 25 cm hergestellt. Die Fertigung von Stäben mit 30 cm Durchmesser ist für die nähere Zukunft geplant.

## Galliumarsenid

Heinrich Welker (1912 bis 1981) entdeckte 1953, daß bestimmte chemische III-V-Verbindungen die Eigenschaften von Halbleitern besitzen. Die wichtigste Verbindung war Galliumarsenid (GaAs); dieser Stoff bekam später eine besondere Bedeutung für die Halbleitertechnik. Welker gehörte damals zum Stab der wissenschaftlichen Mitarbeiter von Siemens & Halske.

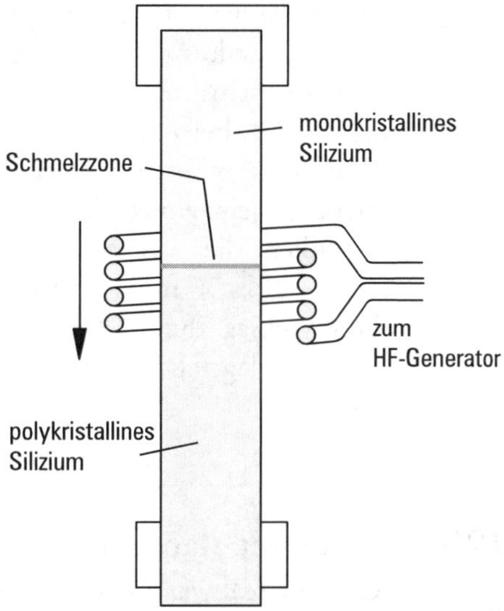


***Der Zonenschmelzprozeß zur Gewinnung von hochreinem, monokristallinem Silizium.***

## Kunststoffolien-Kondensatoren

Das älteste Patent für einen Kunststoffolien-Kondensator wurde 1936 den Norddeutschen Seekabelwerken Nordenham (Tochter von Siemens & Halske und Felten & Guillaume Carlswerk) erteilt. Die Patentschrift beschrieb die Herstellung von Kondensatoren mit Polystyrol als Dielektrikum und aufgedampften Metallschichten als Kondensatorplatten. Unter der Bezeichnung „Styroflex-Kondensator" ist dieser Kondensator später zu einem Standard-Bauelement geworden. Die Eigenschaften der Kunststoffolie und der Metallschicht wurden im Lauf der Jahre ständig weiterentwickelt, das Herstellungsverfahren wurde optimiert.

***Querschnitt durch einen selbstheilenden Kunststoffolien-Kondensator.***

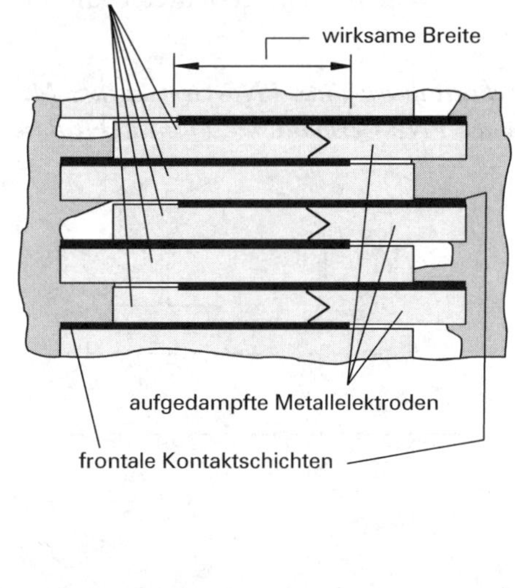


Seit 1939 wurden die bis dahin vor allem in Rundfunkgeräten gebräuchlichen Glimmerkondensatoren durch Kunststoffolien-Kondensatoren ersetzt. Die ersten Ausführungen mit axialen Anschlüssen und niedrigen Kapazitätstoleranzen erschienen 1947. Für die Schwingkreise in Rundfunkgeräten konnten nun statt der teuren gestapelten Glimmerkondensatoren die preiswerteren, engtolerierten Kunststoffolien-Kondensatoren eingesetzt werden. Auch andere Kunststoffe wie Polykarbonat, Polypropylen und Zelluloseazetat wurden als Dielektrikum verwendet. Ein bedeutender Schritt vorwärts war die Einführung der selbstheilenden, metallisierten Kunststoffolien-Kondensatoren um das Jahr 1960, bei denen der spezifische C·U-Wert (Kapazität mal Spannung pro Kubikzentimeter) stark erhöht werden konnte. Diese Kondensatoren bestehen nicht aus einzelnen Kunststoffolien- und Metallschichten, sondern aus Kunststoffolien, die einseitig mit einer äußerst dünnen Aluminiumschicht (Schichtdicke 20...50 nm) bedeckt sind. Neuartig war hier, daß nach einem Durchschlag durch das Dielektrikum kein Kurzschluß entsteht, sondern die Durchschlagstelle hochohmig wird; der Kondensator „heilt“ sich sozusagen selbst.

## *1954* Erster bipolarer Siliziumtransistor

Gordon Teal war zunächst Mitarbeiter der Bell Laboratories und stand später im Dienst von Texas Instruments. Schon bei Bell waren unter seiner Leitung Germaniumtransistoren produziert worden, die Zukunft lag jedoch nach Teals Meinung im Silizium. Die Herstellung des ersten bipolaren Siliziumtransistors im Labor gelang Teal und seinen Mitarbeitern im Jahr 1954. „Bipolar“ bedeutet, daß zwei Arten von Ladungsträgern (negative Elektronen und positive „Löcher“) am Leitungsmechanismus beteiligt sind. Schon 1956 nahm Texas Instruments die Produktion von Siliziumtransistoren für Anwendungen im niederfrequenten Bereich auf. Das Unternehmen blieb drei Jahre lang einziger Hersteller von Siliziumtransistoren, obwohl sie den Germaniumtransistoren deutlich überlegen waren.

Zum Andenken an den in seinen letzten Jahren schwerhörigen Alexander Graham Bell verzichteten die Bell Laboratories auf ihre Patentrechte, wenn Transi-

***Schnitt durch einen PNP-Germanium-Mesatransitor (links) und einen PNP-Germanium-„Pushed Out Base“-Transistor (rechts).***

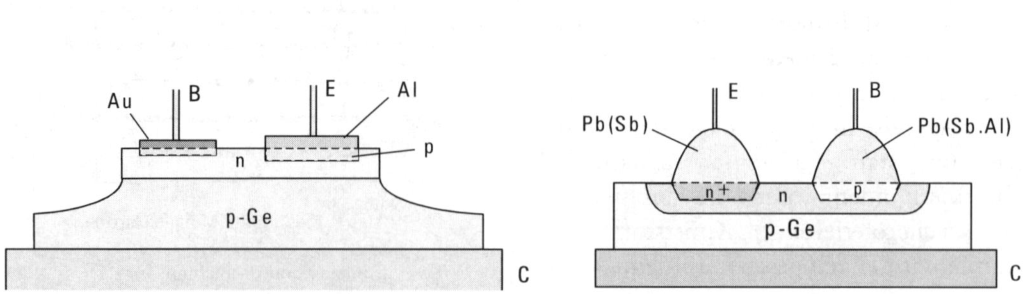

storen in Hörgeräten Verwendung fanden. Aus diesem Grund waren bei vielen Herstellern die ersten mit Transistoren bestückten Schaltungen in Hörgeräten zu finden.

## Diffusionstechnik *1955*

Auf einem Symposion im Jahr 1955 gaben die Bell Laboratories und General Electric die Einzelheiten der Diffusionstechnik bekannt. Es war deutlich, daß die Diffusionstechnik im Vergleich zur Legierungstechnik einen wesentlichen Fortschritt darstellte. In der Produktion wurde zuerst noch eine Kombination von beiden Verfahren angewendet, was zum sogenannten „Pushed Out Base"-Transistor führte. Doch das Diffusionsverfahren konnte sich schnell durchsetzen, denn dieses Verfahren gewährleistete gut reproduzierbare Schichtdicken und Dotierungskonzentrationen. Da der Diffusionsprozeß die gesamte Halbleiteroberfläche betraf, mußte anschließend der Kollektor-Basis-Übergang nachbearbeitet werden. Das Ziel war dabei, die Kapazität so weit wie möglich zu verringern. Dazu wurden Teile der Basis und des Kollektors in einem verhältnismäßig aufwendigen Prozeß weggeätzt. Wegen seiner Form erhielt das Produkt die Bezeichnung „Mesatransistor", denn sie hatte Ähnlichkeit mit einem in der Mitte horizontal abgeschnittenen Berg (spanisch „mesa" = Tafelberg).

## Tantalkondensatoren

Durch die Einführung der Halbleiter in die Schaltungstechnik und die damit verbundene Miniaturisierung der übrigen Bauelemente wuchs der Bedarf an Elektrolytkondensatoren, die bei möglichst kleinen Abmessungen hohe Kapazitäten haben sollten. Die herkömmlichen Aluminium-Elkos genügten den Anforderungen nicht mehr, denn sie waren inzwischen zu groß und zu schwer ge-

***Schnitt durch einen Tantal-Elektrolytkondensator mit gesinterter Anode.***

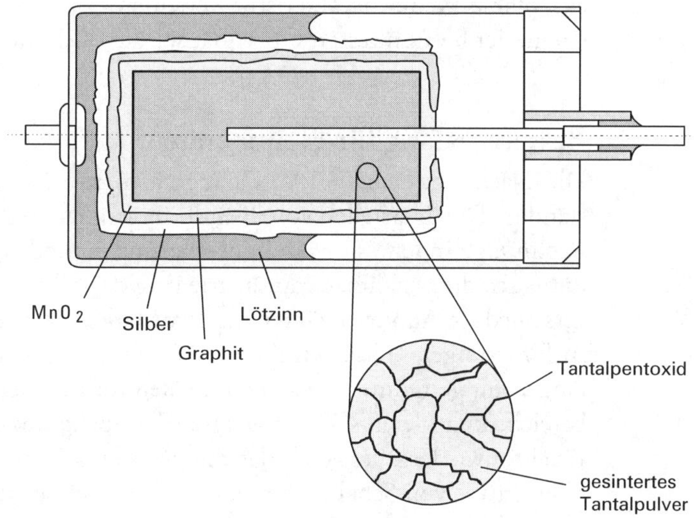

*Der legendäre „Trio Track"-Plattenspieler gehört zu den Urahnen der heutigen Audiogeräte.*

worden. Die Entwicklung führte zum Elektrolytkondensator mit dem chemisch inerten Metall Tantal, das nicht spontan oxidiert wie zum Beispiel Aluminium. Bei den ersten Ausführungen bestand die Anode aus einem spiralförmigen Tantalwendel, der anodisch oxidiert war. Später gab es auch Bauformen, die Tantalfolien verwendeten. Diese Tantal-Elkos waren noch mit einem nassen Elektrolyt gefüllt. Einen wesentlichen Fortschritt brachten Anfang der sechziger Jahre die Elektrolytkondensatoren mit gesinterter Tantalanode und trockenem Elektrolyt.

## Hallerzeugung

Der Klang, zum Beispiel eines Musikinstrumentes, wird von der Raumakustik maßgeblich beeinflußt. Philips entwickelte 1955 ein System, mit dem die Raumakustik auf technischem Weg verbessert werden konnte. Zum natürlichen Raumklang wurde künstlich erzeugter Hall hinzugefügt, dessen Dosierung an die gegebenen Verhältnisse exakt angepaßt werden konnte. Die zum System gehörenden Lautsprecher waren im Saal nicht sichtbar, so daß der Zuhörer den Eindruck eines natürlichen Klangbildes hatte. Das System konnte sogar einem akustisch „toten" Raum eine akzeptable Klangcharakteristik verleihen. Ein solches System wurde 1957 in einem der berühmtesten Opernhäuser der Welt, der Mailänder Skala installiert.

## Besserer Klang für Heimgeräte

Die Nachfrage nach Audio-Heimgeräten mit guten Klangeigenschaften wuchs ständig. Die Hersteller von Rundfunkgeräten und Plattenspielern trugen dem Rechnung, indem sie ständig Neuerungen und Verbesserungen präsentierten, und auch die Schallplattenindustrie trug dazu ihren Teil bei. Philips brachte 1954 verschiedene Audioverstärker auf den Markt, die schon damals die High-Fidelity-Anforderungen (HiFi) erfüllten. Eine weitere Neuerung waren Rundfunkempfänger mit getrennten Verstärkerkanälen für den tiefen und hohen NF-Frequenzbereich. In anderen Geräten sorgten Doppelkonus-Lautsprecher für eine bessere Hochtonwiedergabe. Auch das magnetodynamische Abtastsystem, das die HiFi-Wiedergabe von Schallplatten möglich machte, kam 1957 auf den Markt.

## Ferritantenne

Für den Empfang von Lang-, Mittel- und Kurzwellensendern wurde in Rundfunkgeräte die Ferritantenne eingebaut, ein Rundstab aus weichmagnetischem Ferrit, auf den eine Spule gewickelt war. Die Ferritantenne, die die veraltete, unempfindlichere Rahmenantenne ablöste, war richtungsempfindlich. Geräte der gehobenen Preisklasse besaßen einen Knopf, mit dem die im Gerät eingebaute Ferritantenne von außen über einen Seilzug gedreht werden konnte. Bei preiswerteren Ausführungen war die Ferritantenne fest eingebaut, so daß der Empfang nur durch Ausrichten des ganzen Gerätes auf die Einstrahlrichtung des Senders optimiert werden konnte.

## Photovoltaische Elemente

Den photovoltaischen Effekt hatte A. E. Becquerel bereits 1839 bei bestimmten Elektrolyten beobachtet, und Werner von Siemens baute schon 1879 mit dem Halbleiter Selen die erste Fotozelle. Über den photovoltaischen Effekt beim chemischen Element Silizium wurde zum ersten Mal in einer Veröffentlichung der Bell Laboratories aus dem Jahr 1955 berichtet. Der Anlaß zu intensiverer Entwicklungsarbeit war jedoch die erdferne Weltraumforschung, die im Oktober 1957 mit dem Start von Sputnik I in der Sowjetunion begann. Die Photovoltaik hatte das Ziel, aus dem Licht der Sonne mit Hilfe von Siliziumzellen elektrische Energie zu gewinnen. Für die Weltraumforschung war das Verhältnis zwischen der abgegebenen elektrischen Leistung und dem Gewicht sowie den äußeren Abmessungen von größter Bedeutung; die Kosten spielten nur eine nebensächliche Rolle. Daher wurde das teure, hochreine Silizium zum Bau von Solarzellen verwendet, das sonst nur zur Herstellung von Halbleiterbaulementen diente.

*1955*

## Reedschalter

Die erste Patentschrift, in der ein Reedschalter beschrieben wird, trägt die Jahreszahl 1936. Damals verhinderten die hohen mechanischen und elektrischen Anforderungen an den Kontaktwerkstoff, daß das Patent genutzt werden konnte. Die Kontaktzungen mußten weichmagnetische Eigenschaften besitzen, einen möglichst geringen Übergangswiderstand aufweisen, und sie mußten nach Wegfall des Magnetfeldes durch

*Schematische Darstellung eines Reedschalters.*

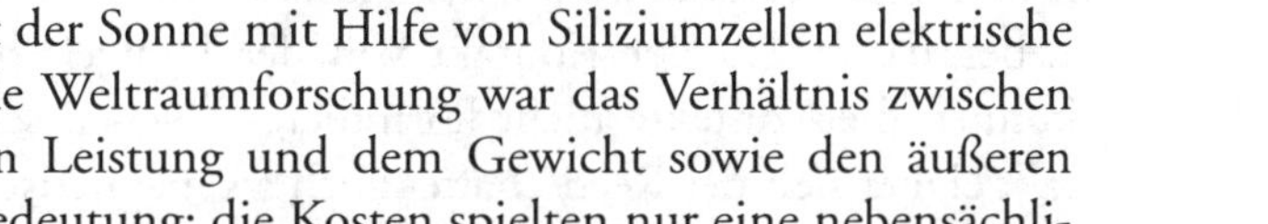

die eigene Federkraft in ihre Ausgangslage zurückkehren. Ferner durfte der Ausdehnungskoeffizient des Kontaktwerkstoffes im Bereich –50…+500 °C nur geringfügig vom Koeffizienten des verwendeten Glases abweichen. Erst 1955 beschrieben die Bell Laboratories in der Schrift „Development of reed switches and relais" die Entwicklung eines Reedschalters, der die Anforderungen erfüllte. Die Serienreife war jedoch erst Mitte der sechziger Jahre erreicht. Danach wurden Reedschalter von verschiedenen Herstellern in großen Stückzahlen produziert; Hauptabnehmer war die Fernsprechvermittlungstechnik.

Ein Reedschalter arbeitet mit zwei Kontaktzungen aus weichmagnetischem Werkstoff, die in ein Glasröhrchen eingeschmolzen sind. Im Ruhezustand berühren sich die Kontaktzungen nicht, der Kontakt ist offen. Die um das Röhrchen gewickelte Spule erzeugt bei Stromdurchfluß ein Magnetfeld, das die Lage der Kontaktzungen so verändert, daß der Kontakt schließt. Der niedrige Übergangswiderstand wird durch Veredelung der Kontaktstellen mit Ruthenium, Ruthenium/Gold oder Palladium/Silber erreicht. In dem Röhrchen sind die Kontakte von einem Gasgemisch aus Stickstoff (97 %) und Wasserstoff (3 %) umgeben, das die Oxidation verhindert. Die wichtigsten Vorteile des Reedschalters sind der niedrige Kontaktwiderstand im geschlossenen Zustand, der hohe Isolationswiderstand im offenen Zustand, die hohe Zuverlässigkeit und die lange Lebensdauer. Da der Kontakt von der Umwelt hermetisch abgeschlossen ist, können die Kontakte nicht korrodieren. Neben seiner Funktion als Relaiskontakt eignet sich der Reedschalter auch als magnetischer Sensor.

## *1956* Vordringen des Transistor

Der im Vergleich zur Elektronenröhre kleine, leichte und energiesparende Transistor schickte sich an, die Welt zu erobern. Schon 1956 wurden von 26 großen Herstellern Transistoren in Lizenz der Bell Laboratories produziert. Die neue Technik wirkte sich auch auf die weitere Entwicklung der passiven Bauelemente sowie auf die Montagetechnik aus. Die zuvor gebräuchliche „Punkt-zu-Punkt"-Verdrahtung wurde von der gedruckten Schaltung abgelöst. Die Gerätehersteller gingen zur Modultechnik über; die Funktionsmodule waren so konzipiert, daß sie baukastenähnlich kombiniert werden konnten. Shockley, Bardeen und Brattain erhielten 1956 für die Entdeckung des Transistoreffektes und die damit verbundenen Forschungs- und Entwicklungsarbeiten den Nobelpreis der Naturwissenschaften.

## Gedruckte Schaltungen

Die elektronischen Geräte wurden im Lauf der Jahre immer komplexer; immer mehr Komponenten mußten montiert und verdrahtet werden. Die Gerätekosten wurden noch überwiegend von den Kosten der Bauelemente bestimmt, denn die Lohnkosten lagen auf relativ niedrigem Niveau. Da sich das Verhältnis von Materialkosten und Lohnkosten allmählich verschob und die Miniaturisierung durch den Transistor die Chance bot, neue Montageverfahren einzuführen, wurde die schon seit 1952 entwickelte gedruckte Schaltung zum neuen Industriestandard. Eine gedruckte Schaltung ist eine kleine Platte aus Isolierstoff, zum Beispiel aus Hartpapier, auf der sich die Verbindungsleitungen in Form von Kupferbahnen befinden. Die Anschlußdrähte der Komponenten werden von der Oberseite durch die dafür vorgesehenen Bohrungen gesteckt und auf der Unterseite mit den Kupferbahnen verlötet.

In der ersten Zeit nach Einführung der gedruckten Schaltung wurde die gesamte Montage noch von Hand vorgenommen. Die Vorteile gegenüber dem vorher gebräuchlichen Verfahren der Punkt-zu-Punkt-Verdrahtung waren jedoch die übersichtliche Montage, die geringere Anfälligkeit gegen Verdrahtungsfehler, die kürzeren Leitungswege und die Möglichkeiten der späteren Automatisierung. Schon um das Jahr 1956 produzierte die Industrie gedruckte Schaltungen in großen Stückzahlen. Dafür waren zwei unterschiedliche Herstellungsverfahren entwickelt worden.

- Das subtraktive Verfahren: Von der Kupferschicht (ca. 35 µm dick), mit der die Trägerplatte kaschiert war, wurden die nicht benötigten Flächenteile weggeätzt, so daß die Leiterbahnen übrig blieben.
- Das additive Verfahren: Die Kupferbahnen wurden durch chemische Reduktion auf die Trägerplatte aufgebracht; der Ätzprozeß entfiel.

## Supraleitung *1957*

Nach der Entdeckung durch Heike Kammerlingh Onnes und Gilles Holst waren 46 Jahre vergangen, als drei amerikanische Wissenschaftler im Jahr 1957 eine plausible theoretische Erklärung für die Supraleitung fanden. Die „BCS-Theorie“ war nach den Initialen ihrer Urheber benannt: J. Bardeen (einer der drei Entdecker des Transistoreffektes), L. N. Cooper und J. R. Schrieffer. Die Theorie geht davon aus, daß bei Unterschreitung der kritischen Temperatur jeweils zwei Leitungselektronen mit entgegengesetztem Impuls und Spin unter dem Einfluß von Schwingungsquanten des Kristallgitters eine anziehende Kraft

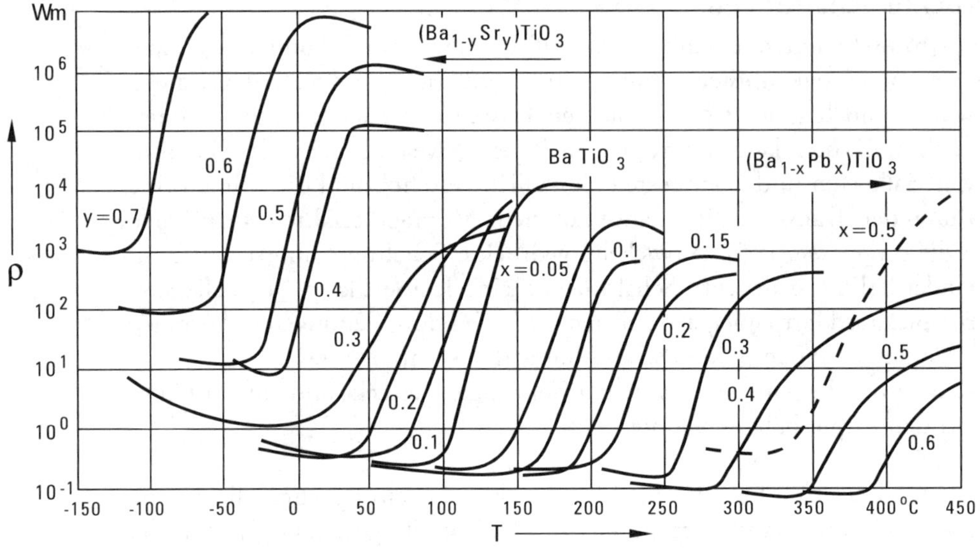


***Kennlinien von PTC-Thermistoren mit unterschiedlichem Aufbau.***

aufeinander ausüben. Dadurch kleben diese Elektronen gewissermaßen aneinander; sie bilden sogenannte Cooper-Paare, die ihren individuellen Charakter (gleichnamige Ladungen stoßen sich ab) verlieren. Verglichen mit einem einzelnen Elektron besitzt ein Cooper-Paar die doppelte Masse und Ladungsmenge. Die Cooper-Paare werden von den positiven Ladungen der Kristallgitter-Ionen nicht beeinflußt, so daß keine Wechselwirkung und folglich auch kein Widerstand auftritt. Cooper-Paare können sich verlustlos im Kristallgitter bewegen. Wenn die Temperatur steigt, nimmt das Schwingen der Metall-Ionen im Kristallgitter zu; die Cooper-Paare verlieren ihre Bindung, und der Normalzustand tritt wieder ein.

## Der PTC-Thermistor

Bei der Entwicklung keramischer Kondensatoren mit Bariumtitanat als Dielektrikum, das eine halbleitende polykristalline Struktur besitzt, wurde ein Nebeneffekt entdeckt. Bariumtitanat wies bei einer bestimmten Temperatur einen sehr großen positiven Temperaturkoeffizienten auf, wenn bestimmte Verunreinigungen hinzugefügt wurden. Durch Dotierung erhielt die normalerweise nichtlei-

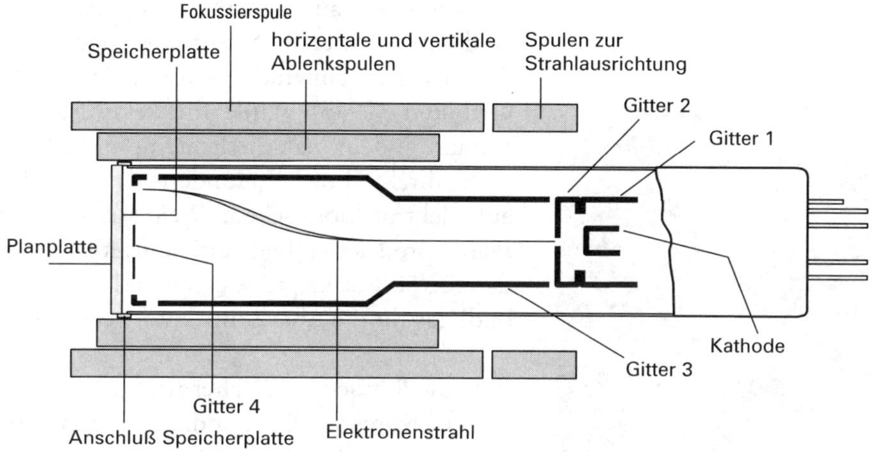


***Prinzipieller Aufbau des Plumbicon.***

tende Titankeramik die Eigenschaften eines Halbleiters, und oberhalb einer bestimmten Temperatur (Curie-Temperatur) stieg ihr spezifischer Widerstand stark an. Dieser Effekt wurde für die Fertigung von Widerständen mit positivem Temperaturkoeffizienten genutzt. Zunächst konnten nur Ausführungen produziert werden, die ein derartiges Temperaturverhalten oberhalb von 100 °C zeigten. Ein Problem war die Kontaktierung der Anschlüsse, weil der Übergang vom Halbleiter zum Metall frei von Grenzschichteffekten sein mußte. Ab 1963 war man in der Lage, die Curie-Temperatur innerhalb bestimmter Grenzen zu variieren, so daß unterschiedliche PTC-Typen hergestellt werden konnten.

***Plumbicon-Bildwandlerröhre von Philips.***

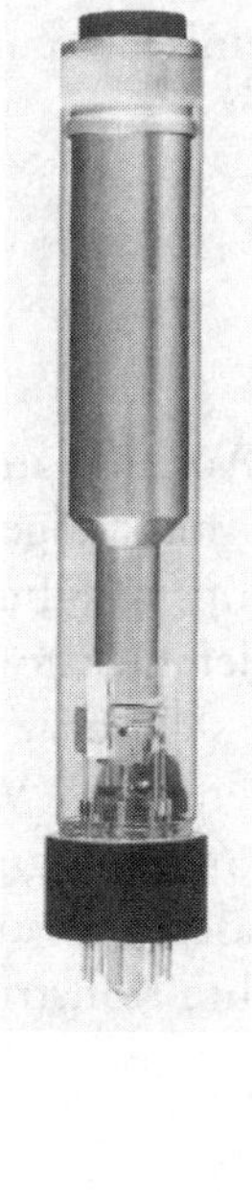

## Das Plumbicon

Die physikalischen Vorgänge bei der Abtastung einer lichtempfindlichen Platte („Mosaik") mit dem Elektronenstrahl, deren Lichtempfindlichkeit auf der Photoemission beruht, sind ziemlich komplex. Vor allem die sekundäre Elektronenemission und das Zurückfallen der emittierten Elektronen sind dafür verantwortlich, daß erhebliche Abweichungen vom theoretischen Ideal auftreten. Das Ikonoskop von

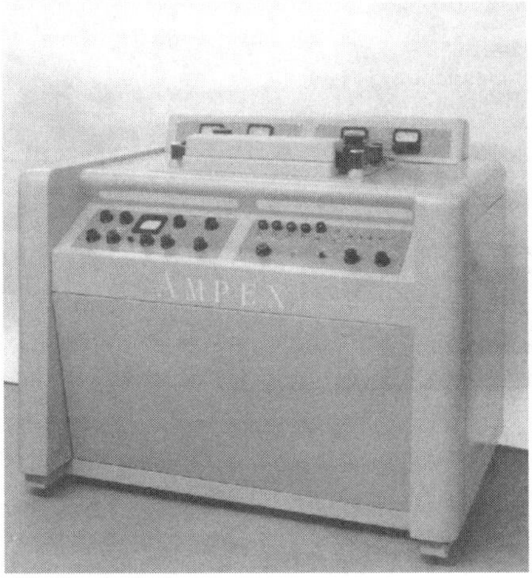


*Maschine für magnetische Bild- und Tonaufzeichnung von Ampex.*

Zworykin war aus diesem Grund alles andere als vollkommen. Bei Weiterentwicklungen wie zum Beispiel dem Superikonoskop (1939) und dem Orthikon (1946) wurde die Sekundäremission genutzt, indem man die lichtempfindliche Platte nicht direkt abtastete, sondern das Ladungsbild auf elektronenoptischem Weg auf eine zweite Platte projizierte. Die dort auftretende Sekundäremission erzeugte ein verstärktes Ladungsbild, das für die Abtastung besser geeignet war.

Ein zur Photoemission alternatives Verfahren für die elektronische Bildwandlung beruht auf der Photoleitung. Dieses Verfahren wurde 1950 von der Radio Corporation of America (RCA) zum ersten Mal angewendet. Ziel war es, die komplexe sekundäre Verstärkung und Abtastung durch schnelle Elektronen zu umgehen. Die entwickelte Bildaufnahmeröhre war so empfindlich, daß auf die Verstärkung durch sekundäre Elektronenemission verzichtet werden konnte. Probleme bereitete jedoch die photoleitende Schicht; sie setzte die Bildqualität erheblich herab. Philips ersetzte das von der RCA verwendete Antimonsulfid durch einen Stoff auf der Basis von Bleimonoxid. Dadurch entstand eine kleine, einfache Bildwandlerröhre, die frei von unerwünschten Erscheinungen wie Schattenbildern, Wischeffekten und vorzeitiger Erblindung war. Auch die Empfindlichkeit übertraf alle anderen Konstruktionen. Die neue Bildwandlerröhre wurde „Plumbicon“ genannt (lateinisch „plumbum“ = Blei) und 1957 von Philips auf den Markt gebracht.

## *1958* Videoaufzeichnung

Als das Fernsehen gegen Ende der vierziger Jahre einen neuen Anlauf nahm, brauchte man ein Gerät, das Filme und Bilder ähnlich wie ein Tonbandgerät magnetisch aufzeichnen und wiedergeben konnte. Die Aufzeichnung auf Filmen aus Zelluloid war eine unpraktische und an die Möglichkeiten der Elektronik schlecht angepaßte Lösung. Der magnetischen Bildaufzeichnung standen zwei Hürden im Weg: die wesentlich höhere Bandbreite des Videosignals im Vergleich zum Audiosignal und die wichtige Bedeutung der sehr niedrigen Signalfrequenzen für den Bildaufbau. Die erste Video-Aufzeichnungsmaschine wurde 1953 von der Radio Corporation of America (RCA) entwickelt. Ihre Konstruk-

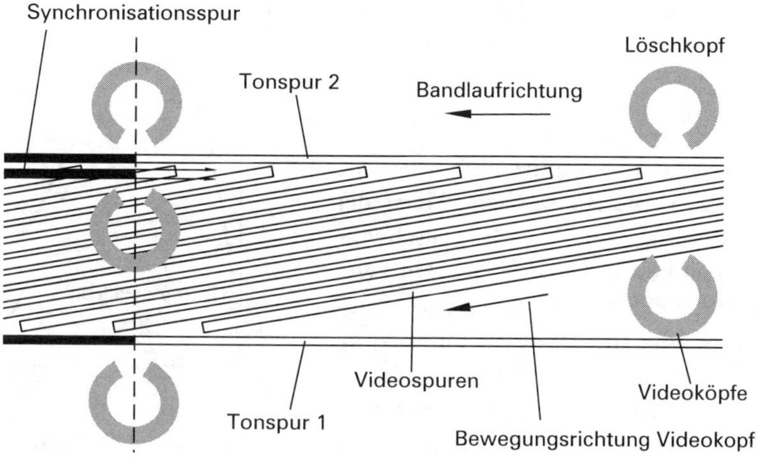


*Prinzip des Schrägspurverfahrens („helical scan") für die Aufzeichnung von Videosignalen.*

tion entsprach dem Prinzip einer Ton-Aufnahmemaschine; die Aufzeichnung auf das Band geschah longitudinal mit feststehendem Aufnahmekopf. Da die Maschine mit einer Bandgeschwindigkeit von 6 m/s arbeitete und deshalb einen enormen Bandbedarf hatte, war sie für den praktischen Einsatz unbrauchbar.

Drei Jahre später erschien die erste Ampex-Maschine, die mit einer Bandgeschwindigkeit von 38 cm/s arbeitete und ein völlig neues Kopfsystem besaß. Die erforderliche relative Geschwindigkeit zwischen Band und Kopf wurde durch vier umlaufende Köpfe erreicht, die an dem relativ langsam transportierten Band anlagen. Die Ebene der Kopftrommel, in der sich die vier Köpfe befanden, stand senkrecht zur Transportrichtung der Bandes. Das Problem, das die Aufzeichnung der sehr niederfrequenten Signalanteile bereitet hatte, war durch Anwendung der Frequenzmodulation gelöst worden. Die von Ampex eingeführte Maschine besaß eine Bandbreite von 4 MHz, die Spieldauer betrug ungefähr eine Stunde. Die Maschine war für den Einsatz im Fernsehstudio vorgesehen. Ähnlich aufwendige Maschinen werden auch heute noch, natürlich in jeder Hinsicht perfektioniert, im professionellen Bereich verwendet.

Für den Heimgebrauch mußten Geräte konstruiert werden, die mit einer weniger kostenintensiven Mechanik arbeiteten. Die Lösung fand Eduard Schüller, Mitarbeiter von AEG-Telefunken, der sich schon um die Entwicklung des Tonbandgerätes verdient gemacht hatte. Schüller entwickelte das Schrägspurverfahren („helical scan"), bei dem entweder die Kopfradebene schräg zur Bandlaufrichtung steht oder das Band spiralförmig das Kopfrad in einem Winkel von 360° oder 180° umschlingt.

Die erste Schrägspurmaschine wurde 1959 vom japanischen Hersteller Toshiba gebaut. Die Bandgeschwindigkeit betrug 19 cm/s, das Band war ungefähr 5 cm breit. Philips reduzierte im Jahr 1960 die Abnutzung der mechanisch stark beanspruchten
1958 Köpfe durch eine Kopfkonstruktion aus Ferrit, bei der der Luftspalt mit Glas ausgefüllt war.

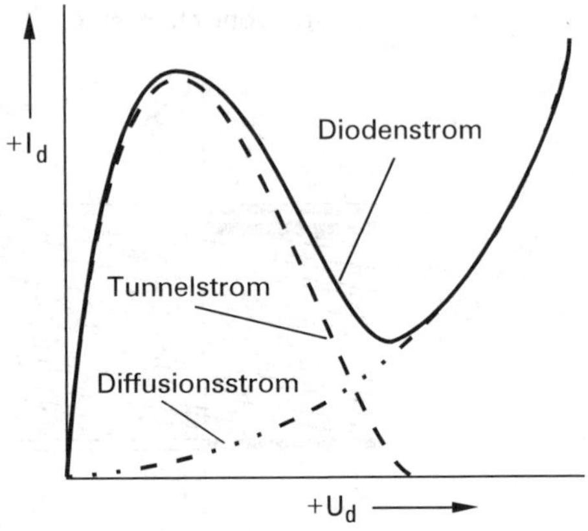


***Strom-Spannungs-Charakteristik einer Esaki- oder Tunneldiode.***

## Pin-Dioden

Die Bezeichnung „Pin-Diode" deutet auf den inneren Aufbau dieser Diode hin. Zwischen der stark dotierten P- und N-Zone befindet sich eine intrinsische (I-) Schicht aus nicht dotiertem Halbleitermaterial, so daß die Sperrschichtkapazität sehr niedrig und die Impedanz sehr hoch ist. Eine solche Struktur wurde bereits 1952 von R. N. Hall für einen Leistungsgleichrichter mit niedriger Arbeitsfrequenz beschrieben. Die Pin-Diode wird auch in der Mikrowellentechnik eingesetzt. In leitendem Zustand verhält sie sich gegenüber Signalen im Mikro-

***Aufbau und Kennlinie eines Thyristors.***

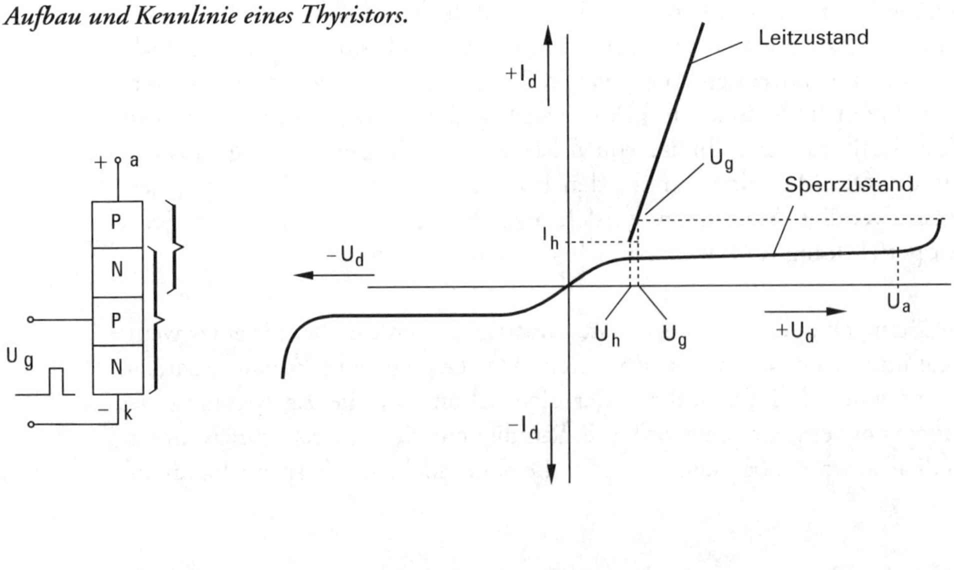

wellenbereich wie ein Widerstand, dessen Größe vom hindurchfließenden Gleichstrom abhängt. Angewendet wird die Pin-Diode unter anderem als Schalter für Mikrowellensignale und als variabler Abschwächer.

## Esaki- oder Tunneldiode

Bei niedrigen Feldstärken ist die Elektronengeschwindigkeit in Halbleitern zur elektrischen Feldstärke proportional. Höhere Feldstärken haben zur Folge, daß die Geschwindigkeit langsamer ansteigt, bis sie schließlich nicht mehr weiter steigerbar ist (Sättigungsgeschwindigkeit). Man vermutete nun, daß es Stoffe geben könnte, bei denen die Elektronengeschwindigkeit unter dem Einfluß sehr hoher Feldstärken abnimmt. Ein Widerstand aus diesem Material würde eine Strom-Spannungs-Charakteristik mit negativer Steigung im Bereich hoher Spannungen aufweisen. William Shockley beschrieb diese Vermutung ausführlich im Jahr 1954. Shockleys Idee bestätigte sich 1958, als der japanische Physiker Leo Esaki Versuche mit PN-Dioden unternahm, bei denen sowohl die P- als auch die N-Zone sehr stark dotiert waren. Esaki stellte fest, daß der Widerstand, anders als bei gewöhnlichen Halbleiterdioden, in einem bestimmten Spannungsbereich tatsächlich negative Werte annimmt. Für diese Erscheinung wurde der sogenannte Tunneleffekt verantwortlich gemacht. Die 1960 eingeführte Tunnel- oder Esakidiode war das erste aktive Halbleiter-Bauelement der Mikrowellentechnik. Esaki teilte sich 1973 den Nobelpreis mit dem Amerikaner Ivar Giaver, dessen experimentelle Forschungen den Tunneleffekten in Supraleitern gegolten hatten.

*Schaltung des ersten Herzschrittmachers von Siemens-Elma. Über die Spule links im Bild wurden induktiv die NiCd-Zellen aufgeladen.*

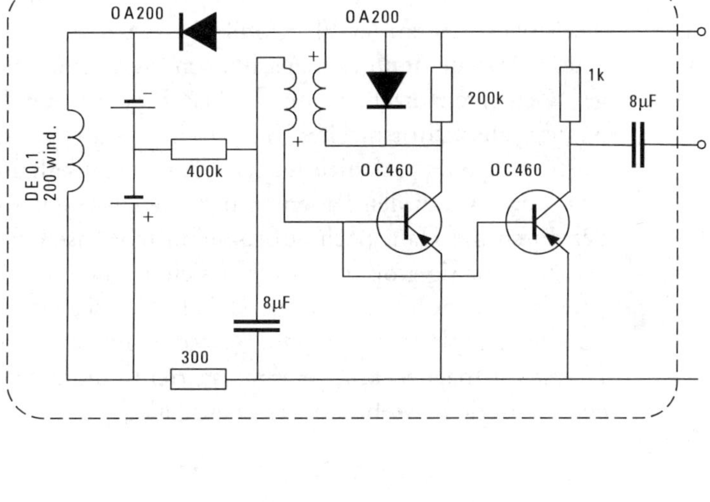


## Der Thyristor

Ein Thyristor ist ein steuerbarer Gleichrichter; er kann als elektronisches Stellglied zur Leistungssteuerung dienen. Im

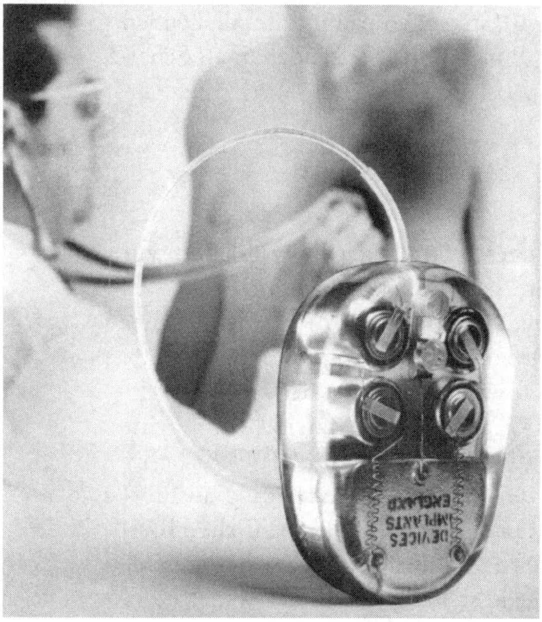

*Herzschrittmacher aus der Mitte der siebziger Jahre.*

Prinzip besteht ein Thyristor aus zwei hintereinandergeschalteten Dioden mit insgesamt drei PN-Übergängen. Außer dem Anoden- und Kathodenanschluß ist zusätzlich ein Gate-Anschluß vorhanden, der mit der innenliegenden P-Zone verbunden ist. Wird der Thyristor in Durchlaßrichtung an eine Gleichspannung gelegt, so sperrt er; in umgekehrter Richtung sperrt er wie jeder andere Gleichrichter auch. Durch einen positiven Spannungsimpuls am Gate-Anschluß kann der Thyristor „gezündet" werden, so daß er in Durchlaßrichtung leitet. Dieser Zustand bleibt auch nach Wegfall des Zündimpulses und bei einem eventuellen negativen Impuls erhalten. Der Thyristor sperrt erst wieder, wenn die angelegte Spannung einen bestimmten Wert unterschreitet. Entwickelt wurde der Thyristor von der Radio Corporation of America (RCA); die erste Veröffentlichung
1958 stammt aus dem Jahr 1958. Als erster europäischer Hersteller nahm Telefunken 1959 die Produktion von Thyristoren auf.

## Herzschrittmacher

Mitte der fünfziger Jahre waren sowohl die Erkenntnisse der Medizin als auch die Möglichkeiten der Elektronik so weit herangereift, daß man sich über die externe Stimulation des menschlichen Herzens bei bestimmten Herzerkrankungen Gedanken machen konnte. Das Ergebnis der Entwicklung war der sogenannte Herzschrittmacher in verschiedenen, an den Patienten angepaßten Ausführungen, die damals jedoch alle noch außerhalb des Körpers getragen werden mußten. Für den Patienten bedeutete dies ein erhöhtes Risiko, denn wegen der durch die Haut nach außen geführten Anschlüsse war die Infektionsgefahr verhältnismäßig groß. Das änderte sich, nachdem 1958 im Karolinska-Krankenhaus in Stockholm zum ersten Mal ein Herzschrittmacher einem Patienten vollständig implantiert worden war. Dieser von Siemens entwickelte Herzschrittmacher arbeitete mit extrem miniaturisierten Bauelementen und einer Batterie mit sehr langer Lebensdauer.

## Farbfernsehen

Philips demonstrierte 1955 vor Mitgliedern des CCIR ein Großbild-Farbfernsehsystem, das nach dem Projektionsverfahren arbeitete und über Kabel angeschlossen war. Ein Jahr später fand eine zweite Demonstration vor dem CCIR statt; diesmal wurde jedoch kein Kabel, sondern das öffentliche Sendernetz benutzt. Das erste Großbild-Farbfernsehsystem für medizinische Zwecke ging im Oktober 1958 in einem Krankenhaus in Marseille in Betrieb. Über das System konnten 250 geladene Gäste auf einer Bildfläche von 2,7 m mal 3,6 m eine Operation verfolgen.

## Spulen-Tonbandgeräte

In den fünfziger Jahren kamen zahllose Tonbandgeräte-Modelle auf den Markt, darunter kleine und große, mit einer oder mehreren Bandgeschwindigkeiten; die Ausstattungen orientierten sich an den Wünschen und Erwartungen der Käufer. Die inzwischen freie Verfügbarkeit bestimmter Patente und Produktionsverfahren kam den Herstellern sehr entgegen. Schon bald unterschied man zwischen professioneller Gerätetechnik, zum Beispiel für den Rundfunkbetrieb, und Geräten für den Heimgebrauch. Das Tonband wurde nicht mehr in voller Breite bespielt, sondern die Halbspuraufzeichnung setzte sich durch. Mit der etwas später eingeführten Vierspurtechnik waren sogar Stereo-Aufnahmen in beiden Bandrichtungen möglich. Rauschunterdrückungssysteme trugen dazu bei, daß Geräte der gehobeneren Preisklassen die HiFi-Normen erfüllten. Hinsichtlich der Wiedergabequalität war nun das Tonbandgerät der Schallplatte überlegen.

## Stereo-Schallplatte

Die Stereo-Schallplatte kam im Jahr 1958 auf den Markt. Für die Abtastung wurde ein Tonabnehmer-Element verwendet, in dem sich zwei piezo-elektrische Systeme befanden. Durch die spezielle Rillenstruktur konnten sowohl der rechte als auch der linke Kanal in einer einzigen Plattenrille untergebracht werden.

## Siliziumdioxid

Im Juni 1958 fand in Columbus (Ohio) die „Conference on Solid State Device Research" statt. M. Atalla, Mitarbeiter der Bell Laboratories, hielt dort einen Vortrag über die hervorragende Isolation von thermisch erzeugtem Siliziumdioxid ($SiO_2$). Eine Siliziumdioxid-Schicht läßt sich, wenn nötig, mit Hilfe eines

Ätzprozesses örtlich wieder entfernen. Siliziumdioxid war die isolierende chemische Verbindung, nach der schon lange gesucht worden war. Wahrscheinlich konnten Atalla und seine Mitarbeiter die Folgen dieser Entdeckung zum damaligen Zeitpunkt noch nicht übersehen. Sie führte nämlich zur Planartechnik, deren kennzeichnendes Merkmal es ist, daß mehrere Schichten dotierten Siliziums übereinanderliegen. Dabei bleibt die Kristalloberfläche eben, so daß keine störenden Effekte an der Oberfläche des Halbleitermaterials auftreten können.

## *1959* Die Planartechnik

Für die Halbleiterproduktion war die Planartechnik eine umwälzende Neuerung. Der Produktionsablauf wurde völlig verändert, und neue Teilprozesse wie Oxidation, Abdecken durch die Maske, Ätzen der Siliziumdioxid-Inseln und Diffusion aus der Gasphase bestimmten den Arbeitsgang. Die aktiven Zonen konnten nun übereinander im Substrat eingebettet werden. Die Schichtdicke und die Diffusionskonzentration hingen von gut reproduzierbaren Größen wie Temperatur, Zeit, Gaskonzentration und Druck ab. Endlich war die Halbleiterindustrie in der Lage, eine große Anzahl identischer Transistoren auf einer einzigen Siliziumscheibe gleichzeitig herzustellen. Auch die garantierten Toleranzen konnten nun enger gefaßt werden. Im Vergleich zu Germanium war Silizium deutlich im Vorteil, denn Siliziumdioxid war ein wesentlich besserer Isolator als Germaniumdioxid. Der erste Hersteller, der die Planartechnik bei der Produktion von Transistoren anwendete, war Fairchild Semiconductors.

# Von der integrierten Schaltung zum Mikroprozessor 5

**Neuerungen wie die Integrierte Schaltung (IC), der Metall-Oxid-Silizium-Feldeffekt-Transistor (MOSFET), die lichtemittierende Diode (LED) und die Solarzelle sind einige Höhepunkte der Elektronik-Geschichte zwischen 1960 und 1971.**

*1960 bis 1971*

Nach intensiver theoretischer Vorarbeit konnte endlich der erste Laser realisiert werden, und die Kommunikation mit Hilfe des Lichtes über Glasfasern war nun keine Utopie mehr. Die Forschung entdeckte neue Halbleitereigenschaften, die für die Mikrowellentechnik bedeutsam waren. Die Flüssigkristallanzeige wurde zum wichtigen Vermittler zwischen Mensch und elektronischer Technik. Zu den Neuerungen dieses Zeitabschnittes zählen auch die akustischen Oberflächenwellenfilter, die Compact-Audiokassette, die Bildplatte, der Videorecorder und der Mikrowellen-Herd.

*Jack S. Kilby (geb. 1923).*

## Integrierte Schaltungen

*1960*

Die neuen Planartransistoren, deren Produktion Anfang der sechziger Jahre begann, arbeiteten mit höheren Grenzfrequenzen, konnten höhere Leistungen umsetzen und waren leichter reproduzierbar als ihre Vorgänger. Die Photolithographie wurde nun zum Handwerkszeug der Halbleiterlabore. Durch die Planartechnik war es möglich geworden, in einem einzigen Arbeitsgang zahlreiche Transistoren auf einer einzigen Siliziumscheibe zu produzieren. Viele Wissenschaftler und Ingenieure waren überzeugt, daß auch einfache Schaltungen auf einer solchen Scheibe integriert werden könnten. Es dauerte auch nicht mehr lange, bis

*Robert N. Noyce (1927 bis 1990).*

im Entwicklungslabor von Texas Instruments die erste „Integrated Circuit“ (IC) entstand. Die noch aus Germanium hergestellte integrierte Schaltung bestand aus einem Transistor, drei Widerständen und einem Kondensator. Die elektrisch voneinander isolierten Komponenten waren durch Golddrähte miteinander verbunden. Der Entwickler dieses ersten Chip, Jack S. Kilby, hatte schon im Februar 1959 ein Patent für sein IC beantragt, so daß er seinen Konkurrenten ein kleines Stück voraus war. Unabhängig von Kilby entwickelte Robert N. Noyce, ein ehemaliger Mitarbeiter von Shockley und nun bei Fairchild Semiconductors tätig, eine eigene integrierte Schaltung; er ließ sie am 30. Juli des gleichen Jahres patentieren. Die Folge war ein erbitterter Streit um die Erfinderrechte, der schließlich vor den Schranken der Justiz endete. Vom „U. S. Court of Customs and Patent Appeals“ wurde die geistige Urheberschaft am IC den beiden Kontrahenten Kilby und Noyce zu gleichen Teilen zuerkannt. Andere Hersteller, die die Produktion von IC's aufnehmen wollten, mußten nun

1960 sowohl bei Texas Instruments als auch bei Fairchild Lizenzen erwerben. Noyce war aufgrund seiner sowohl technologisch als auch wirtschaftlich überaus wichtigen Erfindung zum Präsidenten von Fairchild Semiconductor berufen worden.

*Erstes IC in Planartechnik von Fairchild für die Massenproduktion.*

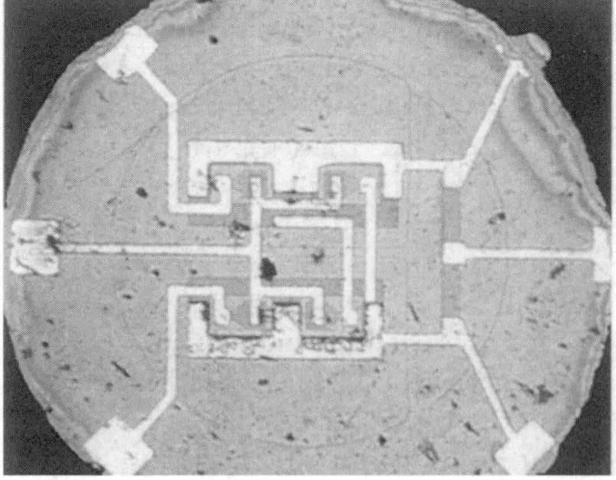

In der Folgezeit wurden vornehmlich von ehemaligen Mitarbeitern der etablierten Halbleiterhersteller eine Reihe von neuen Unternehmen gegründet, die sich auf die Entwicklung und Produktion von integrierten Schaltungen stürzten. So war zum Beispiel Rheem Semiconductor der erste Ableger von Fairchild. Rheem hatte jedoch wenig unternehmerisches Glück, das Unternehmen wurde schon 1961 in Raytheon Semiconductor umgewandelt. Im gleichen Jahr gründeten vier ehemalige Mitarbeiter von Fairchild die Signetics

Corporation. Dem Trend, sich selbständig zu machen, folgten auch Mitarbeiter von Texas Instruments und Westinghouse. Hier waren es Richard Lee (Texas) und William Hugle (Westinghouse), die das Unternehmen Siliconix gründeten. Einige Jahre später wandten sich auch Noyce, Moore und Grove von Fairchild ab. Wegen ihres hohen Bekanntheitsgrades war es für sie kein Problem, das notwendige Kapital zusammenzutragen, um 1968 das Unternehmen Integrated Electronics, heute besser bekannt unter dem Namen „Intel", mit dem Sitz in Santa Clara zu gründen.

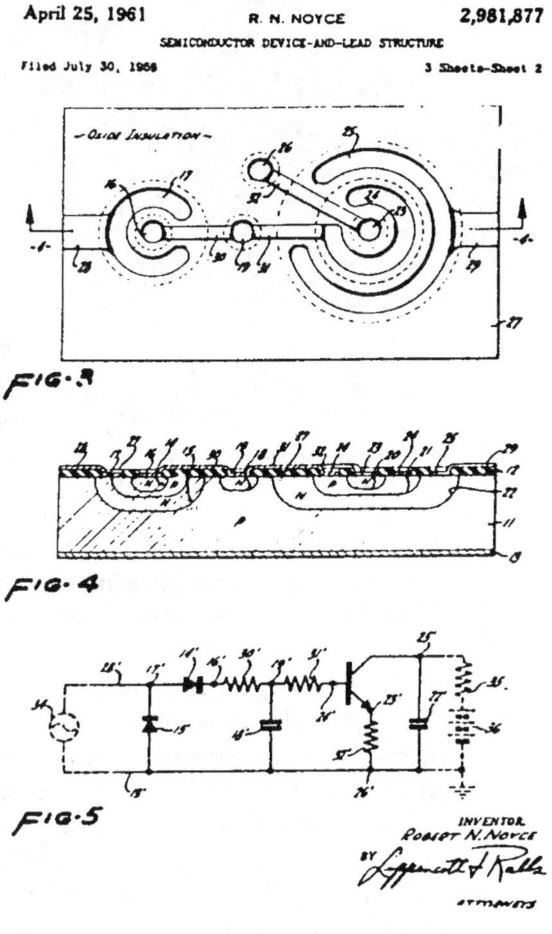


*Auszug aus der Patentschrift von Robert N. Noyce (1961).*

Für die Geräteproduktion bedeutete die Erfindung der integrierten Schaltung eine drastische Reduzierung der Bauelemente und Lötverbindungen. Dadurch wurden die Geräte zuverlässiger, und auch der Energieverbrauch sank. Der Computerindustrie kam die Schaltungsintegration wie gerufen, denn für ihre Anlagen waren mit Abstand die meisten diskreten Halbleiterbauelemente produziert worden. Dies hatte zur Folge, daß die IC-Produktion in den sechziger Jahren überwiegend auf die Bedürfnisse Computerindustrie ausgerichtet war. Hergestellt wurden vor allem einfache digitale Logik-Schaltungen wie Inverter und Gatter, Flipflops und Zählschaltungen. Fairchild brachte schon kurz nach der Patentierung des IC's von Noyce eine Logikfamilie mit dem Namen „Micrologic" heraus. Diese Logikschaltungen waren monolithisch integriert, was bedeutete, daß alle Schaltungskomponenten auf einem einzigen Chip untergebracht waren. Die Micrologic-Reihe gehörte zur Klasse der Widerstands-Transistor-Logik (RTL); sie fand nur wenig Akzep-

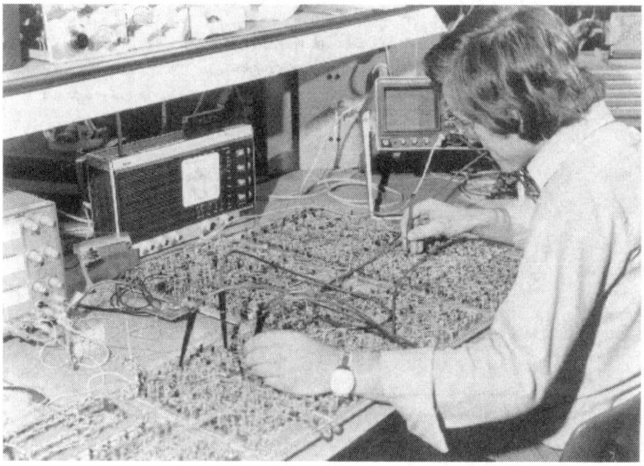

*Entwicklung einer integrierten Schaltung am „Breadboard".*

tanz und konnte sich am Markt nicht durchsetzen.

Signetics führte 1962 die Dioden-Transistor-Logik (DTL) ein, und kurze Zeit später erschien die Transistor-Transistor-Logik (TTL) auf dem Markt. Die TTL-Logik stammte ursprünglich von Pacific Semiconductors; sie wurde ab 1964 von Texas Instruments übernommen und fand als 7400-Serie eine sehr weite Verbreitung. Schon bald wurde die TTL-Familie zum allgemeinen Industriestandard. Motorola brachte 1963 die ECL-Familie (Emitter Coupled Logic) heraus, eine sehr schnelle Logik, die auch heute noch Basis vieler Mainframe- und Mini-Supercomputer ist.

Die Entwicklung analoger IC's, bei denen bekanntlich das Ausgangssignal zum Eingangssignal proportional sein muß und nicht nur zwischen „0" und „1" zu unterscheiden ist, gestaltete sich wesentlich schwieriger. Bei Fairchild und später bei National Semiconductor machte sich vor allem der Entwickler Robert Widlar auf diesem Gebiet einen Namen. Bisher waren Schaltungen aus Kostengründen so entworfen worden, daß sie mit möglichst wenig aktiven Bauelementen wie Röhren und Transistoren arbeiteten. Widlar trat den Beweis an, daß es bei einem IC meistens vorteilhafter ist, einen Transistor statt eines Widerstandes zu integrieren. Die Computerindustrie hatte Bedarf an integrierten Kleinsignal-Verstärkern, denn zu jener Zeit waren Ringkernspeicher (Matrizen) als Arbeitsspeicher noch Stand der Technik. Die Signale, die solche Ringkernspeicher lieferten, lagen in der Größenordnung von einigen zehn Millivolt und waren stark mit Störsignalen durchsetzt. Die von Widlar entwickelten und von Fairchild auf den Markt gebrachten integrierten Analogverstärker µA 702 und µA 709 fanden weite Verbreitung. Speziell für den Einsatz zusammen mit Ringkernspeichern wurde der µA 711 entwickelt. Andere Halbleiterhersteller beeilten sich, ebenfalls analoge integrierte Schaltungen anzubieten.

Auch in die Welt der Heimgeräte drangen die integrierten Schaltungen recht schnell vor. Da bei einer monolithisch integrierten Schaltung alle Komponenten

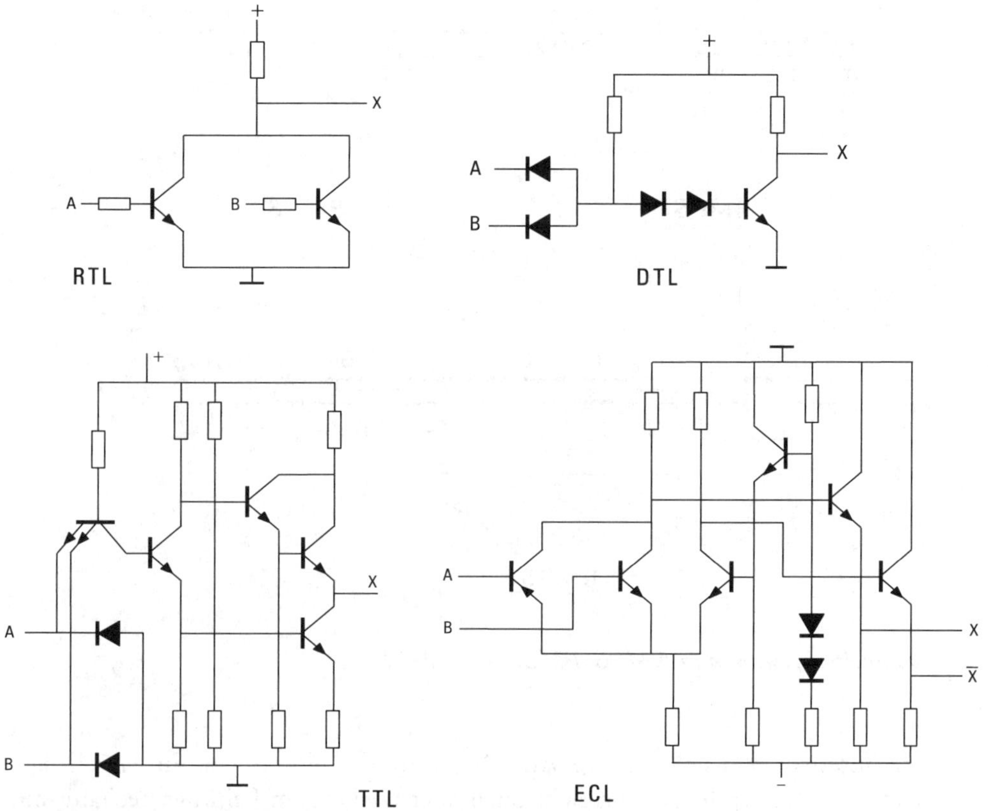


***Grundschaltungen einiger Logik-Familien mit bipolaren Transistoren.***

in einem einzigen Arbeitsgang hergestellt werden, weichen die Eigenschaften der integrierten Transistoren von den Eigenschaften der äquivalenten diskreten Typen ab. Deshalb benutzte man für die Entwicklung einer integrierten Schaltung ein sogenanntes „Breadboard", das die integrierte Schaltung simulierte. Das geschah mit Hilfe spezieller Komponenten, den „Breadboard Devices", die für diesen Zweck besonders ausgesucht werden mußten. Wegen der immer größer werdenden Anzahl der gleichzeitig auf einem Chip integrierten Komponenten wurde diese aufwendige Art der Entwicklung bald wieder aufgegeben.

## Die MOS-Technik

Eine weitere wichtige Entwicklung, die auf der Planartechnik beruhte, war der Feldeffekt-Transistor, abgekürzt FET. Shockley hatte schon 1952 einen solchen Transistor in aller Ausführlichkeit theoretisch beschrieben. Feldeffekt-Transisto- 1960

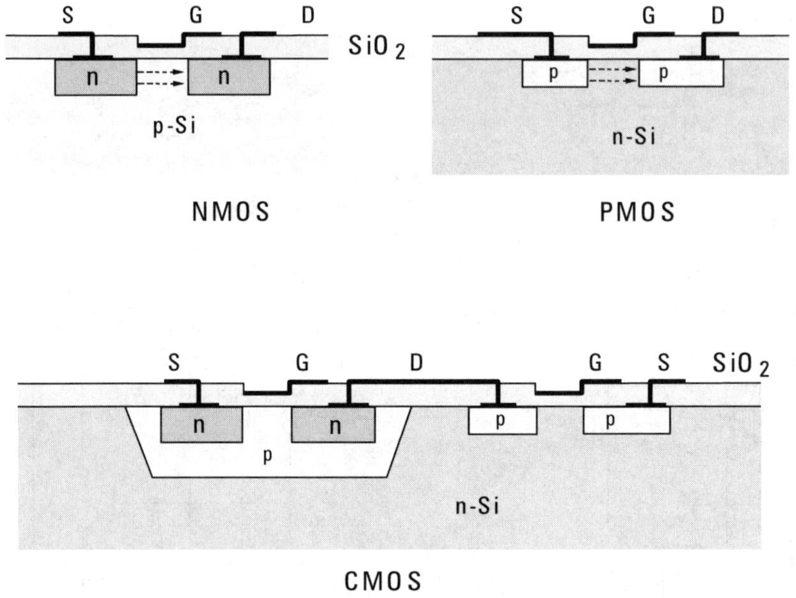


*Halbleiterstrukturen in NMOS, PMOS und CMOS.*

ren unterscheiden sich von bipolaren Transistoren dadurch, daß nur ein einziger Ladungsträgertyp (entweder Elektronen oder Löcher) am Leitungsmechanismus beteiligt ist. Ein Feldeffekt-Transistor ist deshalb unipolar.

Die ersten hergestellten FET's waren sogenannte Junction-Typen; sie entsprachen dem zuvor von Shockley theoretisch beschrieben Feldeffekt-Transistor. Auf der jährlich stattfindenden „International Solid State Conference" stellten Atalla und Kahng, Mitarbeiter der Bell Laboratories, im Jahr 1959 den Metall Oxid Silizium Feldeffekt-Transistor (MOSFET) als erstes kapazitiv gesteuertes, aktives Halbleiterbauelement vor. Die in Planartechnik hergestellten MOS-Transistoren sind lateral in die Substratoberfläche eingebunden. Ursprünglich wiesen sie eine viel einfachere Struktur als die bipolaren Transistoren auf, so daß auch ihre Herstellung weniger Prozeßschritte erforderte. Allerdings waren MOSFETs anfangs wesentlich langsamer als bipolare Transistoren; für schnelle digitale Schaltungen und auch analoge Schaltungen behielt man deshalb die bipolare Technik bei. Bis Anfang der siebziger Jahre wurde die MOS-Technik nicht als ernsthafte Konkurrenz zur bipolaren Technik betrachtet. Erst später war der MOSFET so weit entwickelt, daß er eine Alternative zum bipolaren Transistor werden konnte. In bestimmten Anwendungsbereichen ist der bipolare Transistor auch heute noch dem MOSFET überlegen.

Im Jahr 1964 gab der amerikanische Konzern RCA der Fachwelt seine neuentwickelte CMOS-Technik (Complementary MOS) bekannt, bei der NMOS- und PMOS-Transistoren auf dem gleichen Chip integriert sind. Weitere Pioniere der CMOS-Technik waren Hitachi und Toshiba in Japan sowie Motorola in den USA. CMOS, ursprünglich entwickelt für die Raumfahrt, zeichnet sich durch eine sehr niedrige Leistungsaufnahme im statischen Betrieb aus und bietet darüber hinaus noch einige weitere wichtige Vorteile.

## Der Laser

Wegen der zahlreich erschienenen theoretischen Abhandlungen zum Thema Laser ist es heute schwierig, den ursprünglichen Erfinder namentlich zu nennen. Sicher ist jedoch, daß Theodore Maiman von Hughes Aircraft im Jahr 1960 den ersten funktionsfähigen Laser baute. Zuvor, im Jahr 1957, hatte Gordon Gould seine Idee von der stimulierten Lichtemission zu Papier gebracht. Gould prägte auch den Begriff „Laser", eine Abkürzung von „Light Amplification by Stimulated Emission of Radiation". Leider versäumte Gould es, seine Erfindung zum Patent anzumelden, und außerdem kam seine Veröffentlichung zu spät. Charles Townes und Arthur Schawlow vergaßen nicht, sich rechtzeitig die Patentrechte zu sichern, bevor sie 1958 die physikalischen Grundlagen des Lasers in der Zeitschrift „Physical Review" beschrieben. Schawlow war zu jener Zeit Mitarbeiter der Bell Laboratories gewesen. Townes erhielt 1964 für seinen Entwicklungsbeitrag einen „halben" Nobelpreis, er teilte ihn sich mit einem anderen Wissenschaftler. Erst 17 Jahre später wurde auch Schawlow auf die gleiche Weise geehrt.

1960

*Aufbau des Halbleiter-Dioden-Laser.*

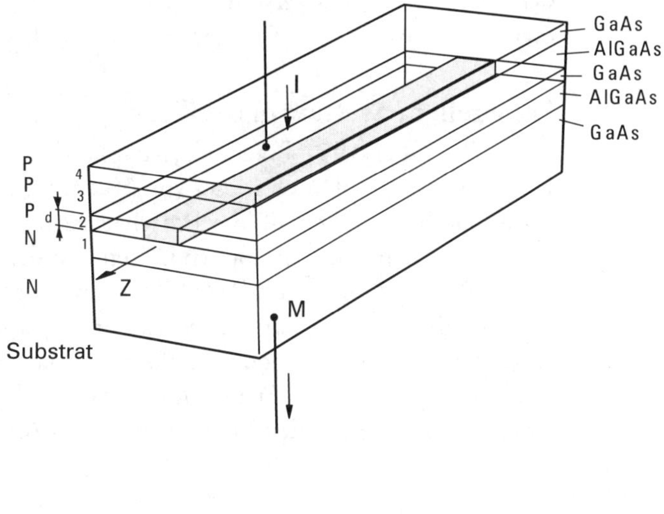


Die theoretischen Grundlagen und die Funktion des Lasers waren schon lange

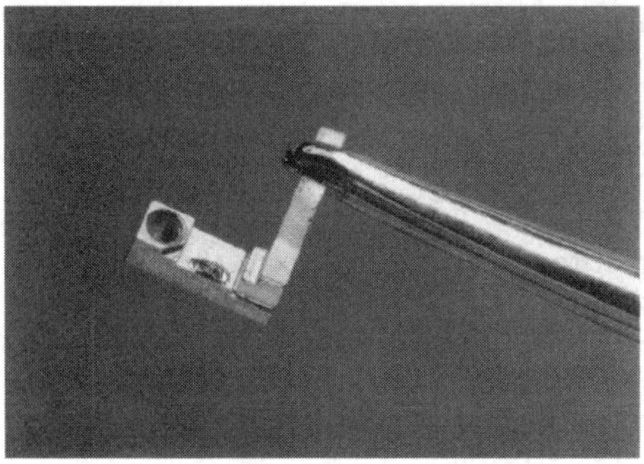
*Ansicht eines Halbleiter-Dioden-Laser.*

allgemein bekannt, doch es wollte zunächst nicht gelingen, ein funktionsfähiges Lasersystem zu bauen. Das gelang, wie schon erwähnt, Theodore Maiman erst im Jahr 1960. Maimans Laser bestand aus einem stabförmigen Rubinkristall von einigen Zentimetern Länge, umgeben von einer spiralförmigen Blitzröhre. Durch die Blitze wurden die Atome im Kristall angeregt (gepumpt), so daß stimulierte Emission auftrat. Die beiden Stabenden waren glatt poliert und mit einer dünnen, reflektierenden Silberschicht belegt. Die überwiegende Anzahl der Photonen, die sich in Längsrichtung des Stabes bewegten, wurden an den Stabenden reflektiert, so daß sie den Kristall ein zweites Mal durchliefen und für die stimulierte Emission weiterer Photonen sorgten. Die Anzahl der im Rubinstab pendelnden Photonen stieg dadurch immer weiter an. Sobald die reflektierende Silberschicht an einem Stabende kurzzeitig entfernt wurde, trat an dieser Stelle Laserlicht nach außen. Kaum zwei Jahre nach Maimans Beschreibung in der Zeitschrift „Nature" wurden Lasersysteme bereits von mehreren Herstellern produziert.

*1960*

In der folgenden Zeit überschlugen sich in der Lasertechnik fast die Ereignisse. Der Halbleiterlaser auf der Basis von Galliumarsenid (GaAs) wurde fast gleichzeitig von General Electric, IBM und Lincoln Labs, einer Abteilung des Massachusetts Institute of Technology (MIT), entwickelt. Bei Halbleiterlasern wird die aktive Zone, in der stimulierte Emission auftritt, von einem Material mit größerem Bänderabstand umschlossen. Hierfür kann man zum Beispiel bei GaAs-Lasern GaAlAs verwenden.

## Solarzellen, Weltraumsatelliten

Am 4. Oktober 1957 brachte die damalige Sowjetunion einen kugelförmigen Körper mit einem Durchmesser von 58 cm und einer Masse von 83,6 kg in eine Erdumlaufbahn außerhalb der irdischen Atmosphäre. Der künstliche Himmelskörper mit dem Namen „Sputnik" sendete drei Wochen lang Funksignale auf Kurzwelle im 7-MHz- und 14-MHz-Bereich zur Erde. Anfang Januar des folgenden Jahres tauchte Sputnik wieder in die Atmosphäre ein und verglühte. Die elektrische Energie für den Funksender hatten Solarzellen geliefert, die die Strahlung der Sonne in Strom umwandelten. Für die westliche Halbleiterindustrie, insbesondere in den USA, war das ein Anlaß, die Entwicklung von Solarzellen mit Nachdruck voranzutreiben. In Europa hatte sich vor allem AEG-Telefunken mit der Solartechnik beschäftigt.

***Lunik 3, am 4.10.1959 in eine Erdumlaufbahn gebracht, um die von der Erde unsichtbare Mondrückseite zu fotografieren, war außen mit zahlreichen Solarzellen besetzt.***

Der erste Satellit, der Fernsehsignale übertrug, hieß „Telstar"; er wurde am 10. Juli 1962 von den USA in den Weltraum geschossen. Die transatlantischen Übertragungen zwischen den Bodenstationen Andover (USA) und Gronhilly Downs (England) dauerten nur jeweils 18 Minuten. Diese kurze Übertragungszeit war dadurch bedingt, daß Telstar die Erde auf einer elliptischen, nicht geostationären Bahn umkreiste. Die weiteste Entfernung von der Erde betrug 5600 km, die kürzeste 930 km. Der Funkverkehr wurde auf Frequenzen um 4,17 GHz abgewickelt. Im Jahr 1963 brachte die USA den Satelliten Syncom auf eine geostationäre Umlaufbahn in 36000 km Höhe; weitere Satelliten, unter ihnen Early Bird und Intelsat 2 und 3, folgten in den nächsten Jahren.

Etwa auf das Jahr 1969 geht der Plan zurück, Nachrichtensatelliten mit so hoher Sendeleistung und Strahlungsbündelung zu bauen, daß sie von jedermann mit einfachen Empfangsanlagen direkt empfangen werden können. Vor allem in Europa brach ein wahres Entwicklungsfieber aus, um dafür die technologischen Voraussetzungen zu schaffen. Auf der Weltkonferenz für die Wellenverteilung, die 1977 in Genf stattfand, wurde den auf Europa gerichteten direktstrahlenden Rundfunksatelliten der Frequenzbereich 11,7...12,2 GHz zugewiesen.

*1960*

Sogenannte Sonnensegel, die aus einer großen Anzahl von Solarzellen bestanden, lieferten die elektrische Energie für den Betrieb der direktstrahlenden Satelliten. Für die Herstellung der Solarzellen wurde reines, monokristallines Silizium verwendet. Der kanadische Kommunikationssatellit Hermes zum Beispiel flog mit zwei hochflexiblen „Flügeln" durch das Weltall, deren Spannweite 17 m betrug und auf denen 12500 Solarzellen Platz gefunden hatten.

## 1962 Der Josephson-Effekt

Brian D. Josephson war Student an der Universität Cambridge, als er 1962 die Supraleitung untersuchte. Er stellte fest, daß Supraleitung auch dann auftritt, wenn ein Ring aus supraleitendem Material, zum Beispiel aus Niobium (Nb), von einer sehr dünnen, isolierenden Zone (ca. 2 nm), beispielsweise aus Silizium, unterbrochen wird. Der gleiche Effekt ist auch zu beobachten, wenn zwei isolierende Zonen mit halber Breite den Supraleiter unterbrechen. Die Cooper-Paare können die isolierenden Zonen infolge des Tunneleffektes überwinden. Überschreitet jedoch die Stromstärke einen kritischen Wert, dann brechen die Cooper-Paare auseinander und der normale Leitungsmechanismus tritt wieder ein. Für jeden Supraleiter existiert eine von Material und Abmessungen abhängige kritische Stromstärke, bei deren Überschreitung die Supraleitung zusammenbricht. Wenn durch einen solchen Ring, der selbst diamagnetisch ist, ein magnetischer Fluß dringt, dann wird in den Ring ein Strom induziert. Im vorliegenden Fall ist der Ringstrom ein genaues Maß für die magnetische Induktion. Dabei reagiert der Ring auf Flußänderungen, die der Quanteneinheit des magnetischen Flusses entsprechen ($2{,}07 \times 10^{14}$). Von dieser Erscheinung wurde die Bezeichnung „Superconducting Quantum Interference Device" (SQUID) abgeleitet.

## Farbfernsehen

Walter Bruch (1908 bis 1990), langjähriger Mitarbeiter bei AEG-Telefunken, erfand 1962 das PAL-Farbfensehsystem (PAL = Phase Alternating Line), das die Schwächen des älteren amerikanischen NTSC-Systems (NTSC = National Television Systems Committee) auf elegante Weise umgeht. Auf dem Übertragungsweg zwischen Sender und Empfänger können Phasenfehler entstehen, die beim NTSC-System die farbrichtige Bildwiedergabe verfälschen. Das PAL-System eliminiert solche Fehler, indem der Sender die Phase des (R-Y)-Signals in jeder zweiten Zeile um 180° dreht. Im Empfänger wird die „Umpolung" jeder zweiten Zeile vom sogenannten PAL-Schalter wieder rückgängig

*Walter Bruch (1908 bis 1990), Erfinder des PAL-Farbfernsehsystems.*

gemacht. Mit Hilfe einer Verzögerungsleitung können die Phasenfehler von zwei benachbarten Zeilen elektronisch gemittelt und kompensiert werden.

In einer Fernsehkamera muß durch einen komplizierten Satz von Filtern und Spiegeln aus der Bildinformation eine rote, eine grüne und eine blaue Komponente abgeleitet werden. Philips entwickelte hierfür ein kompaktes Farbtrennungsprisma.

## Compact Cassette *1963*

Ende der fünfziger Jahre planten mehrere Tonbandgerätehersteller, ein Kassetten-Audiosystem auf den Markt zu bringen, das für den Käufer im Vergleich zu den Spulentonbandgeräten einige Vorteile bringen sollte:

- Höherer Bedienungskomfort. Das Auflegen eines Bandes auf ein Spulengerät war umständlich und zeitaufwendig.
- Mehr Schutz für das Band. Die Kassette schützt das Band vor Verschmutzung und verhindert „Bandsalat" infolge falscher Bedienung.
- Weniger aufwendige Mechanik und dadurch preiswertere Gerätetechnik.

Das Ergebnis waren mehrere, zueinander inkompatible Kassettensysteme mit unterschiedlichen Kassettengrößen. Philips brachte zum Beispiel ein System heraus, bei dem die volle und die leere Spule in zwei voneinander getrennten Kassetten untergebracht waren. Mit diesem System arbeitete ein Diktiergerät, das 1961 auf den Markt kam. Ein zweites System von Philips war ein Ein-Kassetten-System, das beide Spulen in einer gemeinsamen, kompakten Kunststoffkassette vereinte. Das Band hatte eine Breite von 3,81 mm und lief mit einer Geschwindigkeit von 4,75 cm/s durch das Gerät. Der kleine Kassettenrecorder und die Kassette, von Philips schon damals „Compact Cassette" genannt, standen auf der Berliner Funkausstellung im August 1963 im Mittelpunkt des allgemeinen Interesses. Schon im März 1964 kam auch eine Stereo-Ausführung des Recorders auf den Markt. Philips entschloß sich, auf Lizenzrechte an der Compact Cassette zu verzichten, so daß auch andere Hersteller schnell bereit waren, das

*Werbefoto für die Compact Cassette.*

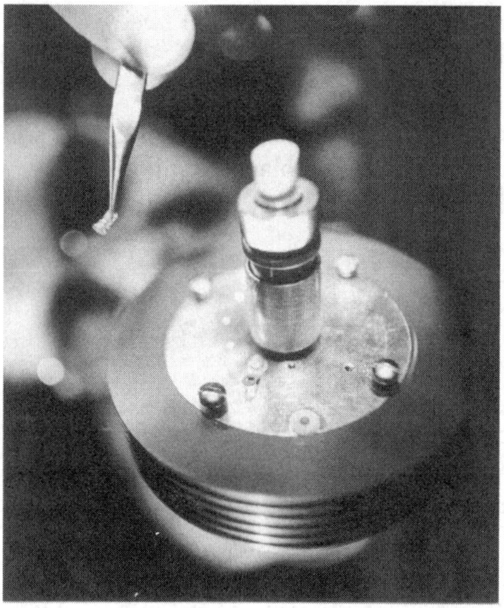

*Foto einer Gunn-Diode.*

System zu übernehmen und Kassetten und Geräte zu produzieren. Seit ihrer Premiere haben sich die Kassetten des inzwischen längst zum Standard gewordenen Systems äußerlich nicht verändert. Eine Miniaturausführung der Compact Cassette kam 1963 auf den Markt, sie wird hauptsächlich für Diktiergeräte verwendet.

Die ersten bespielten Kassetten, von Anfang an in Stereo, erschienen 1966 unter der Bezeichnung „Musicassette". Seit 1971 erfüllen Kassetten mit Chromdioxid-Band, zusammen mit den dafür konstruierten Geräten, auch die HiFi-Norm. Um den Signal-Rausch-Abstand noch weiter zu verbessern, wurden verschiedene Rauschunterdrückungssysteme entwickelt, zum Beispiel das bekannte Dolby-System, und ferner DNL (Philips) und High Com (AEG-Telefunken).

## Gunn-Diode

Der britische Physiker Jan B. Gunn, Mitarbeiter bei IBM, nahm im Jahr 1963 Rauschmessungen an Halbleiterwiderständen bei relativ hohen Spannungen vor. Nachdem er Silizium und Germanium untersucht hatte, galt sein Interesse den

***Die Geschwindigkeits-Feldstärke-Charakteristik (v-E) der Gunn-Diode hat innerhalb eines bestimmten Bereiches eine negative Steigung. Die I-U-Charakteristik kann abhängig von der Dotierung und Schichtdicke unterschiedlich verlaufen.***

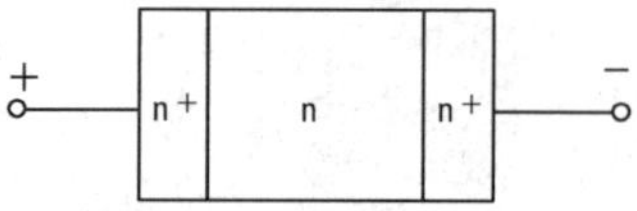


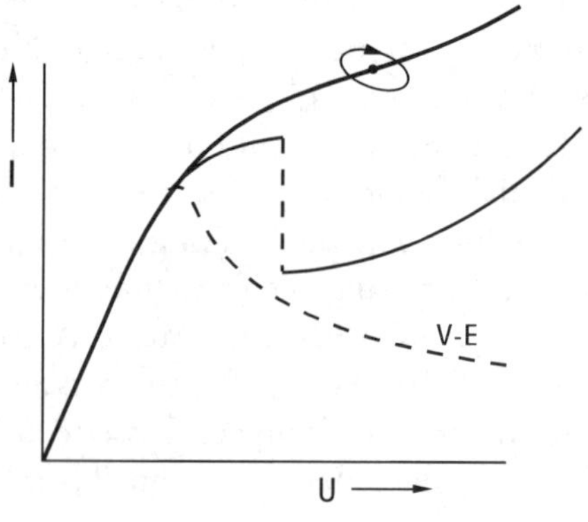

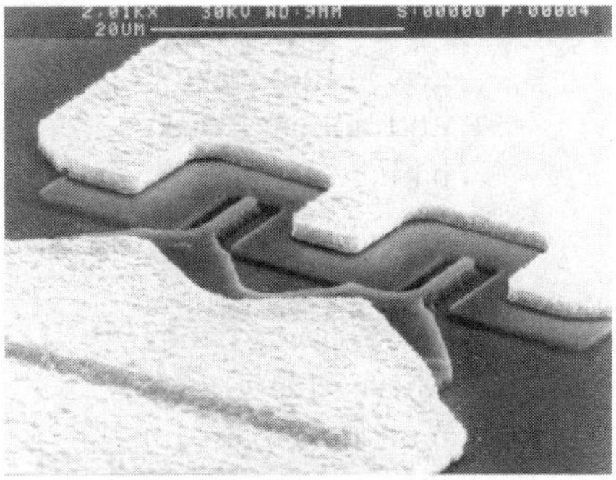

*Schottky-(Barrier-)Diode.*

Verbindungen Galliumarsenid (GaAs) und Indiumphosphat (InP). Zu seinem Erstaunen stellte er fest, daß das Rauschen oberhalb bestimmter Spannungen stark anstieg und einige Präparate sogar zu schwingen begannen. Diese Erscheinung, später nach ihrem Entdecker „Gunn-Effekt“ genannt, wurde nachfolgend weiter untersucht. Gunn hatte zu dieser Zeit noch keine Kenntnis von einer Abhandlung, in der Ridley, Watkins und Hilsum bereits die Theorie des Effektes beschrieben hatten. Die Mikrowellenforschung erkannte sofort die Bedeutung der Entdeckung und setzte sich daran, die Gunn-Diode bis zur Serienreife weiterzuentwickeln. Gunn-Dioden aus Galliumarsenid sind inzwischen für Frequenzen bis etwa 100 GHz verfügbar, und mit Indiumphosphat werden Grenzfrequenzen bis 150 GHz erreicht. Die mit ihnen aufgebauten Oszillatoren zeichnen sich durch geringes Rauschen und niedrige Verlustleistung aus, so daß sie sich insbesondere für portable Geräte eignen. In kleinen, nach dem Dopplerprinzip arbeitenden Radargeräten, wie sie zum Beispiel auf den Straßen zur Geschwindigkeitsüberwachung eingesetzt werden, kann man sie häufig finden. Gunn-Dioden sind keine Dioden im eigentlichen Sinn; sie verhalten sich wie Halbleiterwiderstände, deren Wert bei bestimmten Spannungen negativ wird.

*1963*

## Schottky-(Barrier-)Dioden

Anfang der sechziger Jahre war die Halbleitertechnik so weit fortgeschritten, daß die aus der Anfangszeit stammenden Punktkontakt-Dioden durch planare Metall-Halbleiter-Dioden ersetzt werden konnten. Die Vorteile der nach Walter Schottky benannten Dioden sind geringere Exemplarstreuungen, niedrigeres

*Kennlinie und Aufbau der Schottky-(Barrier-)Diode.*

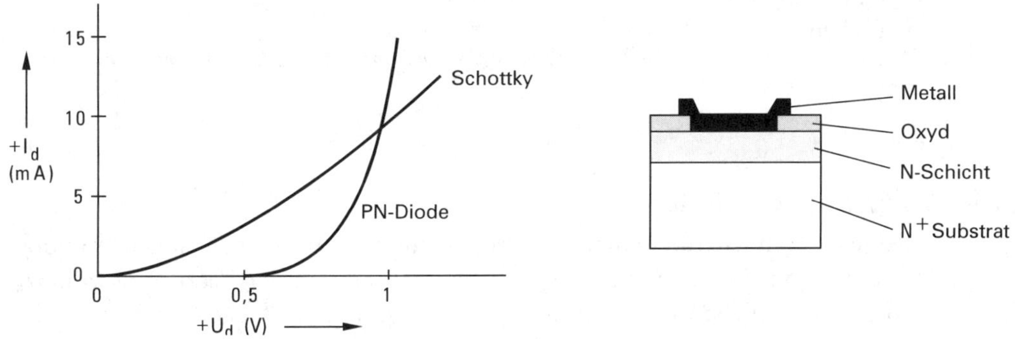

Rauschen, geringere Induktivität und höhere Belastbarkeit.

## Der Triac

Ein Triac (Triode Alternating Current Switch) ist im Prinzip ein Thyristor mit P-Gate, der antiparallel zu einem Thyristor mit N-Gate geschaltet ist. Aus der statischen I/U-Charakteristik des Triac ist ersichtlich, daß sich sein Arbeitsbereich auf den ersten und dritten Quadranten des Koordinatensystems erstreckt, während ein Thyristor nur im ersten Quadranten aktiv ist. Die Entwicklung des Triac wird General Electric zugeschrieben.

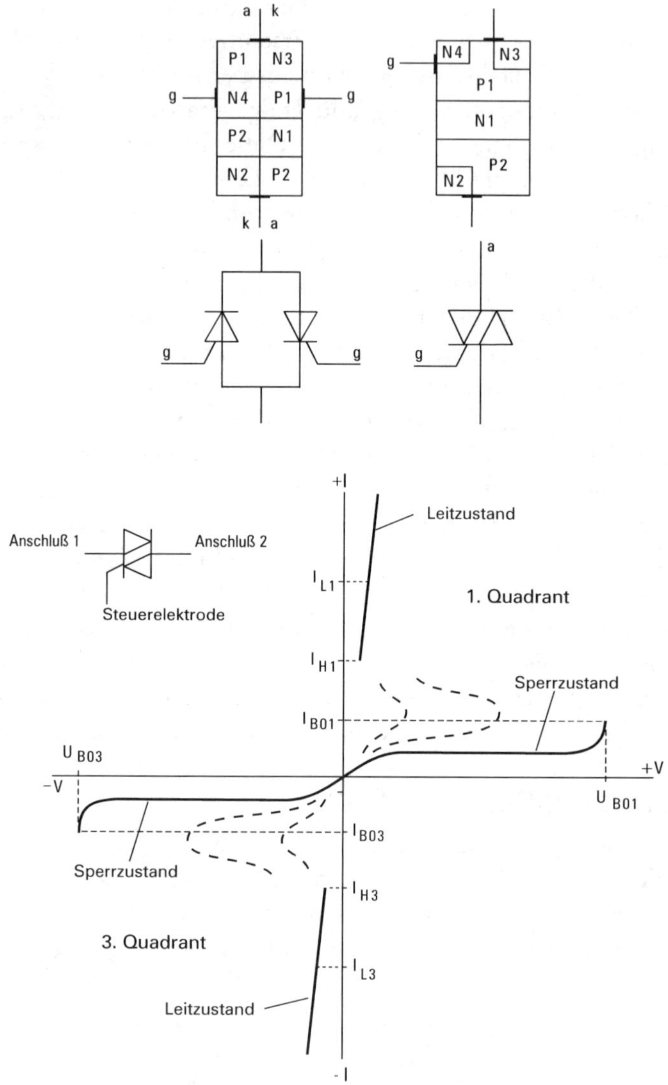


*Aufbau, Schaltungssymbol und typische Charakteristik eines Triac.*

## 1964 Die Impatt-Diode

Bei jeder Halbleiterdiode hat das Anlegen einer bestimmten, ausreichend hohen Spannung in Sperrichtung eine so hohe Feldstärke in der Verarmungszone zur Folge, daß örtliche Stoßionisation eintritt. An der Grenzfläche zwischen p-Material und Verarmungszone entsteht dann ein Lawinendurchbruch der Ladungsträger. W. T. Read, ein Mitarbeiter von Shockley, hatte 1958 die Idee, diesen Effekt mit einer Laufzeitverzögerung zu koppeln, um auf diese Weise Mikrowellen-Oszillatoren bauen zu können. Die Laufzeit der Ladungsträger in der Driftzone hängt unter anderem von der Breite der Verarmungszone und damit von der Feldstärke ab. Bei geeigneter Wahl der Laufzeitparameter hat eine Lawinendiode eine Zeitkonstante, die das Erzeugen von Schwingungen mit konstanter Frequenz ermöglicht. Read's Idee war zwar überzeugend, doch erst 1964 hatte die Halbleiterforschung herausgefunden, wie die Zerstörung der Diode beim Lawinendurchbruch verhindert werden konnte. Die ersten schwingenden Dioden, die nun hergestellt wurden, nannte man „Impatt-Dioden", abgeleitet von „Impact-Ionisation Avalanche and Transit Time". Als Ausgangsmaterial für die Impatt-Diode eignen sich Germanium, Silizium, Galliumarsenid und Indiumphosphat. Die obere Grenzfrequenz liegt bei 300 GHz, die abgegebene Leistung ist höher als bei der Gunn-Diode. Infolge des Lawineneffektes produzieren Impatt-Dioden jedoch mehr Rauschen. Erst später wurde bekannt, daß Impatt-Dioden schon seit einigen Jahren in der damaligen Sowjetunion von A. S. Tager und seinen Mitarbeitern entwickelt worden waren.

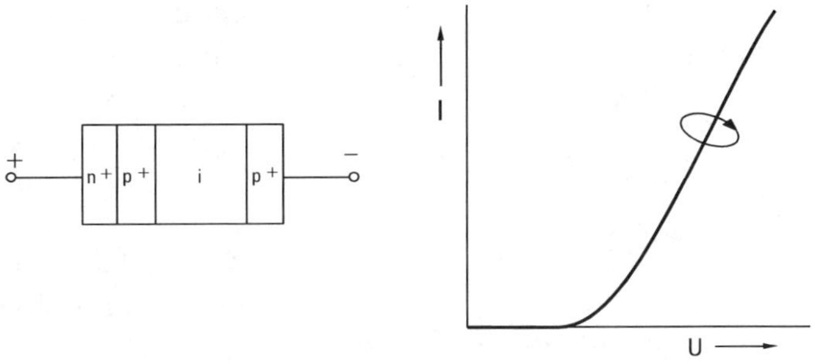


***Aufbau und Kennlinie der Impatt-Diode.***

## Telekommunikation *1965*

Auch die Fernsprechtechnik war inzwischen schnell vorangeschritten. Die klassischen Hebdrehwähler wurden größtenteils durch Kreuzschienensysteme („cross bar") ersetzt, die von den schwedischen Ingenieuren Betulander und Palmgren entwickelt worden waren. Bevor die vollelektronischen digitalen Systeme Einzug hielten, arbeiteten die Vermittlungsstellen jedoch noch viele Jahre lang mit elektromechanischen Systemen. In Großbritannien erschienen 1965 die ersten elektronisch gesteuerten Wählsysteme mit Reedkontakten als Schaltelement, 1981 waren dort etwa 1200 derartige Systeme in Betrieb.

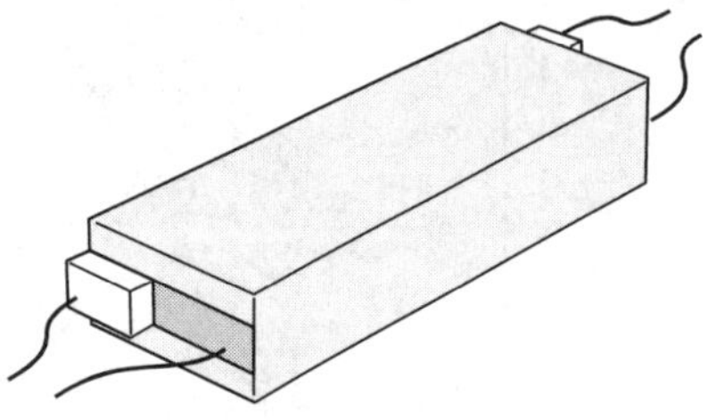

*Verzögerungsleitung aus Glaskeramik.*

Bei den Koaxialkabelsystemen ging die Entwicklung noch etwas schneller voran. Schon 1951 hatte es 4-MHz-Kabelsysteme mit 960 Kanälen gegeben; dies war zu der Zeit Stand der Technik. Ihnen folgten im Jahr 1960 12-MHz-Systeme, die eine Kapazität von 2700 Kanälen hatten. Während bis dahin noch alle übrigen Kabelsysteme mit Röhrenverstärkern arbeiteten, wurde 1960 in England das erste Koaxialkabelsystem mit transistorisiertem Zwischenverstärker in Betrieb genommen. Bei diesem System, das die Städte Hastings und Eastbourne verband, waren 300 Kanäle im Frequenzbereich 60...1300 kHz untergebracht. Ab 1967 gab es transistorisierte 4-MHz-Systeme, 12-MHz-Systeme folgten 1971, und 1973 gehörten 60-MHz-Systeme mit 10800 Kanälen zum technischen Standard.

## Akustische Oberflächenwellen

Oberflächenwellen entstehen zum Beispiel auf der Wasseroberfläche, wenn man einen Gegenstand in das Wasser hineinfallen läßt. Charakteristisch ist dabei, daß sich die Wellen mit bestimmter Geschwindigkeit auf der Oberfläche fortpflanzen und die Eindringtiefe nur gering ist. Daß Oberflächenwellen unter bestimmten Voraussetzungen auch auf festen Stoffen auftreten können, wurde schon 1885 vom britischen Physiker John William Strutt (1842 bis 1919), besser bekannt als Lord Rayleigh, beobachtet. Er stellte fest, daß sich Oberflächenwellen entlang der Erdkruste als Folge von Erdbeben fortpflanzen.

*Aufbau eines SAW-Filters.*

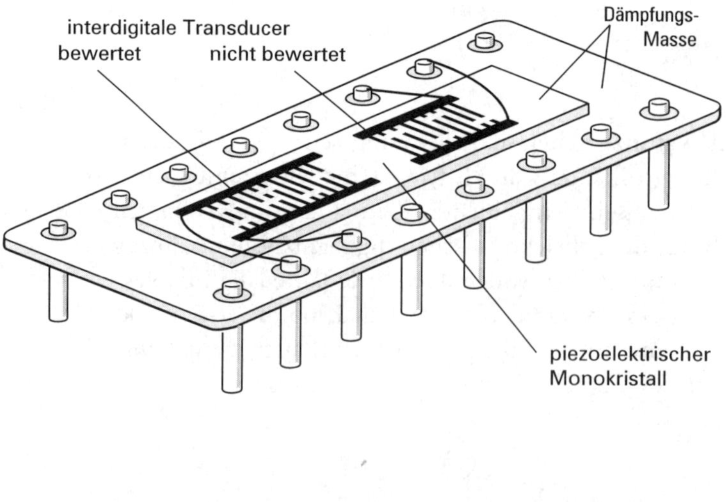


Als in den sechziger Jahren die Farbfernsehsysteme PAL und SECAM konzipiert wurden, brauchte man ein Bauelement, mit dem das Farbartsignal für die Dauer einer Zeilenlänge verzögert werden konnte. Die Lösung war damals eine Verzögerungsleitung aus Glaskeramik, an deren Enden piezo-elektrische Wandler für die Umwandlung des elektrischen Signals in mechanische Schwingungen und umgekehrt sorgten. Die Signalverzögerung entsprach der Laufzeit der elastischen Wellen im Stab.

Verglichen mit anderen Wellenformen pflanzen sich Oberflächenwellen in festen Körpern mit der niedrigsten Geschwindigkeit und fast ohne Dämpfung fort. Die Gesetzmäßigkeiten von Oberflächenwellen wurden deshalb besonders gründlich untersucht. Die Wissenschaftler White und Voltmer von der Stanford University konstruierten 1965 einen interdigitalen Transducer, der bei Anlegen eines elektrischen Signals akustische Oberflächenwellen an der Grenzfläche des piezo-elektrischen Materials erzeugen konnte. Ein zweiter Transducer, der sich in einigem Abstand vom ersten befand, wandelte die Oberflächenwellen in elektrische Signale zurück. Die neuen Möglichkeiten, die sich hier boten, wurden in den folgenden Jahren von einigen großen Bauelemente-Herstellern untersucht. Dabei stand neben der Produktentwicklung auch das Herstellungsverfahren und seine Wirtschaftlichkeit im Vordergrund. Man wollte möglichst große Stückzahlen zuverlässiger Bauelemente mit leicht reproduzierbaren Eigenschaften ohne übermäßigen Kostenaufwand erzeugen.

*1965*

Durch Längenvariation der Transducer-Zungen war es möglich, Bauelemente mit Filtereigenschaften herzustellen. Diese sogenannten SAW-Filter (SAW = Surface Acoustic Wave) erschienen 1969; mit ihnen sind die Namen Hartemann und Dieulesaint verbunden. In den folgenden Jahren wurden noch verschiedene andere Varianten der SAW-Filter entwickelt. Die Idee, störende Reflexionen an den Seitenkanten der Zungen durch Kerben zu eliminieren, ist 1972 von Bristol und seinen Mitarbeitern veröffentlicht worden. Die Herstellung von SAW-Filtern in größeren Stückzahlen nahm zuerst Siemens im Jahr 1977 auf.

***Die LED in ihrer häufigsten Form, hier als Rot-Grün-LED mit drei Anschlüssen.***

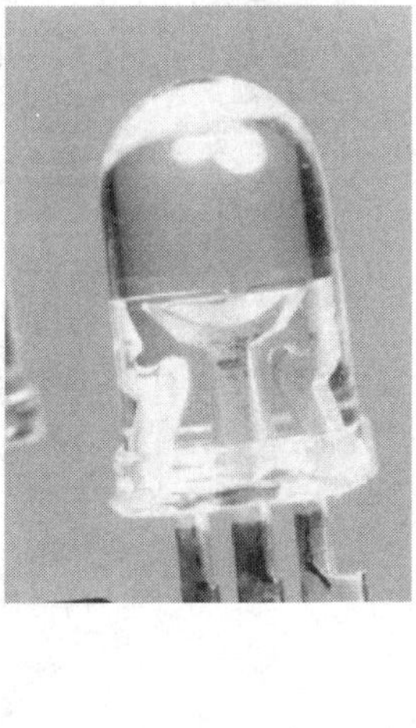

## Lichtemittierende Dioden (LED's)

Eine LED ist eine Halbleiterdiode, die infolge von Elektronensprüngen im Halbleitermaterial unter bestimmten Voraussetzungen Licht abstrahlt. Schon 1956 war bekannt, daß ein pn-Übergang Strahlung emittiert, wenn ein Strom in Durchlaßrichtung hindurchfließt. Bevor die ersten LED's verfügbar waren, gingen jedoch noch fast zehn Jahre ins Land.

Ein freies Elektron springt bei seiner Rekombination vom Leitungsband in das Valenzband. Dabei wird eine Energiemenge

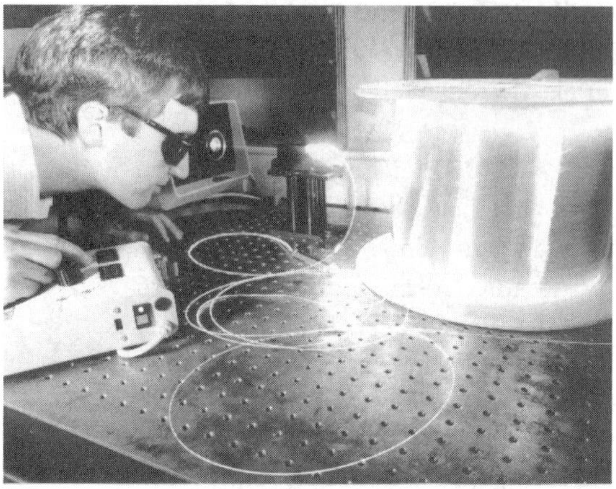
*Messungen an einem Glasfasersystem im Labor.*

frei, deren Größe hauptsächlich von der Art des Halbleitermaterials abhängt. Bei den sogenannten direkten Halbleitern (dazu gehören die meisten III-V-Verbindungen) ist dies ein Photon, bei den indirekten Halbleitern wie Germanium und Silizium ist zusätzlich ein Phonon (Gitterschwingungsquant) am Rekombinationsprozeß beteiligt. Die Wahrscheinlichkeit der Rekombination wird hierdurch geringer. Anfang der siebziger Jahre erschienen LED's auf dem Markt, die grün-gelbes (GaP), rotes (GaAsP) und infrarotes Licht (GaAs) abstrahlten. Infrarot-LED's finden vielfältige Anwendung in der Kommunikationstechnik; mit ihnen arbeiten Optokoppler ebenso wie die Fernbedienungen von TV-Geräten. Die Konstruktion einer blauen LED (SiC) gelang erst in den achtziger Jahren, und zwar in den Entwicklungslabors von Siemens.

## *1966* Nachrichtenübertragung mit Glasfasern

Der Umfang der Informationsmengen, die über kürzere oder weitere Entfernungen übertragen werden mußten, nahm wegen der schnell fortschreitenden Kommunikationstechnik ständig zu. Die Kapazitäten der vorhandenen Übertragungswege waren allmählich erschöpft, so daß man nach neuen Möglichkeiten Ausschau hielt. Die Nachrichtenübertragung über kurze Entfernungen mit Hilfe von Licht hatte Alexander Graham Bell schon 1880 mit seinem Photophone demonstriert. Bells System bekam jedoch nie praktische Bedeutung, weil der modulierte Lichtstrahl auf seinem Weg vom Sender zum Empfänger die Luft durchdringen mußte und dabei stark gedämpft wurde. Sinnvoll war die Nachrichtenübertragung mit Licht nur, wenn man ein Medium fand, das möglichst keine Streuverluste verursachte. Wie der irische Chemiker John Tyndall (1820 bis 1893) schon 1854 gezeigt hatte, folgt das Licht einem gebogenen Wasserstrahl, ohne an der gekrümmten Oberfläche seitlich auszu-

*Charles Kuen Kao (geb. 1933).*

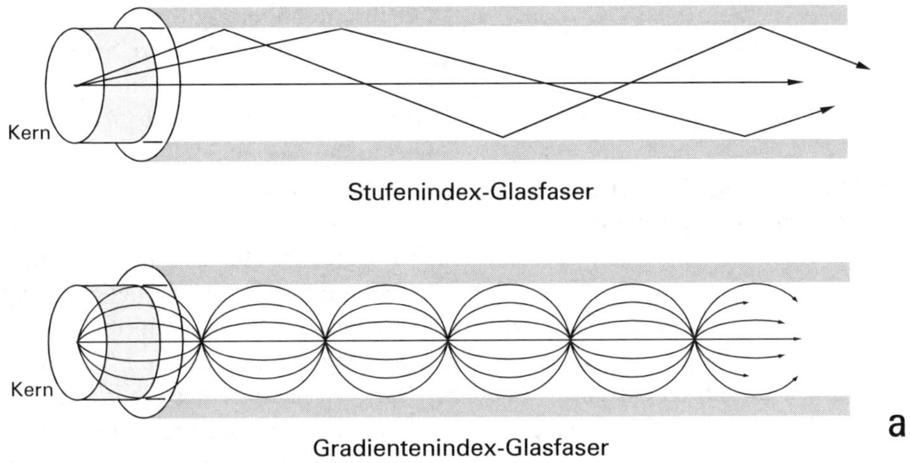


***Stufenindex- und Gradientenindex-Glasfaser.***

treten. Der Grund für diesen Effekt ist die fast vollständige Reflexion an der Grenzfläche zwischen Wasser und umgebender Luft infolge des unterschiedlichen Brechungsindexes. Tyndall war es jedoch nicht anders als vielen anderen Wissenschaftlern seiner Zeit ergangen. Bis seine Entdeckung zum ersten Mal in bescheidenem Rahmen technisch genutzt werden konnte, sollten noch viele Jahre vergehen. Den ersten Ansatz zur Lichtleitung machte die Filmtechnik: Bei dem in den zwanziger Jahren entwickelten Lichttonverfahren verwendete man Glas als lichtleitendes Medium, um den Lichtstrahl auf die Tonspur des Filmes zu lenken.

Die Anfänge der optischen Informationsübertragung liegen jedoch in neuerer Zeit; als Startjahr gilt das Jahr 1966. Damals waren die Wissenschaftler Charles Kuen Kao und George Hockham, beide Mitarbeiter bei ITT in Großbritannien, aufgrund ihrer theoretischen Studien davon überzeugt, daß die Glasfaser eine sehr leistungsfähige Alternative für das herkömmliche Koaxialkabel ist. Allerdings setzte diese Zukunftsvision eine Glasfaserleitung mit einer Dämpfung unter 20 dB/km voraus. Für die Maßstäbe jener Zeit war das ein ziemlich utopischer Wert, denn die besten Glassorten verursachten optische Dämpfungen in der Größenordnung von 1000 dB/km. Zum Vergleich seien noch Fensterglas mit einer Dämpfung von ca. 50000 dB/km und Glas für Anwendungen in der Optik mit Dämpfungen um 3000 dB/km genannt. Mit ihrer Veröffentlichung in der Zeitschrift „Proceedings of IEEE“ im Juli 1966 lösten Kuen Kao und Hockham weltweite Forschungsaktivitäten aus. Zwar hatten sie die Theorie der

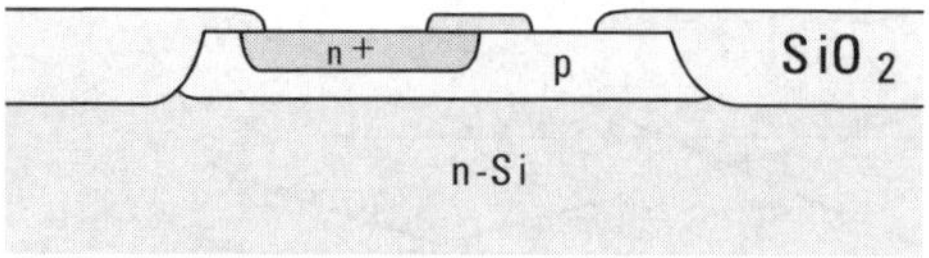


*LOCOS: Die integrierten Transistoren sind in isolierendes Siliziumdioxid eingebettet.*

Nachrichtenübertragung mit Hilfe von Glasfasern in allen Einzelheiten beschrieben, die Realisierung machte jedoch sowohl eine neue Glastechnologie als auch die Entwicklung geeigneter opto-elektronischer Wandler notwendig.

Der erste Durchbruch kam 1970, als der amerikanische Glashersteller Corning Glass Works eine hochwertige Glasfaser mit einer optischen Dämpfung von annähernd 16 dB/km präsentierte. Im gleichen Jahr gelang den Bell Laboratories die Konstruktion eines stabilen Halbleiterlasers, der kohärentes Licht mit einer Wellenlänge von 850 nm erzeugen konnte; bei dieser Wellenlänge erreichte die Glasfaser von Corning Glass ein Dämpfungsminimum. Während der folgenden Jahre wurde die Dämpfung weiter herabgedrückt, und die optoelektronischen Komponenten wurden optimiert. In die Nachrichtenübertragungstechnik fand die Glasfasertechnik sehr schnell Zugang, nicht zuletzt, weil man dort schon mit Ungeduld auf ein neues Übertragungsmedium gewartet hatte.

*1966*

Die ersten Glasfasern bestanden aus einem Glaskern und einem darüberliegenden Glasmantel mit unterschiedlichen Brechungsindex-Werten, hergestellt in einem einzigen Arbeitsgang. Wegen des Indexsprunges (cladding) vom Kern zum Mantel wird diese Glasfaser „Stufenindex-Glasfaser" genannt. Mantel und Kern bestehen aus sehr reinem Quarzglas, das Kernglas ist zur Erhöhung des Brechungsindexes mit Germaniumoxid dotiert. Eine äußere, lichtundurchlässige Lackierung schirmt die Glasfaser vor Fremdlicht ab. Der nächste Entwicklungsschritt war die Gradientenindex-Glasfaser, die aus sehr vielen konzentrischen Schichten (Zylindern) aufgebaut ist; der Brechungsindex nimmt hier

*Professor Fritz Peter Schäfer.*

vom inneren Kern zum äußeren Mantel quasi kontinuierlich ab. Die optische Dämpfung konnte dadurch noch einmal erheblich gesenkt werden.

## LOCOS

Die LOCOS-Technik (Local Oxidation of Silicon), ein Verfahren zur Herstellung von integrierten Schaltungen, wurde von Else Kooi entwickelt und von Philips 1966 auf dem Markt eingeführt. Zwischen den auf einem Chip integrierten Transistoren mußte stets ein bestimmter Abstand eingehalten werden, um das Entstehen parasitärer Transistoren zu verhindern. Bei der Locos-Technik werden die Transistoren auf kleinen Inseln angesiedelt, die von isolierendem Siliziumdioxid (Quarzglas) umschlossen sind. Dadurch können die Transistoren näher beieinanderliegen, ohne störende Nebeneffekte befürchten zu müssen. Die Packungsdichte des Chip läßt sich auf diese Weise beträchtlich erhöhen. Auf dem Silizium wird zuerst eine dünne Schicht aus Siliziumnitrid als Markierung aufgebracht, danach folgt die Oxidation der Markierung. Dabei sinken die dünnen $SiO_2$-Schichten in das Silizium ein, so daß sie als Isolierung wirken. Anschließend werden die Herstellungsschritte durchgeführt, die zur Erzeugung der Transistoren nötig sind. Eine Reihe von CMOS-IC's, hergestellt in LOCOS-Technik, brachte Philips unter der Bezeichnung „LOCMOS" auf den Markt.

## Farbstoff-Laser

Das von den bisher bekannten Laser-Systemen erzeugte Licht hatte abhängig von der Art des Lasers stets die gleiche, unveränderliche Wellenlänge. Es gibt jedoch auch Laser, die sich auf unterschiedliche Wellenlängen einstellen lassen, wie zum Beispiel die Farbstoff-Laser. Das aktive Medium ist hier eine organische chemische Verbindung, gelöst in einer Flüssigkeit. Aus diesem Grund werden solche Laser auch als „Flüssigkeitslaser" bezeichnet. Die Moleküle der Farbstoffe, beispielsweise Rhodamin gelöst in Alkohol, sind verhältnismäßig groß; sie können dadurch so viele Energieniveaus annehmen, daß man schon fast von einem kon-

*Erstes Lasersystem von Schäfer.*

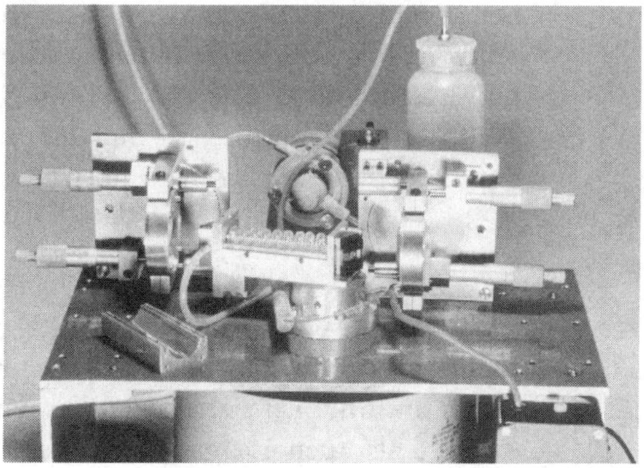

tinuierlichen Spektrum sprechen kann. Die meisten dieser optisch gepumpten Laser lassen sich über einen Teil des sichtbaren Lichtes und des angrenzenden 1966 infraroten Bereiches verschieben. Anwendung finden sie vor allem in der wissenschaftlichen Forschung und in der klinischen Medizin.

Der Farbstoff-Laser wurde 1966 von P. Sorokin am Thomas J. Watson Research Center der IBM in den USA entdeckt, und unabhängig davon entwickelte auch Fritz Peter Schäfer am Max Planck Institut für biophysikalische Chemie in Göttingen einen Farbstoff-Laser. In der wissenschaftlichen Forschung dienen diese Laser zum Beispiel zur Trennung der Isotope von angereichertem Uran und zur Untersuchung atomarer und molekularer Strukturen sowie anderer Eigenschaften der Materie. Mit dem neuen Laser gab es nun vier Laser-Arten: Festkörper-, Gas-, Farbstoff- und Halbleiter-Laser.

## Farbfernsehen

Im Herbst 1967 wurde das öffentliche Fernsehen in der Bundesrepublik Deutschland und in den Niederlanden farbig. Gesendet wird seitdem im PAL-Verfahren, das Walter Bruch bei AEG-Telefunken entwickelte.

## 1967 Keramische Kondensatoren

Seit Anfang der fünfziger Jahre wurde für die Herstellung keramischer Kondensatoren ein Ausgangsmaterial auf der Basis von Bariumtitanat verwendet. Dabei erreichte man durch einen speziellen Sinterprozeß relative Dielektrizitätskonstanten bis zu 3000. Für die transistorisierte Schaltungstechnik wurden keramische Kondensatoren mit kleineren Abmessungen bei niedrigeren Spannungen benötigt. Um 1967 erschienen die ersten gestapelten keramischen Kondensatoren von Siemens; sie bestanden aus dünnen keramischen Folien mit aufgedruckten Metallfilmen. Der nach dem Stapeln, Zusammenpressen und Sintern kompakte, monolithische Kondensatorblock eignete sich auch hervorragend für den Einsatz in Hybridschaltungen.

## Hybridschaltungen

In der elektronischen Schaltungstechnik hielt der Trend zur Miniaturisierung weiter an, und gleichzeitig wurden neue Montageverfahren entwickelt. Sowohl diskrete als auch integrierte aktive Halbleiterbauelemente waren ihrer Natur nach ziemlich klein, und wo immer möglich, wurden ihnen die passiven Komponenten angeglichen. Diese Entwicklung führte zu den Hybridschaltungen, bei denen integrierte und diskrete Komponenten auf einem gemeinsamen Substrat vereint sind. Sowohl in der Dickfilm- als auch in der Dünnfilmtechnik besteht das Substrat aus einem hochwertigen keramischen Material, das möglichst gute elektrische und thermische Eigenschaften aufweisen muß. Bei Hybridschaltungen in Dickfilmtechnik sind Leitungen und Widerstände im Siebdruckverfahren auf das Substrat aufgedruckt. Es werden spezielle Pasten aufgetragen und anschließend einer Wärmebehandlung unterzogen. Aktive Bauelemente, Kondensatoren und solche Widerstände, die sich nicht zur Integration eignen, werden in einem späteren Arbeitsgang auf das Substrat gesetzt. In der Dünnfilmtechnik werden die Leitungen (Nickel) und Widerstände (Nickelchrom) auf das Substrat aufgedampft. Die für Hybridschaltungen verwendeten diskreten Bauelemente sind meistens Sondertypen, die speziell für diesen Zweck entwickelt wurden und oft ohne eigenes Gehäuse hergestellt werden.

Verglichen mit der konventionellen Montagetechnik bieten Hybridschaltungen eine Reihe von Vorteilen. Da die äußeren Abmessungen wesentlich kleiner sind, können zum Beispiel Hochfrequenzschaltungen mit höherer Bandbreite arbeiten, die Schaltungen sind weniger störempfindlich, und wegen der fehlenden, sonst oft als Antennen wirkenden Anschlußdrähte wird auch weniger Störstrahlung erzeugt. Außerdem ist die mechanische Stabilität wesentlich größer, so daß mechanische Schwingungen und Schockeinwirkungen viel seltener zu Fehlfunktionen führen. Die genannten Vorteile müssen allerdings durch deutlich höhere Herstellungskosten erkauft werden; in Heimgeräten sind Hybridschaltungen deshalb nur äußerst selten zu finden. Die Dick- und Dünnfilmtechnik kann als Vorläufer der späteren SMD-Technik (Surface Mounted Device) betrachtet werden.

## Der Silizium-Thermistor

Das Funktionsprinzip des Silizium-Thermistors beruht darauf, daß der spezifische Widerstand von dotiertem Silizium temperaturabhängig ist. Im Bereich –50...+170 °C (der obere Wert wird hauptsächlich von der Dotierung bestimmt) hat das dotierte Silizium einen positiven Temperaturkoeffizienten. Die Entwicklung des Silizium-Thermistors begann Anfang der sechziger Jahre. Basis war ein Siliziumkristall, auf dem der eigentliche Widerstand durch Dotierung einer mäanderförmigen Bahn erzeugt wurde. Die damals hergestellten Thermistoren waren jedoch schlecht reproduzierbar, der Nominalwiderstand und der Temperaturkoeffizient streuten erheblich. Eine Lösung des Problems fand 1967 der Physiker R. Holm im „Spreading Resistance"-Prinzip, das auch beim Punktkontaktverfahren angewendet wird, um den spezifischen Widerstand von Halbleitermaterial zu bestimmen.

## *1968* Industrieroboter

Joe Engleberger, Erfinder des Industrieroboters und Firmengründer von Unimation, der weltweit ersten Roboterfabrik, schloß 1968 einen Lizenzvertrag mit dem japanischen Konzern Kawasaki Heavy Industries. Als Kawasaki im folgenden Jahr den ersten Schweißroboter für den Automobilhersteller Nissan Motor Company baute und kurz darauf der erste Spritzroboter folgte, begann in Japan der Roboter-Boom. Ende 1984 waren in der japanischen Industrie bereits 14250 Industrieroboter „beschäftigt", zur gleichen Zeit waren es 4100 in den USA und 4383 in Westeuropa.

Industrieroboter werden bevorzugt für körperlich schwere, schmutzige, gefährliche und gesundheitsgefährdende Routinearbeiten eingesetzt. Ihre „Intelligenz", ihre Lern- und Anpassungsfähigkeit wurde ständig verbessert und weiterentwikkelt: Schon 1978 waren 86 % der insgesamt gebauten Einheiten sogenannte festprogrammierte Industrieroboter und Manipulatoren. Im Jahr 1995 wurde die Anzahl der intelligenten, mit visuellen und taktilen Sensoren ausgerüsteten Roboter, die selbständig Entscheidungen aufgrund vorgegebener Kriterien treffen können, auf rund 20 % der neu gebauten Industrieroboter geschätzt. Die Nachfrage nach einfachen, unflexiblen Robotern ging trotz der wesentlich niedrigeren Kosten stark zurück.

## Elektretmikrofon

Ende der sechziger Jahre drang das Elektretmikrofon, eine Sonderform des Kondensatormikrofons, in die Audiotechnik vor. Ein Elektret ist ein spezielles künstliches Harz, das in geschmolzenem Zustand einem sehr starken elektrostatischen Feld ausgesetzt wird. Die dabei im Harz entstehenden Dipole bleiben auch dann erhalten, wenn das Harz erstarrt ist und das elektrostatische Feld abgeschaltet wird. Im Elektret ist gewissermaßen eine Kondensatorladung eingeschmolzen. Eine dünne Scheibe aus diesem Material wird auf eine Membran aufgetragen, so daß ein Kondensatormikrofon entsteht. Die hohe Gleichspannung, die beim Kondensatormikrofon in seiner ursprünglichen Form zur Ladungserzeugung diente, wurde damit überflüssig. Ein in die Elektretmikrofonkapsel eingebauter

Feldeffekt-Transistor sorgt für die notwendige Vorverstärkung und paßt gleichzeitig das sehr hochohmige Membransystem an den Mikrofonausgang an. Elektretmikrofone haben gute elektroakustische Eigenschaften und lassen sich preiswert herstellen; sie finden heute in fast allen Bereichen der Audiotechnik Verwendung.

## Computer *1969*

Der Transistor revolutionierte auch die Computertechnik, und die integrierten Schaltungen trugen maßgeblich zur weiteren Miniaturisierung bei. Schon 1969 waren Computersysteme zum überwiegenden Teil mit integrierten digitalen Schaltungen bestückt. Während die äußeren Geräteabmessungen immer kleiner wurden, nahmen die Rechenkapazität und Geschwindigkeit immer weiter zu.

## Die Bildplatte *1970*

AEG-Telefunken und das Tochterunternehmen Teldec präsentierten der internationalen Presse im Juni 1970 eine völlig neue audiovisuelle Wiedergabetechnik. Die Bildplatte war eine dünne, runde PVC-Folie mit einem Durchmesser von 21 cm, auf der audiovisuelle Signale ähnlich wie bei der Schallplatte in Form von mechanisch gepreßten Rillen aufgezeichnet waren. Die Entwickler mußten die obere Grenzfrequenz, die bei der Schallplatte 20 kHz betrug, bei der Bildplatte auf 3 MHz erweitern, um eine akzeptable Bild- und Tonqualität zu erreichen. Dazu waren sowohl die Drehgeschwindigkeit als auch die Rillenbreite und der Rillenabstand drastisch verändert worden. Die Rillendichte betrug bei der Bildplatte 140 Rillen pro Millimeter, die Platte drehte mit einer Geschwindigkeit von 1500 U/min. Die Spieldauer war entsprechend kurz; eine 21-cm-Platte konnte nur ungefähr 5 Minuten Bild und Ton wiedergeben. Das Aufzeichnungsverfahren arbeitete mit Tiefenschrift (Edisonschrift), so daß die Rillenbreite konstant blieb. Für die Aufzeichnung des Videosignals wendete man Frequenzmodulation an, damit die niederfrequenten Signalanteile nicht ver-

*VLP-Spieler von Philips.*

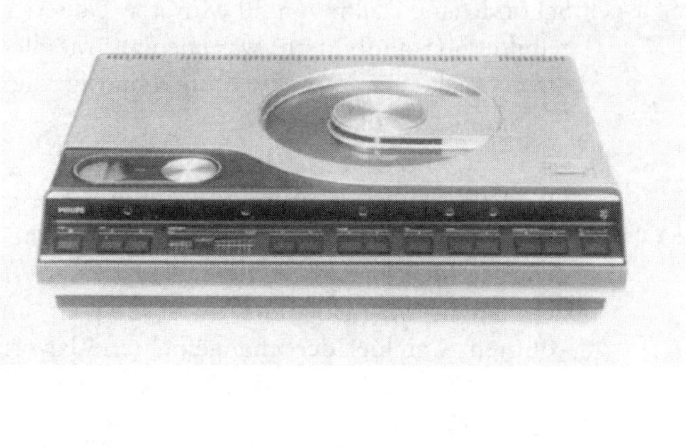

lorengingen. Wegen der kurzen Spieldauer war auch ein Plattenwechsler konstruiert worden, der innerhalb kürzester Zeit die Platten tauschen konnte.

Abgetastet wurde die Bildplatte auf konventionelle Weise mit einer Diamantnadel. Die mechanischen Kräfte wurden auf ein piezo-elektrisches Wandlersystem übertragen und dort in elektrische Signale zurückgewandelt. Ein hochpräziser mechanischer Antrieb sorgte für die Bewegung des Abtastsystems, da die Führung durch die äußerst schmale Rille allein nicht ausreichte. Die wiedergegebene Bildsequenz konnte auch angehalten werden, so daß die Betrachtung von Standbildern möglich war. Auf der Berliner Funkausstellung im Sommer 1971 zeigte AEG-Telefunken zum ersten Mal ein farbtaugliches Bildplattensystem.

## Video-Langspielplatte

Ein revolutionäres audiovisuelles Wiedergabesystem feierte Weltpremiere, als Philips am 5. September 1970 die Video-Langspielplatte (VLP = Video Long Play) vorstellte. Informationsträger war bei diesem System, dessen Entwicklung bis in die sechziger Jahre zurückreichte, eine silbrig glänzende, runde Scheibe. In der aus Kunststoff bestehenden Scheibe war eine Metallfolie eingebettet, die die Informationen in Form von mikroskopisch kleinen Vertiefungen (Pits) enthielt. Auf die spiralförmig angeordneten Vertiefungen war ein scharf gebündelter Laserstrahl ausgerichtet. Das dabei reflektierte Licht wurde von einem opto-elektronischen System in das ursprüngliche Videosignal zurückgewandelt. Alle Vertiefungen wiesen die gleiche Breite und Tiefe auf; die Informationen steckten in ihrer unterschiedlichen Länge und im gegenseitigen Abstand. Mechanische Verschleißerscheinungen, wie sie bei der Bildplatte von AEG-Telefunken auftreten konnten, waren durch die optische Abtastung prinzipiell ausgeschlossen.

Die Kapazität der ersten VLP's betrug ca. 45000 Bilder, die bei 25 Bildern pro Sekunde einen Film von 30 Minuten Dauer ergaben. Die Betrachtung von Einzelbildern (Standbildern) war ebenfalls möglich. Später erschienen auch Platten, deren Spieldauer etwa eine Stunde betrug; die Standbildfunktion war bei diesen Platten nicht möglich.

Das VLP-System kam im Dezember 1978 in den USA auf den Markt. Der Erfolg war im professionellen und institutionellen Bereich zufriedenstellend, auf dem Markt der Heimgeräte fand es weniger Akzeptanz. Der Heim-Videorecorder, dessen Magnetbänder selbst bespielt und auch wieder gelöscht werden konnten, war hier der unangefochtene Favorit. Auf dem VLP-System basierte auch das 1978 für professionelle Anwendungen herausgebrachte Archivierungssystem „Megadoc".

## Der Mikrowellen-Herd

Mikrowellen-Herde oder -Öfen, meistens einfach nur „Mikrowelle" genannt, waren Anfang der siebziger Jahre ausschließlich für den gewerblichen Einsatz in Restaurantküchen und Cafeterias konzipiert. Heute ist dieses Gerät auch für Millionen privater Haushalte unentbehrlich geworden. Die Arbeitsweise eines Mikrowellen-Herdes ist im Prinzip recht einfach. Ein Mikrowellen-Oszillator erzeugt elektromagnetische Wellen, deren Frequenz so gewählt ist, daß die Wassermoleküle der Speisen oder Getränke im Herdraum in Schwingungen geraten. Durch die Molekülreibung entsteht Wärme, die die Speisen erhitzt und gart. Der Mikrowellen-Herd hat den Vorteil, daß das gesamte Volumen gleichzeitig von innen heraus erwärmt wird. Die Wärme- und Garzeiten sind deshalb kurz, und es geht nur wenig Energie durch Abstrahlung an die Umgebung verloren. Da Wassermoleküle bei einer Frequenz von 2,45 GHz optimal schwingen, ist im Mikrowellen-Herd ein Magnetron eingebaut, das elektromagnetische Wellen mit dieser Frequenz erzeugt. Die Mikrowellentechnik, ein Bereich der Elektronik mit vielfältigen Anwendungsmöglichkeiten, steht hier im Dienst von Küche und Haushalt.

*1970*

## Ionenimplantation

Die Ionenimplantation ist ein Verfahren, bei dem Ionen eines bestimmten Stoffes mit hoher Geschwindigkeit in ein Halbleitermaterial hineingeschossen werden, so daß dort nur eine äußerst dünne Zone dotiert wird. Das Verfahren wurde schon 1952 von R. S. Ohl (Bell Laboratories) beschrieben, und William Shockley erhielt dafür 1954 ein Patent. Angewendet wird das Verfahren jedoch erst seit 1970. Die Deformationen, die bei der Ionenimplantation am Kristallgitter entstehen, werden durch Wärmebehandlung („annealing") beseitigt; dazu wird heute die Lasertechnik eingesetzt.

## Flüssigkristalle

Ebenfalls 1970 entdeckten die Chemiker M. Schadt und W. Helfrich, daß bestimmte flüssige Stoffe unter dem Einfluß elektrischer Felder Kristalle bilden, die auf hindurchtretendes Licht polarisierende Wirkung haben. Zwei Jahre

*Liquid Crystal Displays (LCD's), hier als Hochhauspanorama drapiert, werden in zahlreichen Bauformen hergestellt.*

später gelang dem schweizer Chemiekonzern Hoffman-La Roche die synthetische Herstellung von solchen Flüssigkeiten. Die Entwicklung der ersten Displays für die Elektronik dauerte nicht lange, so daß schon bald Digitaluhren mit Flüssigkristallanzeigen auf dem Markt erschienen. Die Flüssigkristallanzeige (Liquid Crystal Display = LCD) konnte sich schnell in allen Bereichen der Elektronik durchsetzen, denn sie hat im Vergleich zu anderen Displays eine Reihe wichtiger Vorteile.

Die Flüssigkeiten in den LCD's sind meistens organische Verbindungen, die aus besonders langen Molekülketten bestehen. LCD's gehören zu den elektro-optischen Bauelementen; sie unterscheiden sich prinzipiell von den opto-elektronischen Baulementen wie zum Beispiel den lichtemittierenden Dioden (LED's) und den Fototransistoren. Während hier der Elektronenstrom und das Licht in Wechselwirkung stehen, ändern elektro-optische Komponenten unter dem Einfluß elektrischer Felder ihre optischen Eigenschaften. Diese Erscheinung wurde schon 1875 von dem schottischen Physiker John Kerr bei verschiedenen Flüssigkeiten beobachtet. Für den Anwender liegt der wichtigste Unterschied zwischen LED's und LCD's darin, daß LED's selbständig Licht erzeugen, während LCD's auf das Umgebungslicht angewiesen sind.

*Bei der ersten Videokassette von Philips lagen die Spulen übereinander.*

Die Flüssigkeit ist bei einem LCD zwischen zwei dünnen Glasplatten eingeschlossen, auf deren Innenseiten Indiumzinnoxid im Muster der anzuzeigenden Displaysegmente aufgedampft ist. Die aufgedampfte Schicht ist so dünn (ca. 10 µm), daß sie bei Durchsicht transparent erscheint. Eine besondere Oberflächenbehandlung der Schicht bewirkt, daß sich die unmittelbar angrenzenden Flüssigkeitsmoleküle in einer bestimmten Richtung orientieren. Die übrigen Moleküle richten sich infolge der wechselseitigen Molekülkräfte in gleicher Weise aus. Eine angelegte Spannung erzeugt Raumladungen, die die Orientierung der Moleküle verändert. Dadurch ändern sich auch ihre optischen Eigenschaften, so daß das Display an der betroffenen Stelle undurchsichtig wird. Da bei der Erzeugung der elektrischen Felder nur sehr geringe Ströme fließen, ist der Leistungsbedarf von LCD's minimal.

## Videokassetten-Recorder (VCR)

Schon im April 1969 hatte Philips als erster Hersteller den Prototypen eines Schwarz-Weiß-Videorecorders vorgestellt. Das für den Heimgebrauch konzipierte Gerät arbeitete mit einem Kassettensystem, hatte eine Aufnahme- bzw. Wiedergabedauer von einer Stunde und war sehr leicht zu bedienen. Im Videorecorder war eine 24-Stunden-Schaltuhr eingebaut, die das Gerät zur gewünschten Zeit selbständig einschaltete. Über ein eigenes Empfangsteil konnte der Recorder eine Fernsehsendung aufzeichnen, während über den Bildschirm des Fernsehgerätes ein anderes Programm lief. Die ersten Muster eines farbtauglichen Videorecorders waren schon ein Jahr später fertiggestellt. *1970*

In seiner Bedienung war der VCR-Recorder mit den zu dieser Zeit schon weit verbreiteten Audio-Kassettenrecordern vergleichbar. Die verschiedenen Funktionen wie Aufnahme, Wiedergabe, Stop, schneller Vor- und Rücklauf wurden über Drucktasten gesteuert. Das Gerät arbeitete nach dem bewährten Schrägspurverfahren, die Kopftrommel, Durchmesser 10,5 cm, trug zwei Köpfe. Das 1,25 cm breite Band umschlang die Kopftrommel in einem Winkel von 180°, so daß die Videospurlänge ungefähr 165 mm betrug. Die Breite der Videospur war auf 130 µm, der gegenseitige Spurabstand auf 57 µm gebracht worden. Die absolute Bandgeschwindigkeit betrug 14,29 cm/s, die Abtastgeschwindigkeit lag bei 8 m/s. Für den Ton standen zwei Spuren mit einer Breite von 0,7 mm zur Verfügung, so daß das Gerät stereofähig war.

## Der GTO

Der Gate Turn-Off Thyristor (GTO) ist ein Halbleiterbauelement, das bestimmte Eigenschaften des Thyristors und des Leistungstransistors miteinander verbindet. Ebenso wie ein Thyristor hat der GTO eine hohe Sperrspannung, und er kann hohe Ströme schalten. Der Sperrzustand läßt sich jedoch durch einen negativen Impuls am Gate wiederherstellen, was bei einem im Leitzustand befindlichen Thyristor nicht möglich ist.

1970

GTO's sind Vierschicht-Halbleiter mit pnpn-Struktur und drei äußeren Anschlüssen; ihre Verwandtschaft mit dem Thyristor ist deshalb unverkennbar. Um 1970 entwickelte General Electric einen GTO für hohe Leistungen, nachdem dieses Unternehmen schon 1957 einen Leistungsthyristor als Ersatz für gesteuerte Quecksilberdampfgleichrichter auf den Markt gebracht hatte. Am GTO wird deutlich, daß sich die Fortschritte der Halbleitertechnik nicht nur auf die Kommunikations- und Rechnertechnik, sondern auch auf die Leistungselektronik auswirkten.

## Halbleiter-Datenspeicher

Die integrierten digitalen Schaltungen, die in den sechziger Jahren auf dem Markt waren, enthielten nur sehr einfache Logikfunktionen. Die Technologien schritten jedoch schnell voran, und dank der Fotolithografie und anderer neuer Verfahren konnte man immer mehr Funktionen auf einem einzigen Chip unterbringen. Die Halbleiterhersteller untersuchten intensiv, ob eine integrierte Schaltung gebaut werden könnte, die den bis dahin in Computersystemen als Arbeitsspeicher eingesetzten Ringkernspeicher ganz oder teilweise ersetzt. Ein schon lange bekannter elementarer Datenspeicher war das Flipflop, eine Schaltung, die zwei stabile Zustände annehmen und dadurch die beiden logischen Zustände (0 oder 1) eines Bit speichern konnte. IBM stellte schon 1966 den ersten integrierten Halbleiterspeicher auf dieser Basis her. Der Speicher war ein bipolares 16-Bit-Flipflop; er fand Verwendung im IBM-System 360/95, einem für die NASA entwickelten Computersystem. Ab 1968 baute IBM auch in die Computer der Baureihe 360/85 Halbleiterspeicher ein. Diese schnellen bipolaren 64-Bit-Flipflop-Speicher bestanden aus 664 auf einem Chip integrierten Komponenten.

*Chip-Layout eines 64-Kbit-SRAM.*

Flipflop-Speicher waren zwar zuverlässig und schnell, sie hatten jedoch den Nachteil, daß zum Speichern eines einzigen Bit vier Transistoren benötigt wurden. Dazu kamen noch zwei weitere Transistoren zum Anschalten des Flipflop an die Schreib- und Leseleitungen des Systems. Die Anzahl von

sechs Transistorfunktionen pro Bit war Ende der sechziger Jahre das größte Hindernis auf dem Weg zur preiswerten Massenproduktion von hochintegrierten Halbleiterspeichern. Den Anstoß zur Problemlösung gab schließlich eine Erfindung aus dem Jahr 1966. Eine Gruppe von Wissenschaftlern des Thomas J. Watson Research Center (Forschungszentrum der IBM) untersuchte damals die Möglichkeiten von magnetischen Dünnfilmspeichern. Bei einer internen Präsentation war auch Robert Dennard anwesend; er gehörte einer anderen Forschergruppe an, die den Einsatz von Feldeffekt-Transistoren in Halbleiterspeichern untersuchte. Dennard mußte zur Kenntnis nehmen, daß seine Kollegen nur ein winziges Partikel aus magnetischem Werkstoff und zwei in dessen Nähe befindliche metallische Leiter brauchten, um ein Bit zu speichern. Vergli- *1970*
chen mit seiner komplexen Transistorzelle war dies die wesentlich einfachere Lösung. Aus dem Fehlschlag wurde noch am gleichen Abend eine geniale Idee geboren: Dennard kam zu dem Schluß, daß es auch möglich sein müßte, ein Bit mit nur einem Transistor und einem kleinen Kondensator zu speichern. Nach einigen Monaten experimenteller Forschung war ein neuer Meilenstein in der Geschichte der Elektronik erreicht: das DRAM wurde aus der Taufe gehoben.

Die Buchstaben „DRAM" stehen für Dynamic Random Access Memory, was so viel wie „Dynamischer Speicher mit wahlfreiem Zugriff" bedeutet. In einem solchen Speicher sind die Zellen in Reihen und Spalten angeordnet, und über eine Schreib- und Leselogik kann jede Zelle, ebenso wie beim Flipflop-Speicher, unmittelbar beschrieben oder gelesen werden. Die Information wird im DRAM jedoch nicht vom Zustand einer Schaltung repräsentiert, sondern sie ist dort als Ladung eines Kondensators vorhanden. Da sich der Kondensator infolge der unvermeidlichen Leckströme innerhalb endlicher Zeit selbst entlädt, muß die Ladung in regelmäßigen Zyklen „aufgefrischt" werden. Während der Auffrischung ist das Lesen oder Schreiben der Speicherzelle kurzzeitig nicht möglich. Dieses dynamische Verhalten bedeutet zwar einen Nachteil gegenüber der statischen Flipflop-Zelle, es wiegt ihn jedoch durch eine wesentlich höhere Speicherkapazität bei gleicher Chipgröße wieder auf. Bezieht man sämtliche Hilfsschaltungen in die Rechnung ein, so kommt ein DRAM mit einem Viertel der Transistorfunktionen aus, die ein statisches Flipflop-RAM (SRAM) bei gleicher Speicherkapazität benötigt.

Außer IBM zählt auch Intel zu den Speicher-IC-Herstellern der ersten Stunde. Obwohl Intel seinen Schwerpunkt auf die MOS-Technologie gelegt hatte, brachte dieses Unternehmen im April 1969 als erstes Produkt ein 64-Bit-SRAM heraus. Diesem IC mit der Typenbezeichnung 3101, das in bipolarer Schottky-Technik aufgebaut war, folgte drei Monate später ein 256-Bit-SRAM in

MOS-Technik, Typenbezeichnung 1101. Beide Speicher-IC's waren für Intel kein wirtschaftlicher Erfolg. Der Durchbruch gelang erst im Oktober 1970 mit dem 1103, dem ersten MOS-DRAM. Doch trotz der damals sehr hohen Speicherkapazität von 1 KBit (1024 Bit) konnte Intel am Markt nur ein Drittel des Preises erzielen, den sich das Unternehmen ursprünglich erhofft hatte. Die preiswerteren Ringkernspeicher behaupteten sich noch eine ganze Weile, zumal über die Zuverlässigkeit der neuen IC's noch wenig bekannt war. Erst langsam setzte sich bei den Schaltungsentwicklern die Erkenntnis durch, daß der 1103 den Ringkernspeichern in vielem deutlich überlegen war, zum Beispiel was die Größe, Masse, und Geschwindigkeit betraf. Der 1103 entschädigte Intel schließlich doch für den wirtschaftlichen Mißerfolg seiner Vorgänger. Eineinhalb Jahre nach der Einführung des 1103 war dieses MOS-DRAM das meistverkaufte IC der Welt. Als 1975 das erste 4-KBit-DRAM in Produktion ging, war der Ringkernspeicher längst von den Halbleiterspeichern verdrängt.

## Nichtflüchtige Speicher

DRAM's und SRAM's gehören zu den flüchtigen Speichern: Sobald die Betriebsspannung abgeschaltet wird, gehen die gespeicherten Informationen verloren. Deshalb erschienen gleichzeitig mit diesen Speicher-IC-Typen die nichtflüchtigen, maskenprogrammierten ROM's (ROM = Read Only Memory). In
1970 ein solches IC werden die vom Auftraggeber vorgegebenen Informationen während des Herstellungsprozesses „eingebrannt"; anschließend ist das ROM nur noch lesbar. Auf dem Chip befindet sich eine Matrix aus zueinander orthogonalen Daten- und Leseleitungen. Die Bit-Information (0 oder 1) hängt davon ab, ob an dem zugeordneten Matrix-Kreuzungspunkt eine elektrische Verbindung zwischen der waagerechten und der senkrechten Leitung besteht. Dies wird während der Herstellung fotolithografisch durch eine nach den Wünschen des Auftraggebers angefertigte Maske festgelegt. Wegen der aufwendigen Vorarbeiten ist die Produktion von ROM-IC's nur bei großen Stückzahlen wirtschaftlich.

Eine flexiblere Variante ist das PROM (Programmable Read Only Memory), das vom Anwender selbst programmiert werden kann. Im PROM befindet sich eine Matrix aus Nickelchrom-Leitungen, deren Kreuzungspunkte die Bits repräsentieren. Die Informationen gelangen in das PROM, indem abhängig vom gewünschten Bitmuster bestimmte Verbindungen mit Hilfe eines speziellen Programmiergerätes elektrisch zerstört werden. Ebenso wie beim ROM sind auch beim PROM die einmal „eingebrannten" Informationen unveränderlich.

Der nächste Schritt war das EPROM, ein löschbares und elektrisch programmierbares PROM. Gelöscht wird ein EPROM durch Bestrahlen des Chip mit ultraviolettem Licht für die Dauer von ca. 20 Minuten. Zu diesem Zweck ist im IC-Gehäuse über dem Chip ein Quarzglas-Fenster eingelassen. Nach der UV-Bestrahlung sind sämtliche Informationen gelöscht, das IC kann mit einem Programmiergerät neu programmiert werden. Schon bald nach dem EPROM erschien das EEPROM (Electrically Erasable PROM), ein nichtflüchtiger, elektrisch überschreibbarer Speicher. Der Inhalt eines EEPROM kann geändert werden, ohne das IC aus der Schaltung zu nehmen, in der es als Speicher arbeitet. Alle nichtflüchtigen Speicher-IC-Typen haben ihre spezifischen Eigenschaften, so daß sie auch heute noch parallel zueinander hergestellt und verwendet werden.

# Vom Mikroprozessor zum digitalen Fernsehen

6

*1971 bis 1998*

**Die Erfindung des Mikroprozessors revolutionierte die Welt der Elektronik. Intelligente Systeme drangen in alle Bereiche der menschlichen Sphäre vor. Der elektronische Taschenrechner wurde zum Gebrauchsgegenstand, der Personal Computer fand seinen Platz auf den Büroschreibtischen.**

Mit der Echografie, der Röntgen- und Kernspin-Tomografie wurden der medizinischen Diagnostik neue Möglichkeiten an die Hand gegeben. Die Glasfaser verbuchte immer neue Rekorde, wenn es um überbrückbare Entfernungen und Übertragungsgeschwindigkeiten ging. Schnurlose Telefone wurden zum Verkaufsschlager, und der zellulare Mobilfunk verzeichnete ungeahnte Zuwachsraten. Intelligente Industrieroboter nahmen ihre Arbeit in den Werkhallen auf. Die mechanische Schallplatte wurde in kürzester Zeit von der digitalen Compact Disc (CD) abgelöst, und die TV-Technik stand im Zeichen des Videorecorders, der CCD-Kamera und der digitalen Übertragungsverfahren. Neuerung in der Geräteproduktion war die SMD-Technik, während die ASIC's und die programmierbaren Logik-Schaltungen die Schaltungsentwicklung vereinfachten. Rund 30 Jahre nach dem ersten 16-Bit-Flipflop-Speicher von IBM ist die Kapazität von integrierten Halbleiterspeichern auf das Millionenfache angestiegen.

*Marcian E. (Ted) Hoff (geb. 1937).*

## Der Mikroprozessor

*1971*

Im Sommer 1969 fragte der damalige japanische Konzern Busicom bei Intel an, ob man dort einen Chipsatz für elektronische Taschenrechner entwickeln und bauen könnte. Busicom hatte die Spezifikationen des Chipsatzes, der aus fünf IC's bestehen sollte, präzise festgeschrieben und Vorschläge für die Realisierung erarbeitet. Nach der Durchsicht der vorgelegten Unterlagen machte sich Marcian E. (Ted) Hoff daran, den Entwurf von Busicom zu modifizieren

***Chip-Layout des 68000 von Motorola.***

und zu korrigieren, um die Herstellungskosten zu senken. Nach Hoff's Überzeugung mußte es möglich sein, sämtliche Funktionen der fünf Chips auf einem einzigen Chip zu integrieren. Die Japaner waren von diesem Übereifer, wie sie meinten, zunächst nicht begeistert, doch schließlich gaben sie Intel grünes Licht. Die Entwicklung des neuen Taschenrechner-Chip wurde Ted Hoff, Frederico Faggin und Stan Mazor übertragen. Neun Monate später hatte der erste 4-Bit-Mikroprozessor Premiere; er erfüllte alle von Busicom geforderten Spezifikationen. Auf dem Chip war eine 4-Bit-Recheneinheit mit Indexregister, Adreßstapel und Steuerlogik integriert; diese Funktionen wurden von insgesamt 2300 Transistoren realisiert.

Der Vertrag mit Busicom enthielt eine Klausel, nach der Busicom die alleinigen Rechte an dem Chip hatte. Als Busicom einen Preisnachlaß mit Intel aushandeln wollte, weil inzwischen der Absatz an Taschenrechnern rückläufig war, kaufte Intel die Rechte zurück. Der Chip wurde 1972 von Intel unter der Typenbezeichnung 4004 auf den Markt gebracht; er war der erste 4-Bit-Mikroprozessor. Inzwischen hatte ein zweites Entwicklungsteam von Intel an einem anderen Projekt gearbeitet, aus dem der erste 8-Bit-Mikroprozessor, der 8008 hervorging. Auch an diesem Projekt war Tedd Hoff maßgeblich beteiligt; weitere Mitarbeiter waren Stan Mazor und Hal Feeney. Faggin hatte inzwischen Intel verlassen, um zusammen mit anderen Partnern die Zilog Corporation zu gründen. Bei Intel folgte auf den 8008 der weiterentwickelte 8080; er kam 1974 auf den Markt.

Intels Konkurrenten waren während dieser Zeit nicht untätig geblieben. Die marktbeherrschende Stellung von Intel dauerte nur bis 1973, denn in diesem und dem darauffolgenden Jahr zogen andere Hersteller wie Texas Instruments,

Fairchild, National Semiconductor, Signetics und Toshiba nach, und RCA bot den ersten Mikroprozessor in CMOS-Technik unter der Typenbezeichnung 1804 an. Ende 1974 erschienen auch der 6800 von Motorola und der Z80 von Zilog. Unter den Konkurrenten begann das Gerangel um Marktanteile, und einige Hersteller verschwanden unter dem Konkurrenzdruck wieder von der Bildfläche. Intel arbeitete schon 1975 an einem 32-Bit-Mikroprozessor, dem iAPX432, doch für dieses Produkt war der Markt noch lange nicht aufnahmefähig. Ganz anders sah die Situation für den ersten 16-Bit-Mikroprozessor aus, den 8086, der 1978 erschien. Motorola brachte im folgenden Jahr die Prozessorfamilie 68000 heraus, die dem 8086 das Feld streitig machen sollte. Die Architektur dieser 16- und 32-Bit-Mikroprozessoren von Motorola wurde zum Industriestandard, nicht zuletzt, weil viele andere Hersteller Lizenzen erwarben.

Ein Mikrocontroller ist ein Mikroprozessor, der durch periphere, auf dem gleichen Chip integrierte Komponenten erweitert ist. Intel's erster Mikrocontroller war der 8051, ein Controller, dessen Architektur auf möglichst universelle Verwendungsfähigkeit zugeschnitten war. Dank dieser Eigenschaft wurde der 8051 wenig später zum Industriestandard für 8-Bit-Mikrocontroller-Anwendungen. Für viele Lizenznehmer war der 8051 die Basis für eigene Entwicklungen und Erweiterungen. Im Jahr 1991 hatte die Halbleiterindustrie weltweit schon mehr als 100 Millionen Exemplare des 8051 und der mit ihm verwandten Typen abgesetzt. Einen 32-Bit-Mikroprozessor mit neuer Architektur brachte Intel erst *1971*
Anfang der neunziger Jahre unter dem Namen „Pentium“ auf den Markt.

Am Rand sei noch erwähnt, daß Gilbert Hyatt, von Beruf Erfinder, bereits 1969 einen Mikroprozessor zum Patent angemeldet hatte, der allerdings nur auf dem Papier existierte. Einen funktionsfähigen Prototypen konnte Hyatt nicht vorweisen, da er keine Verbindungen zu Halbleiterherstellern aufnehmen wollte und auch juristische Hilfe zur Sicherung seiner Rechte ablehnte. Nach langem, verworrenem Ringen, das insgesamt 20 Jahre dauerte, wurde Hyatt schließlich das Patent erteilt. Der Inhalt der Patentschrift und auch das Ziel, das mit der Patenterteilung verfolgt wurde, sind bis heute nicht ganz schlüssig. Mikroprozessoren und -controller werden seit mehr als 20 Jahren weltweit von zahlreichen Herstellern produziert; die Stückzahlen beliefen sich bis 1995 auf 212 Millionen Mikroprozessoren und 3,1 Milliarden Mikrocontroller. Vor dem Hintergrund dieser rasanten Entwicklung konnte nicht geklärt werden, ob noch nachträglich Patentrechte abgegolten werden mußten und wer sie gegebenenfalls bezahlen sollte. Die Folge war, daß das an Hyatt vergebene Patent einige Jahre später wieder zurückgezogen wurde.

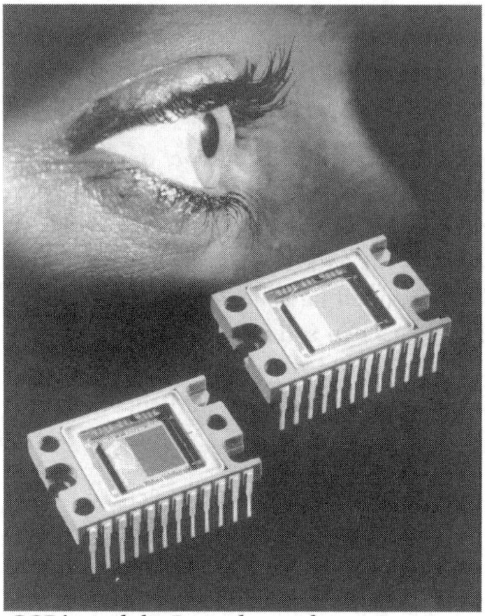

*CCD's sind die Basis der modernen Bildwandler-Chips.*

## Charge Coupled Devices

W. S. Boyle und G. E. Smith, Mitarbeiter der Bell Laboratories, erfanden 1970 das Prinzip der Ladungskopplung (Charge Coupling). Diesem Prinzip folgend kann man eine Kette eng beieinanderliegender MOS-Kondensatoren auf einem Chip integrieren, die zusammen mit Eingangs-, Transport- und Ausgangshilfsschaltungen ein Analogsignal-Schieberegister bilden. Alle Kondensatoren liegen einseitig an Masse, die anderen Kondensatoranschlüsse sind über Schalter miteinander verbunden. Eine an den Eingang gelegte positive Spannung erzeugt im ersten Kondensator eine bestimmte Ladungsmenge. Diese Ladung wird an den zweiten Kondensator, von dort zum dritten Kondensator usw. bis zum Kettenende weitergegeben. Wegen ihrer geringen Verlustleistungen sind CCD-Strukturen für hohe Integrationsdichten (VLSI) geeignet, und ferner sind sie kompatibel zur MOS-Technik. Die CCD-Technik hat viele Anwendungen gefunden, die bekannteste dürfte heute der CCD-Bildsensor sein.

## Der pyro-elektrische Effekt

Schon in den sechziger Jahren bekam die Infrarot-Strahlung für die Elektronik wachsende Bedeutung, weil sie interessante technische Möglichkeiten bietet. Die Infrarot-Strahlung wird abhängig von der Wellenlänge in drei Bereiche unterteilt:

1971

- nahes Infrarot, Wellenlänge 780...1400 nm,
- mittleres Infrarot, Wellenlänge 1,4...3 µm,
- fernes Infrarot, Wellenlänge 3 µm...1 mm.

Als Sensoren für nahes Infrarot können Varianten der gebräuchlichen Halbleiterbauelemente (Fotodioden, Fototransistoren) eingesetzt werden, Sensoren für mittleres und fernes Infrarot arbeiten dagegen nach dem pyro-elektrischen Prinzip. Ein solcher Sensor besteht normalerweise aus einem keramischen Material,

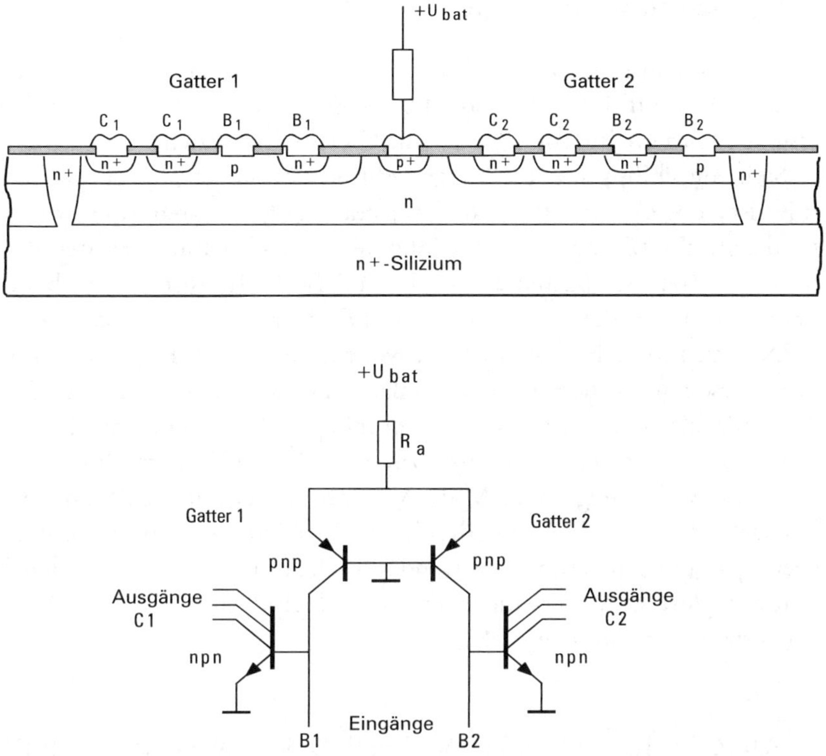


***Aufbau und Grundschaltung der (bipolaren) Integrated Injection Logic.***

dessen Kristall-Dipole im Verlauf des Herstellungsprozesses einheitlich ausgerichtet werden. Dadurch entsteht eine Oberflächenladung, die eine elektrische Spannung zur Folge hat. Eine Temperaturänderung durch Infrarot-Strahlung ändert die Richtung der Dipole und damit auch die elektrische Spannung an der Oberfläche. Die Reaktionszeit des Sensors hängt im wesentlichen von der Dicke der Sensorschicht ab, die zum Beispiel aus Bleititanatzirkonat bestehen kann. J. G. Bergman entdeckte 1971, daß sich der Kunststoff Polyvinyliden ebenfalls zur Infrarot-Detektion eignet. Aus diesem Kunststoff konnten Folien mit einer Dicke von weniger als 10 µm hergestellt werden, so daß deutlich kürzere Reaktionszeiten erreicht wurden (J. G. Bergman, J. H. Mac Fee und S. R. Crane: Pyro-electricity and optical second harmonic generation in polyvenylidene fluoride films, Physics Letters 18/1971). Ein wichtiges Einsatzgebiet von pyro-elektrischen Infrarot-Sensoren ist die Sicherheitstechnik, und ferner arbeiten auch Infrarot-Nachtsichtgeräte und -Kameras nach diesem Prinzip.

## *1972* Integrated Injection Logic

S. K. Wiedmann und H. H. Berger, beide Mitarbeiter von IBM Deutschland, stellten 1972 auf der International Solid-State Circuits Conference (ISSCC) als erste die Current Injection Logic vor. Gleichzeitig berichteten C. M. Hart und A. Slob von Philips über die Integrated Injection Logic, abgekürzt $I^2L$. „Current Injection Logic" und „Integrated Injection Logic" waren zwei Bezeichnungen für die gleiche Technologie. Eine integrierte I2L-Schaltung arbeitet mit komplementären Transistorpaaren aus PNP- und NPN-Transistoren, wobei die PNP-Transistoren für die Einstellung der NPN-Transistoren zuständig sind. Die NPN-Transistoren besitzen mehrere Kollektoren, die als Ein- bzw. Ausgänge dienen. Diese kompakte Form der bipolaren Logik schien in erster Linie geeignet, den einfachen MOS-Transistor zu verdrängen. Außerdem war die geringe Verlustleistung eine gute Voraussetzung für eine höhere Integrationsdichte (Medium Scale Integration, MSI). Von der herkömmlichen bipolaren Technik unterscheidet sich $I^2L$ auch dadurch, daß hier Stromsteuerung anstelle der üblichen Spannungssteuerung angewendet wird. In den folgenden Jahren fand eine wahre Explosion der verschiedenen MOS-Techniken statt; die wichtigsten sind nebenstehend zusammengefaßt.

- **DMOS** beruht auf der Planar-Technik, mit doppelter N- und P-Diffusion der Source,
- **DiMOS** (Double implanted MOS), eine doppelte Diffusionstechnik mit Hilfe von Ionenimplantation,
- **SIPMOS** (Siemens Power MOS), eine NMOS-Gate-Technik für integrierte Leistungstransistoren mit vertikaler Struktur und kurzer Kanallänge,
- **VMOS**, eine NMOS-Technik mit V-förmiger Struktur (Siliconix),
- **MNOS** (Metal Nitride Oxide Semiconductor), angewendet für flüchtige Speicher,
- **SIMOS** (Stacked-gate Injection MOS), im wesentlichen gleiche Eigenschaften wie MNOS,
- **HEXFET**, Variante von DMOS (International Rectifier),
- **TMOS**, Variante von DMOS (Motorola),
- **LOCMOS** (Philips), CMOS-Variante, in LOCOS-Technik hergestellt.

## Supraleitung *1973*

Im Jahr 1973 wurde eine Legierung aus Niobium und Germanium ($Nb_3Ge$) gefunden, die eine kritische Temperatur von 23,2 K aufweist. Diese Temperatur wurde damals von keinem anderen Stoff überboten.

## Computer-Tomografie

Die Röntgendiagnostik nutzt die Tatsache, daß die Strahlungsabsorption der verschiedenen im Körper vorhandenen Gewebearten unterschiedlich groß ist. Die klassischen Röntgen-Aufnahmeverfahren liefern jedoch mehr oder weniger direkte fotografische Abbildungen des von den Röntgenstrahlen erzeugten Schattenbildes. Das zweidimensionale Röntgenbild ist eine Projektion von dreidimensionalen Objekten (Körperorgane, Knochen usw.), und übereinanderliegende Objekte werden als Summe ihrer Schatten abgebildet. Die Tomografie beseitigt diesen Nachteil, indem sie ein genau definierbares Schnittbild erzeugt, das quer durch den Patienten verläuft. Der Begriff „Tomografie" ist von den griechischen Wörtern „τεμνω" = schneiden und „γραφω" = schreiben abgeleitet.

Das Prinzip der Tomografie wurde in den Jahren 1962/63 von dem südafrikanischen Physiker Allan M. Cormack erarbeitet; er gab auch an, wie das Schnittbild aus zweidimensionalen Aufnahmen mit unterschiedlichen Aufnahmewinkeln berechnet werden kann. Später stellte sich heraus, daß eine wissenschaftliche Lösung des Problems schon 1917 von dem österreichischen Wissenschaftler J. Radon angegeben worden war (Radon-Transformation). Unabhängig von Cormack entwickelte der britische Ingenieur Sir Godfrey Hounsfield zusammen mit seinen Mitarbeitern J. Ambrose und J. Perry im Jahr 1973 den ersten Tomografen in England. Für die Berechnungen wurde hier zum

*„Tomoscan" von Philips zur Gewebeuntersuchung.*

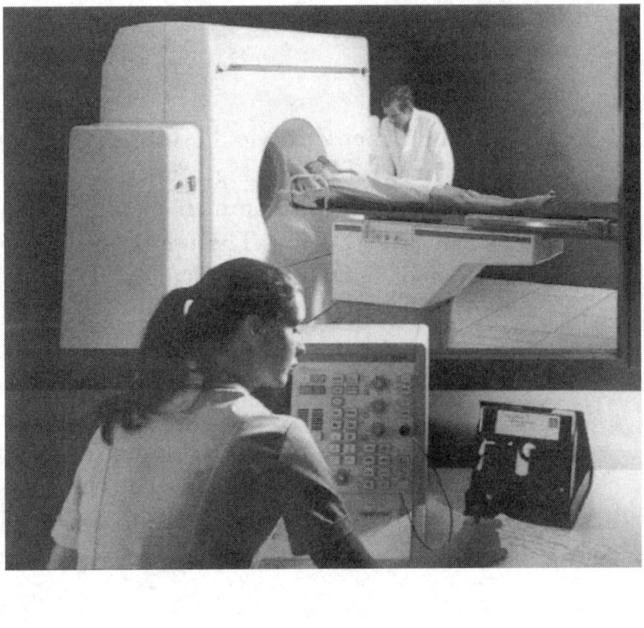

ersten Mal ein Computer eingesetzt. Cormack und Hounsfield erhielten 1975 als Anerkennung für die Entwicklung der Computer-Tomografie den Nobelpreis.

Bei der Computer-Tomografie wird das zu untersuchende Organ sozusagen Scheibe für Scheibe unter verschiedenen Aufnahmewinkeln fotografiert. Dazu dreht sich die Röntgenröhre zusammen mit der Aufnahmeeinheit in einem Winkel von 180° um den Patienten. Nur die Ebenen im Körper des Patienten, die in der Ebene des Drehpunktes liegen, werden scharf wiedergegeben. Die angrenzenden Bereiche bleiben gewissermaßen im Dunkeln, so daß stets nur die Strahlenabsorption eines dünnen Querschnittes gemessen wird. Um das dafür notwendige schmale Strahlenbündel zu erzeugen, wird ein sogenannter Collimator verwendet. Ein Computer errechnet aufgrund der Meßdaten die Strahlenabsorption für jeden Punkt des betreffenden Querschnittes und erzeugt daraus Graustufen. Aus der Gesamtheit aller Punkte entsteht das Bild des gewünschten Querschnittes; es erscheint auf dem Schirm des angeschlossenen Monitors.

Computer-Tomografen wurden von den großen Röntgengeräte-Herstellern wie Siemens und Philips entwickelten. Mit steigender Leistungsfähigkeit der Computer konnten auch die Tomografen beträchtlich verbessert werden. Die Entwicklung führte zu Systemen, bei denen die Winkeldifferenz zwischen zwei Aufnahmen nur noch 1° bei einem Gesamtdrehwinkel von 180° beträgt.

## Echografie

Etwa zu gleicher Zeit wie die Tomografie entwickelte sich auch die Echografie. Die ersten Veröffentlichungen über Anwendungen von Ultraschall in der medizinischen Diagnostik stammen allerdings schon aus den fünfziger Jahren, unter anderem von J. Wild: „The use of ultrasonic pulses for measurement and the detection of tissue density changes“ (Surgery 127, 1950). Die Möglichkeiten waren damals natürlich noch sehr begrenzt. Durch die Fortschritte der Elektronik, insbesondere der Digital- und Computertechnik, wurde die Sichtbarmachung von Körperorganen mit Hilfe von Ultraschall schließlich in den siebziger Jahren möglich. Da die Echografie nicht mit ionisierender Strahlung arbeitet und ohne Kontrastmittel auskommt, um Körpergewebe sichtbar zu machen, ist sie für den Patienten mit keiner körperlichen Belastung verbunden. Eine Einschränkung besteht allerdings darin, daß mit Ultraschall keine Organe sichtbar gemacht werden können, die Luft enthalten, zum Beispiel die Lunge. Auch sehr dichte Gewebe wie Knochen und Zähne eignen sich nicht für die Untersuchung mit Ultraschall.

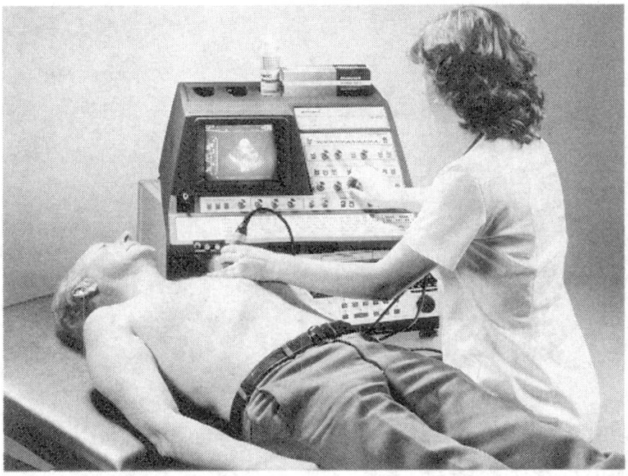

*Honeywell Biosound Echografie-System.*

Ein Sender erzeugt 500 bis 1000 mal pro Sekunde einen kurzen Impuls, der aus hochfrequenten Schwingungen besteht. Die Impulsbreite liegt normalerweise bei 1 µs, die Frequenz der Schwingung läßt sich in Abhängigkeit von der Anwendung zwischen 1 MHz und 10 MHz variieren. Das elektrische Signal wird von einem am Körper des Patienten befindlichen piezo-elektrischen Wandler in eine gedämpfte Ultraschallschwingung umgesetzt. Der Impuls pflanzt sich im Körper in Form von Druckänderungen fort, wobei die Fortpflanzungsgeschwindigkeit stark von der Gewebeart oder Körperflüssigkeit abhängt; sie beträgt im Mittel 1540 m/s. An den Grenzflächen zwischen unterschiedlichen Strukturen wird ein Teil der Ultraschallwellen reflektiert, und bei senkrechtem Auftreffen auf eine solche Fläche kehren die Schallwellen als Echo zum Wandler zurück. Der gesendete Ultraschallimpuls hat eine große Anzahl von Echo-Impulsen zur Folge, die mit unterschiedlicher Intensität und zeitlich verschoben zum Wandler zurückkehren. Hier werden die Echos in elektrische Signale zurückgewandelt. Seit etwa 1976 sind Echografie-Geräte auf dem Markt, bei denen ein integrierter Computer die empfangenen Signale auswertet und als Bild auf einem Monitor ausgibt. Ein großer Vorteil der Geräte ist ferner ihre Mobilität. Da Ultraschall den Patienten bzw. die Patientin nicht belastet, können zum Beispiel auch Schwangere gefahrlos untersucht werden.

## Magnetic Resonance Imaging (MRI)

In den vierziger Jahren untersuchten zwei Gruppen amerikanischer Physiker unabhängig voneinander das Verhalten von Atomkernen in magnetischen Feldern. Die Gruppe, die an der Harvard Universität arbeitete, wurde von Edward M. Purcell (geb. 1912) geleitet, und Leiter der anderen Gruppe an der Stanford Universität war Felix Bloch (1905 bis 1983). Im Jahr 1946 entdeckten beide Gruppen fast gleichzeitig ein Phänomen, das den Namen „Kernspinresonanz" erhielt. Purcell und Bloch erhielten 1952 für ihre richtungsweisenden Arbeiten

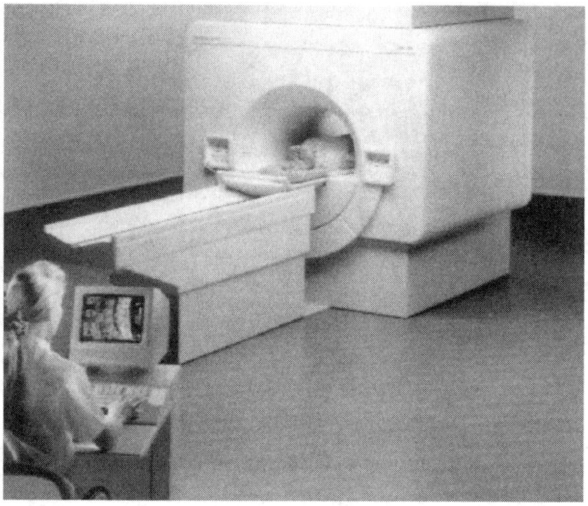

*„Gyroscan"-System von Philips für Untersuchungen mit Hilfe magnetischer Resonanz.*

den Nobelpreis der Naturwissenschaften. In den folgenden Jahren wurden auf der Grundlage der Kernspinresonanz wissenschaftliche Untersuchungen auf Gebieten der Physik, Chemie und Biochemie durchgeführt, unter anderem eine Strukturanalyse wasserstoffhaltiger Moleküle.

R. Damadian (geb. 1936) veröffentlichte 1971 eine Studie, die sich mit den unterschiedlichen Relaxationszeiten von Wasserstoffkernen in gesundem und karzinomem Gewebe befaßte. Darin wurde die Bedeutung der Kernspinresonanz besonders herausgestellt. Zwei Jahre später demonstrierten Paul C. Lauterbur (geb. 1929) von der Universität Illinois und seine Mitarbeiter ein Gerätesystem, das die von Damadian gefundenen Differenzen der Relaxationszeit unmittelbar sichtbar macht. Die dafür notwendigen Querschnitte durch den Körper des Patienten werden mit Hilfe eines starken homogenen magnetischen Feldes und mehrerer schwächerer Felder gewonnen, deren Stärke in Längs- bzw. Querrichtung des homogenen Feldes ansteigt. Dadurch wird ein Gefälle der magnetischen Feldstärke erzeugt. Die um ihre gedachte Achse drehenden Wasserstoffkerne (Protonen) werden durch das starke magnetische Feld ausgerichtet. Anschließend werden die Wasserstoffkerne kurzzeitig einer seitlichen Kraft als Folge einer hochfrequenten Schwingung unterworfen. Die Wasserstoffkerne im untersuchten Bereich führen dabei eine schlingernde Bewegung aus, die nach ihrem Entdecker „Larmor-Präzession" genannt wird (der britische
1973 Naturwissenschaftler Sir Joseph Larmor stellte diesen Effekt schon um 1900 fest). Die Kerne kehren danach in ihre vorher eingenommene Position zurück. Die Rückkehrdauer hängt ebenso wie die Stärke der Präzession von der chemischen Bindung der Wasserstoffatome ab. Bei schwächeren Bindungen, zum Beispiel in Flüssigkeiten, ist die Präzession größer, die Rückkehr zur Ausgangsposition nimmt weniger Zeit in Anspruch. Wenn die Bindung stärker ist, zum Beispiel in festeren Geweben und Organen, tritt eine schwächere Präzession auf, und die Rückkehr zur Ausgangsposition dauert länger. Während der Rückkehr geben die Wasserstoffkerne eine bestimmte Menge hochfrequenter Energie ab. Aus den Differenzen der Energie und der Rückkehrzeit errechnet ein

Computer die Werte eines Bildes, das den untersuchten Bereich auf einem Monitorbildschirm darstellt. Eine wichtige Eigenschaft der beschriebenen Untersuchungsmethode ist die Tatsache, daß der Patient keiner ionisierenden Strahlung ausgesetzt wird und auch keine Kontrastmittel zum Sichtbarmachen weicherer Gewebeteile notwendig sind.

## Isotopendiagnostik

Der Zweck der medizinischen Isotopendiagnostik ist die Gewinnung von Informationen über Transport- und Verteilungsvorgänge sowie über den Stoffwechsel im lebenden menschlichen Körper. Dazu werden Stoffe verwendet, die zwar nicht körperfremd, jedoch leicht radioaktiv sind; die Halbwertzeiten dieser Stoffe sind kurz. Um die vom Körper des Patienten abgegebene Gammastrahlung sichtbar zu machen, wird eine sogenannte Gammakamera verwendet. Eine solche Kamera besteht im Prinzip aus Collimator, Detektor, Fotokatode und Dynode (Elektronenverstärker); sie wurde zum ersten Mal 1958 von dem Physiker H. O. Anger beschrieben („Scintillation Camera“, Rev. Of Sci. Instruments) und seitdem ständig weiterentwickelt. Auch in diesem Zweig der medizinischen Diagnostik wird seit den siebziger Jahren die Computer-Tomografie eingesetzt, um dreidimensionale Bilder vom untersuchten Organ zu erhalten.

Anfang der achtziger Jahre wurde eine neue Variante der Isotopendiagnostik entwickelt. Die Wissenschaft entdeckte eine Gruppe radioaktiver Isotope, die Positronen aussenden können. Ein Positron (Elektron mit positiver Ladung) rekombiniert fast spontan mit einem Elektron, wobei sowohl das Positron als auch das Elektron verschwinden und zwei Gamma-Quanten ausgestrahlt werden. Eine Gammakamera nimmt diese Strahlung auf und bestimmt gleichzeitig den Ursprung der Strahlung. Diese Methode der Diagnostik wird „Positron Emission Tomografie“ genannt, abgekürzt PET. Leider ist die Methode sehr kostenaufwendig, denn die Erzeugung der kurzlebigen Positronen ist nur mit einem dafür geeignetes Zyklotron möglich.

## Telekommunikation *1974*

Die Telekommunikation verfügte Anfang der siebziger Jahre über Telefonnetze, die weltweit verknüpft, leistungsstark und zuverlässig waren, jedoch noch weitgehend analog arbeiteten. Mit Hilfe der Pulscodemodulation (PCM) konnte 1973 ein Koaxialkabel 10800 Gespräche gleichzeitig übertragen. Am Verbindungsaufbau und an der Signalisierung zwischen den Vermittlungsstellen waren jedoch noch zahlreiche elektromechanische Einrichtungen beteiligt. Das schwedische Unternehmen Ericsson stellte noch 1975 etwa 500000 Cross-Bar-Wähler her. Die elektromechanischen Systeme bekamen allmählich Konkurrenz von elektronisch gesteuerten Systemen, die mit Reed-Kontakten als Durchschaltelement arbeiteten. Die erste computergesteuerte Vermittlung wurde 1974 in Betrieb genommen.

## Bildröhren

Farbbildröhren unterscheiden sich von monochromen Bildröhren vor allem durch den Aufbau der Leuchtschicht auf der Schirmfläche und die Anzahl der Elektrodensysteme. Während der Schirm bei monochromen Bildröhren homogen mit einer weißleuchtenden Substanz bedeckt ist, müssen bei einer Farbbildröhre Leuchtstoffe in den Grundfarben Rot, Grün und Blau nebeneinander in bestimmter Konfiguration vorhanden sein. Bei den ersten Farbbildröhren waren die drei Elektrodensysteme im Bildröhrenhals in Form eines gleichseitigen Dreiecks angeordnet (Delta-Anordnung), und auf dem Schirm bildeten ein roter, ein grüner und ein blauer Punkt (Pixel) ein sogenanntes Farbtripel. Um Farbverfälschungen infolge von Streuungen der drei Elektronenstrahlen zu verhindern, befand sich unmittelbar vor den Farbtripeln eine Schattenmaske. Diese Maske bestand aus einer dünnen Metallfolie, in die eine große Anzahl runder Löcher geätzt waren. Aus Richtung der Elektronenstrahlen gesehen lag vor jedem Farbtripel ein solches Loch.

Schattenmasken-Farbbildröhren mit Delta-Anordnung erfordern einen verhältnismäßig hohen schaltungstechnischen Aufwand. Deshalb wurde eine Bildröhre

***Prinzip der Lochmasken-Farbbildröhre.***

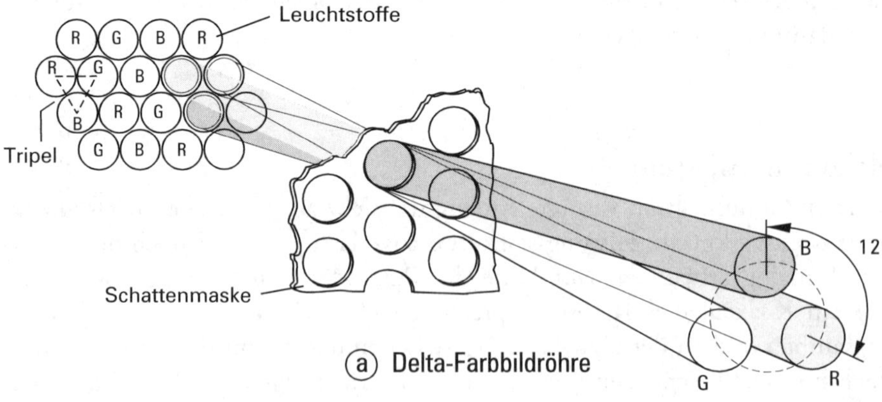

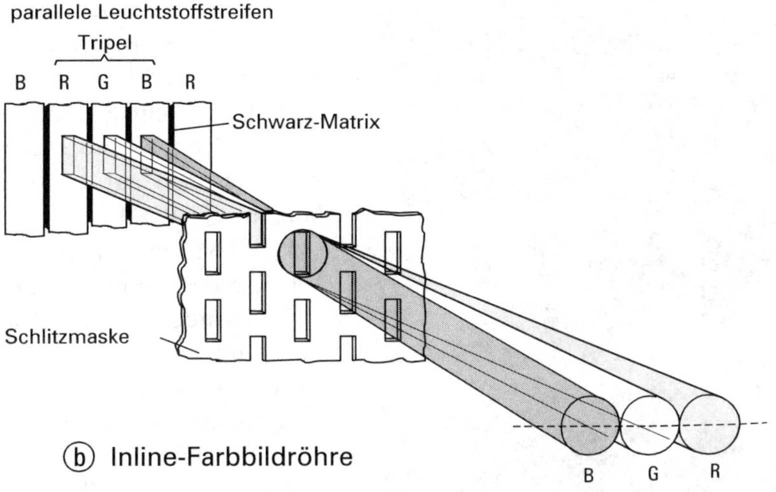


***Prinzip der Schlitzmasken-Farbbildröhre.***

entwickelt, die diesen Nachteil nicht hat. Bei der Inline-Farbbildröhre sind die Elektrodensysteme nicht in Form eines Dreiecks, sondern nebeneinander („in line") angeordnet, und die Leuchtstoffe Rot, Grün und Blau liegen als durchgängige senkrechte Streifen nebeneinander auf dem Schirm. Zur Kontrastverbesserung befindet sich zwischen den Streifen eine sogenannte Schwarzmatrix (black matrix); sie besteht aus einer Graphitsuspension. An die Stelle der Lochmaske mit runden Löchern ist bei der Inline-Farbbildröhre eine Schlitzmaske mit rechteckigen Öffnungen getreten, so daß die Röhre auch als „Schlitzmasken-Farbbildröhre" bezeichnet wird.

Die ersten Farb-TV-Geräte mit Inline-Bildröhre kamen 1974 auf den Markt, sieben Jahre nach dem Start des Farbfernsehens in Deutschland.

## Starkmagnetische Werkstoffe *1975*

Im Zuge der allgemeinen Miniaturisierung wünschte man sich auch kleinere Abmessungen von magnetischen Systemen wie zum Beispiel Spulen und Lautsprechern. Damit verbunden war die Suche nach magnetischen Werkstoffen zur Herstellung kleinerer und gleichzeitig stärkerer Permanentmagnete. Untersucht wurden vor allem intermetallische Verbindungen aus seltenen Erden und ferromagnetischen keramischen Materialien. Anfang der siebziger Jahre erschienen

*Bauteile in vielfältigen Formen aus magnetischen Werkstoffen.*

die ersten Permanentmagnete auf der Basis von Samarium und Kobalt ($SmCO_5$). Weitere Entwicklungen waren die noch stärkeren Magnete auf der Basis von Sm(Co, Cu, Fe, $TM)_{7/8}$, wobei TM aus Zr, Ti oder Hf bestehen konnte. Schon 1975 wurden solche Magnete auf breiter Front universell verwendet. Im Jahr 1983 brachte der japanische Hersteller Sumitomo Special Metals eine völlig neue intermetallische Verbindung heraus, die die Bezeichnung „Neomax-35" trug und auf der Basis von Neodymium, Eisen und Bor ($Nd_2Fe_{14}B$) hergestellt wurde. Es handelte sich um den stärksten permanentmagnetischen Werkstoff, der damals bekannt war; er wurde von zahlreichen Herstellern in Lizenz übernommen.

## Sensoren

1975

Die Mikroelektronik kann Funktionen in der Prozeßsteuerung übernehmen und damit zum Beispiel zur Energieeinsparung, zur Steigerung des Bedienungskomforts von Geräten und Systemen oder zur Erfüllung von Sicherungsaufgaben beitragen. Dafür werden periphere Wandler benötigt, die Zustände oder Zustandsänderungen von meistens nicht elektrischen Größen in elektrische Signale umsetzen. Solche Wandler werden auch als „Sensoren" bezeichnet. Dabei unterscheidet man folgende Sensoren-Klassen und Meßgrößen:

- thermische Sensoren (Temperatur, Temperaturdifferenz),
- mechanische Sensoren (Druck, Bewegung, Ortsveränderung, Rotation),
- magnetempfindliche Sensoren (magnetische Feldstärke, magnetischer Fluß),
- Strahlungssensoren (sichtbares Licht, Röntgenstrahlung, Gammastrahlung, Infrarot, Schall),
- Sensoren für chemische Größen (Feuchte, pH-Wert, Gas- und Flüssigkeitsarten).

Für alle Meßgrößen wurden spezielle Sensoren mit unterschiedlichen Empfindlichkeiten und sonstigen spezifischen Eigenschaften entwickelt.

*Dr. Gordon Moore (geb. 1929).*

## Moor'sches Gesetz

Dr. Gordon Moore, Mitbegründer und Direktor von Intel, war der erste, der sich öffentlich Gedanken über die Anzahl der auf einem Chip integrierbaren Transistorfunktionen machte. In seinem Aufsatz „Progress in digital integrated electronics" vertrat er die Ansicht, daß sich bei den Speicher-IC's die Anzahl der Bits pro Chip jährlich mindestens verdoppeln werde. Dieses „Moor'sche Gesetz" erwies sich viele Jahre lang als zutreffend. Die Anzahl der Bits pro Chip vervierfachte sich ungefähr alle dreieinhalb Jahre.

## RISC-Prozessor

Im Rahmen statistischer Untersuchungen wurde 1975 vom Thomas J. Watson Research Center der IBM festgestellt, daß bei der Ausführung von Programmen während 80 % der Zeit nur ungefähr 20 % der insgesamt zur Verfügung stehenden Instruktionen benutzt werden. Es gab zahlreiche Beispiele dafür, daß mehrere nacheinander ausgeführte einfache Instruktionen in wesentlich kürzerer Zeit zum gleichen Ziel führen konnten wie eine einzige hochkomplexe Instruktion. Ferner wurde die Geschwindigkeitsdifferenz zwischen dem Prozessor und dem Arbeitsspeicher durch die fortschreitende Halbleitertechnik immer geringer. Vorauszusehen war auch, daß dieser Unterschied durch den Einsatz schneller Cache-Speicher in naher Zukunft ganz wegfallen würde. Diese Erkenntnisse führten zum IBM-801-Projekt, aus dem der erste RISC-Prozessor (Reduced Instruction Set Computer) hervorging. Der IBM-RISC-Prozessor diente allerdings nur als Studienobjekt, er ging nicht in die Produktion. In den Jahren 1980 und 1981 begann die Entwicklung von RISC-Prozessoren sowohl an der Berkeley Universität als auch an der Stanford Universität, wo David Patterson bzw. John L. Hennessy mit ihren Mitarbeitern die Architekturen von Ein-Chip-RISC-Prozessoren erarbeiteten. Die RISC-Prozessoren hatten nebenbei den Vorteil, daß die Chip-Fläche ein gutes Stück kleiner ausfallen konnte als bei den bis dahin gebräuchlichen Mikroprozessoren, die damals „CISC-Prozessoren"

(Complex Instruction Set Computer) hießen. Der vom Forschungsprojekt an der Stanford Universität entwikkelte Prozessor erhielt die Bezeichnung „MIPS", was „Microprozessor without Interlocked Pipeline Stages" bedeutete. Im Jahr 1983 wurde das Unternehmen MIPS Computer Systems gegründet, das den Prozessor weiterentwickelte und Mitte der achtziger Jahre die Prozessorfamilie R2000/R3000 auf den Markt brachte. Während der nächsten Jahre entwickelte das Unternehmen einen sehr schnellen 32-Bit-RISC-Prozessor, der im Mittel 20 Millionen Instruktionen pro Sekunde ausführte. Verschiedene andere Hersteller erwarben Lizenzen für die RISC-Architektur von MIPS. Im Oktober 1991 kam MIPS mit der R4000-Reihe auf den Markt, eine neue 64-Bit-RISC-Prozessorfamilie.

*Steven Wozniak (geb. 1954), Gründer von Apple.*

## *1976* Homecomputer

Steven Wozniak präsentierte der Weltöffentlichkeit im Jahr 1976 den ersten Home Computer, den Apple I. Schon 1962 hatte Wozniak eine einfache elektronische Rechenmaschine konstruiert und gebaut; mit ihr hatte er seinerzeit sogar einen Preis gewonnen. Als IBM den Personal Computer einführte, schrieb man bereits das Jahr 1982. Apple beantwortete diese Herausfordeung ungefähr ein Jahr später mit dem Apple Macintosh. Damit erhielten die 16-Bit-Prozessoren sowohl von Intel als auch von Motorola eine starke Ausgangsposition. Die weitere Entwicklung von Prozessoren, Speicher-Chips, permanenten Datenspeichern und den meisten übrigen Komponenten verlief überaus stürmisch; sie brachte innerhalb kürzester Zeitintervalle immer neue Gerätegenerationen hervor. Heute ist der Mikrocomputer zum alltäglichen Arbeitsgerät und Informationszentrum geworden, und nebenbei dient er auch zu Spiel und Unterhaltung.

## Glasfasertechnik

*1977*

Im Verlauf der siebziger Jahre wurden sowohl bei der Senkung der Glasfaserdämpfung als auch bei den zugehörigen optoelektronischen Komponenten wesentliche Fortschritte erzielt. Wegen des verhältnismäßig niedrigen Signal-Rausch-Abstandes, der Nichtlinearität und der begrenzten Dynamik von Lichtquelle und -empfänger lag es nahe, von Anfang an mit digitalen Signalen zu arbeiten. Am einfachsten war es, binäre Signale zu übertragen, da hierbei die Lichtquelle im Prinzip nur ein- und ausgeschaltet werden mußte. Durch hohe Schaltgeschwindigkeiten wollte man möglichst hohe Bitraten erreichen, so daß die Übertragungskapazität der Glasfaser mindestens an die Werte des Koaxialkabels heranreichte. In der ersten Hälfte der siebziger Jahre gelang es auch, eine äußerst dünne Glasfaser mit einem Durchmesser von weniger als 10 µm herzustellen, die sogenannte Monomode-Glasfaser. Koppelelemente für Glasfasern waren ebenfalls Gegenstand zahlreicher Forschungs- und Entwicklungsaktivitäten.

Ein bedeutsames Ereignis war 1977 die Inbetriebnahme der ersten Glasfaserverbindung innerhalb eines öffentlichen Telefonnetzes zwischen den britischen Städten Stevenage und Hitchin. Übertragungsmedium war eine Gradientenindex-Glasfaser mit einer Dämpfung von 5 dB/km bei einer Lichtwellenlänge von 850 nm. Auf der 10 km langen Übertragungsstrecke wurden drei Leitungsverstärker eingesetzt. Bei einer Bitgeschwindigkeit von 140 Mbit/s hatte das System eine Kapazität von 1920 digitalen Fernsprechkanälen. Wie Versuche zeigten, eignete sich das System auch zur Übertragung von breitbandigen Videosignalen. Anfang der achtziger Jahre wurden Glasfaser-Probe- und Testsysteme an vielen Orten der Welt installiert, unter anderem auch in Biarritz und Paris. Ein bekanntes deutsches Projekt war das BIGFON, eine Abkürzung, die „Breitbandiges integriertes Glasfaser-Fernmelde-Ortsnetz“ bedeutete. Wenig später konnte auch der Wellenbereich um

*Optischer Duplexer mit Sende- und Empfangselement für die Nachrichtenübertragung.*

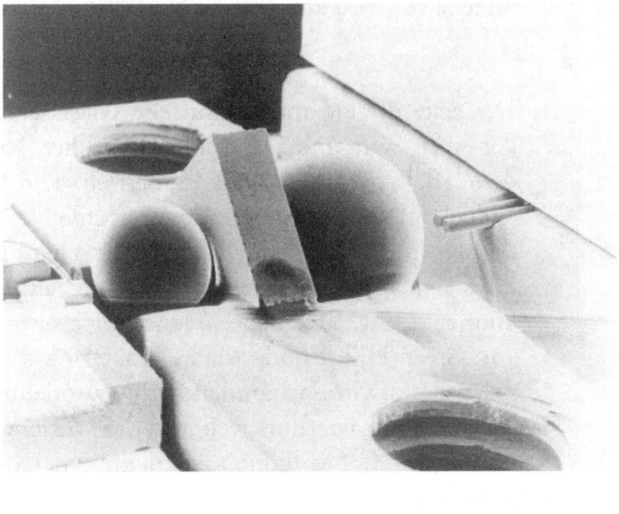

1300 nm (zweites Fenster) genutzt werden, so daß die Dämpfung noch einmal gesenkt wurde. Danach überschlugen sich fast die Ereignisse. Nun waren Monomode-Glasfasern und schnelle Lasersysteme verfügbar, die eine Übertragungsgeschwindigkeit von 560 Mbit/s erlaubten. Es gelang, auch das Fenster im Wellenbereich um 1550 nm zu erschließen, was eine weitere Senkung der Übertragungsdämpfung bedeutete. Darüber hinaus wurde die Kapazität durch Anwendung von optischen Multiplexverfahren weiter gesteigert; nun konnten vier Informationsströme (zwei im Bereich 1300 nm und zwei im Bereich 1500 nm) gleichzeitig über eine Glasfaser fließen. Die Übertragungskapazität stieg dadurch auf 19000 Fernsprechkanäle an, und auch der Duplex-Betrieb war möglich. Die Entwicklung war 1990 so weit vorangeschritten, daß sich die Dämpfung von Monomode-Glasfasern bei 1550 nm dem theoretischen Wert von 0,14 dB/km näherte. Solche extrem dünnen Glasfasern können ohne Regenerationsverstärker Entfernungen von 50 bis 150 km überbrücken. Zusammen mit sehr schnellen Lasern lassen sich damit Übertragungsgeschwindigkeiten von 2,5 Gbit/s erreichen. Philips entwickelte ein solches Übertragungssystem für den Einsatz auf dem australischen Kontinent.

Hinsichtlich der überbrückten Entfernung und der Übertragungsgeschwindigkeit löste nun ein Rekord den anderen ab. Auf der europäischen Konferenz für optische Kommunikation, die 1996 in Oslo stattfand, präsentierten Philips und die Universität Eindhoven einen neuen Weltrekord in der Weitverkehrstechnik. Ein optisches Signal mit einer Informationsdichte von 10 Gbit/s wurde über eine Strecke von 420 km ohne den Einsatz von Leitungsregeneratoren übertragen. Der zuvor von den Japanern gehaltene Rekord lag bei 2,5 Gbit/s über eine Strecke von 500 km.

Die erste direkte transatlantische Glasfaserverbindung zwischen den USA auf der einen Seite und Deutschland und den Niederlanden auf der anderen ist seit dem 19. November 1992 in Betrieb. Die Eröffnung fand im Rahmen einer Videokonferenz statt, an der Persönlichkeiten der beteiligten Unternehmen AT&T in den USA sowie der Deutschen Telekom und der niederländischen PTT teilnahmen. Über das 7320 km lange, als „TAT 10“ bezeichnete Kabel können 23000 Telefongespräche gleichzeitig geführt werden. Das Kabel wurde von Green Hill, Rhode Island, (ca. 250 km nördlich von New York) durch den Atlantik um Großbritannien herum zur deutschen Stadt Norden (Friesland) verlegt und läuft von dort weiter in die Niederlande. Die Investitionen für TAT 10 werden auf 300 Millionen amerikanische Dollar beziffert.

## Folienkondensatoren

Folienkondensatoren in SMD-Ausführung wurden dadurch wesentlich verbessert, daß man nun Polyvenylsulfid als Dielektrikum verwendete. Dieser Kunststoff besitzt nicht nur einen niedrigeren Temperaturkoeffizienten, sondern auch einen kleineren Verlustwinkel; verglichen mit dem zuvor meistens verwendeten Polyester nimmt er nur 10 % an Feuchtigkeit auf.

## Videorecorder

Der VCR-Videorecorder aus dem Jahr 1969 wurde durch weiterentwickelte Nachfolgemodelle abgelöst. Ein Gerät, das 1973 erschien, konnte Standbilder wiedergeben, und ferner war das Einfügen von Bildern möglich. Zwei Jahre später kam eine tragbare Ausführung mit aufladbaren Akkus auf den Markt. Philips stellte 1977 den Langspiel-Videokassettenrecorder vor, der eine Spieldauer von 2,5 Stunden pro Kassette besaß. Der Endverbrauchermarkt war nun für den Home-Videorecorder aufnahmefähig, und die Victor Company of Japan (JVC) führte das von ihr entwickelte Video Home System (VHS) ein. Sony hatte *1977* inzwischen Betamax entwickelt, ein eigenes Video-Kassettensystem, das zu VHS nicht kompatibel war. Philips und Grundig schlossen sich zusammen, um den Japanern ein technisch besseres, europäisches Video-Kassettensystem entgegenzusetzen, das „Video 2000" heißen sollte. Dieses System wurde im Juli 1979 der Fachpresse vorgestellt und Ende 1980 auf den Markt gebracht. Obwohl Video 2000 den anderen Systemen technisch überlegen war, was sich deutlich in der Bildqualität und im Bedienungskomfort zeigte, konnte es sich gegen das bereits etablierte VHS-System nicht durchsetzen. Die Geräte- und Kassettenproduktion wurde deshalb einige Jahre später wieder eingestellt, und Philips und Grundig schlossen sich dem VHS-System an.

## Schaltnetzteile *1977*

Zum konventionellen Konzept der Stromversorgung von elektronischen Geräten gehört ein 50-Hz-Netztransformator mit Gleichrichter und Elektroytkondensator. Der Netztransformator ist groß, schwer und teuer, der Wirkungsgrad des Netzteils liegt bei nur 30 %. Ein wichtiger Vorteil ist jedoch die galvanische Trennung der Geräteschaltung vom Stromnetz. Um die Kosten zu senken und den Wirkungsgrad zu erhöhen, hielt man Ausschau nach neuen Möglichkeiten. Die Entwicklung der Leistungshalbleiter führte zu den Schaltnetzteilen, sie werden manchmal auch „SMPS" (Switched Mode Power Supply) genannt.

Bei allen Schaltnetzteilen wird zuerst die Netzspannung gleichgerichtet und geglättet, so daß eine Gleichspannung von ca. 300 V entsteht. Die Gleichspannung wird anschließend von Schalttransistoren in eine Wechselspannung umgewandelt, deren Frequenz im Vergleich zur Netzfrequenz wesentlich höher liegt. Ein Transformator, der wegen der hohen Frequenz mit einem Ferritkern arbeiten kann, transformiert die Spannung auf den gewünschten Wert; danach wird die Wechselspannung gleichgerichtet und gesiebt. Während die Schaltfrequenz anfangs in der Größenordnung von 20 kHz lag, arbeiten moderne Schaltnetzteile heute mit 200 kHz oder noch höheren Schaltfrequenzen. Für den Einsatz von Schaltnetzteilen spricht nicht nur ihr geringes Volumen und Gewicht, sondern auch ihr niedriger Preis sowie der hohe Wirkungsgrad von 70 bis 80 %. Die ersten modularen Schaltnetzteile erschienen etwa um das Jahr 1977.

## *1978* Digitaler optischer Recorder (DOR)

Gleichzeitig mit der Entwicklung der Bildplatte wurden auch die Grundlagen für den Digitalen Optischen Recorder geschaffen, einen Daten-Massenspeicher für professionelle Anwendungen. Auf einer runden, außen aus Glas bestehenden Scheibe in der Größe einer alten Langspielplatte kann die Datenmenge von ungefähr 2500 eng beschriebenen DIN-A-4-Seiten gespeichert werden. Zum Schreiben und Lesen der Daten wird die Lasertechnik eingesetzt. Beim Schreibvorgang brennt ein starker Laserstrahl mikroskopisch kleine Vertiefungen („Pits") in den Informationsträger, die beim Lesen einen darauf gerichteten schwächeren Laserstrahl unterschiedlich stark reflektieren. Die codierte Information ist in den Reflexionsdifferenzen verborgen.

*Wichtiges Merkmal der CD ist die berührungslose Abtastung.*

Die Platte besteht aus zwei übereinanderliegenden Scheiben aus gehärtetem Glas, zwischen denen die informationstragende Schicht eingebettet ist.

Dadurch werden Informationsverluste infolge von Beschädigung, Verschmutzung und Feuchtigkeit verhindert. Ein erstes lauffähiges Modell des DOR-Systems zeigte Philips im Jahr 1978. Auf der Basis von DOR entwickelte Philips ferner ein experimentelles elektronisches Archivierungssystem, das den Namen „Megadoc“ trägt. Damit können die unterschiedlichsten Dokumentenarten bequem und schnell auf DOR-Platten gespeichert werden. Zum Megadoc-System gehört ein Minicomputer mit spezieller Hard- und Software wie zum Beispiel ein Dokument-Leser, eine Bild- und Textbearbeitung sowie eine automatische „Juke-Box“. Jedes gespeicherte Dokument kann auf Wunsch innerhalb weniger Sekunden in der Juke-Box gefunden, auf einem Bildschirm angezeigt und auf einem Drucker ausgedruckt werden.

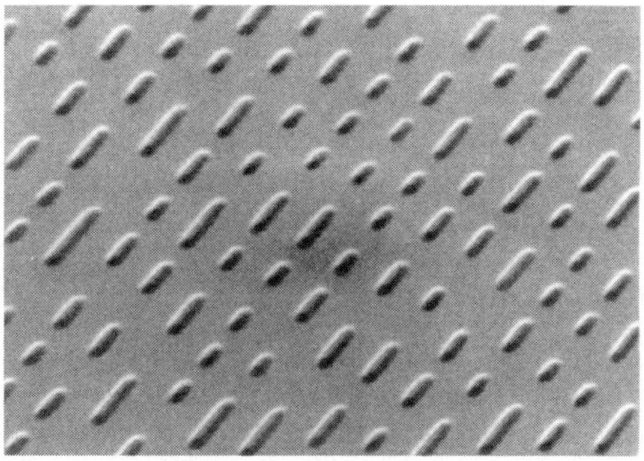

*Oberfläche des Datenträgers einer CD durch das Mikroskop betrachtet.*

## Die Compact Disc *1979*

Die Entwicklung der heute weltweit verbreiteten Compact Disc beginnt genau genommen im Jahr 1974. Fünf Jahre später, im Jahr 1979, war die Entwicklung so weit fortgeschritten, daß Philips der staunenden Fachpresse das erste funktionstüchtige Modell vorführen konnte. Im gleichen Jahr wurden Kontakte zu anderen Herstellern von Audio-Geräten aufgenommen, mit dem Ziel, einen für die gesamte Audio-Industrie einheitlichen Weltstandard zu schaffen. Nach dem Vorbild der Compact Cassette sollten auch bei der Compact Disc alle Datenträger und Abspielgeräte unabhängig vom Hersteller gegeneinander austauschbar sein. An dem Prozeß der Standardisierung wurden deshalb auch alle großen japanischen Hersteller beteiligt. Philips und Sony einigten sich noch im gleichen Jahr darauf, einige Modifikationen der digitalen Elektronik und des Fehlerkorrekturverfahrens vorzunehmen, im übrigen blieb das Philips-Compact-Disc-System jedoch unverändert. *1979*

Im Juni 1980 stellten Philips und Sony das Compact-Disc-System dem einflußreichen Digital Audio Disc Committee (DAD) vor. Zu diesem Zeitpunkt begutachtete das DAD, dessen Urteil maßgeblich für die Einführung als Weltstandard war, bereits drei unterschiedliche digitale Audiosysteme. Auch auf der Fachmesse

„All Japan Audio Fair" im Oktober 1980 wurden mehrere digitale Audio-Disc-Systeme gezeigt, die in ihren Konzepten recht deutlich voneinander abwichen. Die Entscheidung war gefallen, als sich der japanische Elektronik-Riese Matsushita im Januar 1981 entschloß, das von Philips und Sony entwickelte System zu übernehmen. Von da an stand faktisch fest, daß der neue Weltstandard die Compact Disc sein würde. Die Entwicklung in diese Richtung war auch kaum noch aufzuhalten, weil bereits 29 Gerätehersteller Lizenzen bei Philips für den Bau von CD-Spielern erworben hatten, während sich gleichzeitig acht große Plattenproduzenten ebenfalls für die Compact Disc entschieden hatten. Nach der Einführung der Compact Disc im März 1982 zeigte sich sehr schnell, daß das System die volle Akzeptanz der Konsumenten fand. Die klassischen Rillenschallplatten wurden innerhalb weniger Jahre fast völlig zurückgedrängt, und Anfang der neunziger Jahre stellten alle europäischen Plattenhersteller die Produktion des alten Schallplattentyps ein.

Die wichtigsten Merkmale der Compact Disc sind folgende:

- Die Disc hat einen Durchmesser von 12 cm, die Spieldauer beträgt eine Stunde.
- Keine mechanischen Rillen. Die digital codierte Information ist in Form von Vertiefungen unterschiedlicher Länge (Pits) auf dem Datenträger vorhanden. Der Datenträger ist in transparentem Kunststoff eingebettet, so daß er gegen Beschädigung und Verschmutzung geschützt ist.
- Für die digitale Codierung wird die Pulscodemodulation (PCM) angewendet.
- Die Informationen werden optoelektronisch mit Hilfe eines Laserstrahls gelesen, so daß die Disc keinem Verschleiß unterworfen ist.
- Durch das digitale Aufzeichnungs- und Wiedergabevefahren ist der Signal-Rausch-Abstand wesentlich größer als bei der mechanisch abgetasteten Schallplatte.
- Die HiFi-Normen werden von der Compact Disc bei weitem übertroffen.

## Solarzellen

Die Erzeugung von elektrischem Strom aus dem Licht der Sonne wurde in den siebziger Jahren auch auf der Erde zu einem interessanten Betätigungsfeld. Bei den Satelliten gingen die Kosten der Solarzellen in den gewaltigen Gesamtkosten unter, so daß daran nicht gespart werden mußte. Auf der Erde war dies anders;

hier bestimmten die Kosten unmittelbar die Wirtschaftlichkeit des Solarstroms. Die Herstellerlabore begannen, unter veränderten Vorgaben neue Solarzellen-Technologien zu entwickeln, was eine Abkehr vom teuren monokristallinen Silizium bedeutete. Der erste Schritt war der Ersatz durch preiswerteres polykristallines Silizium, das sich leichter und einfacher herstellen ließ. Allerdings mußte der niedrigere Preis durch einen niedrigeren Wirkungsgrad erkauft werden. Neben den sogenannten Dickfilmzellen (300...500 µm) gibt es seit den achtziger Jahren die Dünnfilmzellen (ca. 1 µm), die aus hydro-amorphem Silizium bestehen und noch kostengünstiger hergestellt werden können. Ein weiterer Vorteil ist ihre mechanische Biegsamkeit; diese Zellen passen sich zum Beispiel dem Profil der Dachpfannen auf dem Hausdach an.

Die neueste Entwicklung auf dem Gebiet der hydro-amorphen Zellen sind die sogenannten Stapelzellen, die aus übereinanderliegenden Schichten unterschiedlichen Materials bestehen. So kann zum Beispiel unter einer Siliziumschicht eine Schicht Silizium mit Germanium liegen, und darunter noch einmal die gleiche Schicht, jedoch mit stärker dotiertem Germanium. Eine derartige Stapelzelle erreicht immerhin einen Wirkungsgrad von mehr als 10 %. Eine andere Richtung wurde mit den Chalkopyrit-Dünnfilmzellen eingeschlagen, die auf den I-III-IV-Halbleitern wie zum Beispiel Kupfer-Indium-Diselenid ($CuInSe_2$) basieren und höhere Wirkungsgrade erreichen. Den Weltrekord hält zur Zeit eine GaAs-GaSb-Stapelzelle mit einem Wirkungsgrad von 33,7 %. Um diesen Wert zu erreichen, wurde das einfallende Sonnenlicht etwa 100-fach gebündelt.

Wegen der Intensität und des Einfallwinkels des Sonnenlichtes werden größere Solarmodule vor allem in tropischen Regionen eingesetzt. Dort findet man auch Großanlagen, deren Strom in öffentliche Netze eingespeist wird. Ein anderes Beispiel für eine Großanlage ist das Mont-Soleil-Projekt von Siemens im Berner Jura. Hier liefern 10560 Solarmodule, verteilt auf 110 Schrägflächen, eine Leistung von insgesamt 500 kW.

## Quanten-Hall-Effekt *1980*

Klaus von Klitzig, Mitarbeiter des Max Planck Instituts für Festkörperphysik in Stuttgart, entdeckte 1980 den Quanten-Hall-Effekt. Im Jahr 1985 wurde ihm hierfür der Nobelpreis verliehen. Untersuchungen des deutschen Wissenschaftlers Volkmar Kose in Zusammenhang mit dem Quanten-Hall-Effekt führten zur Neudefinition der elektrischen Einheiten Spannung und Widerstand; sie trat Anfang 1990 in Kraft. Allerdings sind die Abweichungen der neuen Bezugswerte so geringfügig, daß sie den Toleranzbereich üblicher Meßgeräte um Größenordnungen unterschreiten.

## *1980* Membranschalter

Ende der siebziger Jahre kamen Membranschalter (Folienschalter) auf den Markt, bei denen der Kontakt in zwei miteinander verschweißten Kunststofffolien eingeschlossen ist. Die Schalter lassen sich durch leichten Druck bedienen und sind unempfindlich gegen Staub und Feuchtigkeit. Die glatte Folienoberfläche läßt sich bequem reinigen. Zunächst wurden Membranschalter insbesondere von fernöstlichen Herstellern in preiswerte Massenprodukte wie zum Beispiel einfache Taschenrechner eingebaut. Nach 1980 erweiterte sich der Anwendungsbereich; Membranschalter wurden nun auch als Bedienelemente von Haushaltsgeräten, Druckern, Faxgeräten und Mobiltelefonen eingesetzt. Auch bei medizinischen Geräten und Maschinen in der Industrie sind sie inzwischen weit verbreitet. In neueren Ausführungen können auch elektronische Komponenten wie zum Beispiel LED's integriert sein.

## Bildschirmtext

In Deutschland startete im Juni 1980 der Feldversuch von Bildschirmtext, einem Dienst der Post, der Informationen auf dem Fernsehbildschirm sichtbar machte, die ein zentraler Rechner auf Knopfdruck über die Telefonleitung anlieferte. Das dialogfähige System hielt im Herbst 1981 schon 100000 Bildschirmseiten von 600 Anbietern bereit, und 10 Unternehmen (Banken, Versandhäuser) waren mit ihren Datenverarbeitungsanlagen angeschlossen. In anderen europäischen Ländern wie Frankreich, Österreich und den Niederlanden wurden ähnliche Projekte durchgeführt.

*Der CCD-Chip wandelt auftreffendes Licht in Bildsignale um.*

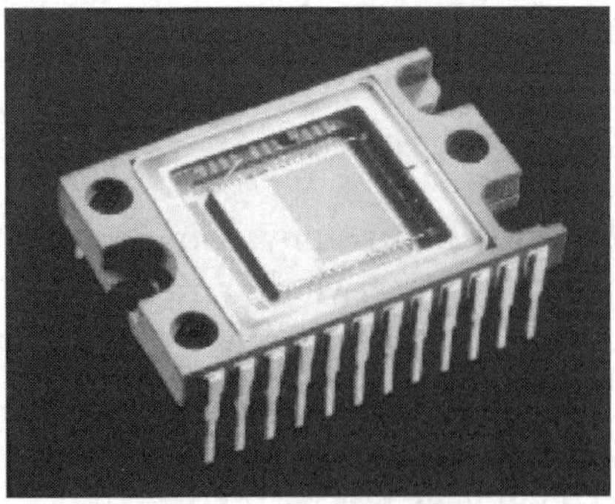

## CCD-Kamera

Anfang Juni 1983 zeigte die Radio Corporation of America (RCA) in Montreux den Prototypen einer CCD-Farbkamera. Diese Kamera erfüllte zwar nicht die Studionorm des professionellen Fernsehens, genügte aber den Anforderungen der NTSC-Norm für Reportagezwecke.

In elektronischen Kameras wird üblicherweise das Prinzip der Rasterübertragung (frame transfer) angewendet. Der dafür eingesetzte CCD-Chip besteht aus zwei gleichartigen Funktionseinheiten, der Aufnahme- und der Speichereinheit. Die Zellen der Aufnahmeeinheit besitzen eine lichtempfindliche Schicht; sie werden als Pixel bezeichnet. In diesem Teil des Chip wird das auftreffende Licht in elektrische Ladungen (Bildsignale) umgewandelt. Das so entstandene Raster aus elektrischen Ladungen wird während des vertikalen Rücklaufs vom CCD-Schieberegister in die Speichereinheit übertragen, die die gleiche Anzahl von Pixeln wie die Aufnahmeeinheit besitzt. Anschließend wird die Speichereinheit mit Hilfe eines Taktsignals seriell ausgelesen, so daß ein kontinuierliches Video-Ausgangssignal entsteht. Daraus folgt, daß die Pixel der Aufnahmeeinheit zwei Funktionen erfüllen. Zuerst setzen sie das auftreffende Licht in elektrische Bildsignale um, und danach verschieben sie diese Signale in die Speichereinheit. Nach CCIR-Standard besteht ein Raster aus 576 Bildzeilen, zusammengesetzt aus zwei gegeneinander um eine Zeile versetzten Rastern mit jeweils 288 Zeilen. Wenn jede Zeile aus 604 Pixeln besteht, gehören zu einem Raster insgesamt 347904 Pixel. Erwähnt sei noch, daß eine CCD-Farbkamera mit Filtern in den drei Grundfarben Rot, Grün und Blau arbeitet. CCD-Kamera-Chips werden heute in Videokameras aller Bauarten verwendet. Die wichtigsten Vorteile im Vergleich zur Bildaufnahmeröhre sind folgende:

- keine Verzerrung der Bildgeometrie,
- keine Einbrennschäden,
- unempfindlich gegen magnetische Felder,
- unempfindlich gegen mechanische Schocks und Schwingungen,
- geringer Energiebedarf,
- kompakte und leichte Bauweise.

Die wichtigsten Einsatzbereiche sind Heim-Videokameras, geschlossene TV-Systeme, Bildübertragung in der Industrie für Steuerungs- und Wartungszwecke, Sicherheitssysteme sowie Studiokameras und astronomische Bildaufnahmegeräte.

## ASIC's und programmierbare Logik

Anfang der achtziger Jahre gingen immer mehr Schaltungsentwickler dazu über, diskrete Bauelemente durch integrierte Schaltungen zu ersetzen. Erschwert wurde dieser kostensparende Trend jedoch dadurch, daß oft die spezielle integrierte Schaltung, die der Entwickler gerade brauchte, unter den Standard-IC's nicht zu finden war. Die Kosten von Sonder-IC's waren jedoch hoch, die Lieferzeiten waren lang, die Anfertigung war insbesondere bei kleinen Stückzahlen äußerst unwirtschaftlich. Die Halbleiterhersteller erkannten dieses Problem und entwickelten kostengünstige, vom Anwender modifizierbare IC's, die den Bedürfnissen ihrer Kunden stark entgegenkamen.

1983 Bei den modifizierbaren digitalen IC's kann man zwei Gruppen unterscheiden: die ASIC's (Application Specific IC's) und die programmierbaren Logik-IC's, die zusammenfassend als PLD's (Programmable Logic Devices) bezeichnet werden. Zu beiden Gruppen gehören Untergruppen, die mehr oder weniger miteinander verwandt sind.

Ein PLD der ersten Stunde war das PAL (Programmable Array Logic), eine Entwicklung des Halbleiterherstellers Monolythic Memories Inc. Die PAL-Architektur ist so gestaltet, daß die Ausgangssignale einer programmierbaren UND-Matrix die Eingänge einer festen ODER-Matrix steuern. Die Verbindungen zwischen den Zellen stellt, wie bei einem PROM, eine Matrix aus horizontalen und vertikalen Leitungen her, die mit Hilfe eines Programmiergerätes gezielt durchtrennt werden können.

*ASIC-Hersteller greifen meistens auf vorbereitete Wafer zurück und modifizieren sie nach Kundenwunsch.*

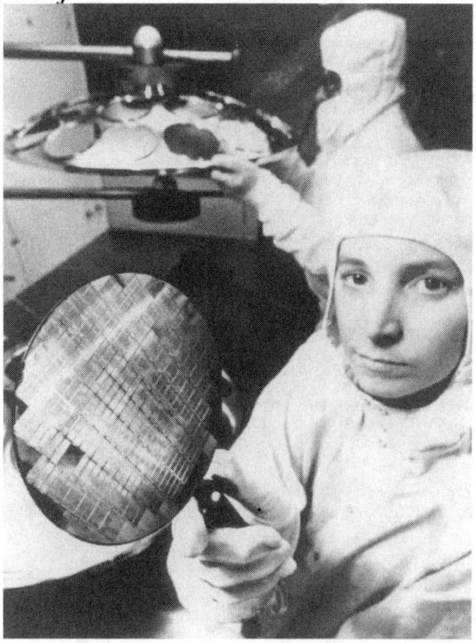

Parallel zur Entwicklung des PROM (vgl. Kapitel 5) entstanden schnell verschiedene PAL-Varianten, die auf den (E)EPROM-Technologien aufbauten. Zum breit gefächerten PAL-Spektrum gehörten schon Ende der achtziger Jahre zahlreiche Architekturen und hunderte von Komponenten, mit denen sequentielle oder kombinatorische Funktionen realisierbar waren. Gleichzeitig verschob sich der Schwerpunkt von der bipolaren Technik nach CMOS. Einige bekannte PAL-Familien sind EPLD (Erasable Programmable Logic Device), PEEL (Programmable Electrically Erasable Logic), GAL (Generic Array Logic) und FPGA (Field Programmable Gate Array). Jede dieser Familien ist an einen oder mehrere Hersteller gebunden, für die Schaltungsentwicklung und Programmierung werden jeweils spezielle Programme und Geräte benötigt.

Im Jahr 1985 kam zu den diversen PLD-Varianten eine neue Klasse hinzu. Die LCA's (Logic Cell Array) von Xilinx unterscheiden sich prinzipiell von den bis dahin gebräuchlichen PLD's, denn ihre Programmierung ist in flüchtigen RAM-Zellen gespeichert. LCA's werden beim Einschalten der Betriebsspannung konfiguriert, indem das Konfigurationsmuster aus einem nichtflüchtigen Speicher in das LCA-RAM übertragen wird. Als nichtflüchtiger Speicher kann (E)EPROM oder auch eine Festplatte oder Diskette dienen.

ASIC's (Application Specific Integrated Circuits) sind programmierbare integrierte Schaltungen, die der Hersteller nach den Vorgaben des Auftraggebers anfertigt; sie sind deshalb nur bei größeren Stückzahlen kostengünstiger als PLD's. Ebenso wie andere programmierbare Logikschaltungen können ASIC's mit speziellen Programmiergeräten konfiguriert werden. Die Hersteller greifen meistens auf umfangreiche Bibliotheken bereits vorbereiteter Siliziumscheiben (Wafer) zurück. Durch Modifikation und Ergänzung der Standard-Wafer entstehen die kundenspezifischen ASIC's. Eine ASIC-Variante aus der Anfangszeit war der HAL (Hard Array Logic), bei dem ein Silizium-Chip mit untereinander nicht verbundenen Makrozellen die Ausgangsbasis bildete. Die vom Auftraggeber gewünschten Funktionen dieses „Gate Array" wurden während des letzten Poduktionschrittes mit Hilfe einer kundenspezifischen Maske auf den Chip übertragen. An die Stelle der Schaltungsentwicklung trat die Maskenkonfiguration, die absolut fehlerfrei sein mußte, weil Fehler später nicht mehr korrigierbar waren. Während der Entwicklungsphase konnte der Maskenentwurf an einem Prototypen mit Hilfe spezieller Geräte so lange getestet werden, bis dieses Ziel erreicht war. Eine andere ASIC-Gruppe sind die von Philips entwickelten FPLA's (Field-Programmable Logic Array), deren Zellen komplexere Schaltungen enthalten; sie sind ausschließlich in bipolarer Technik aufgebaut.

## Schnurlose Telefone

Die Mikroelektronik hielt Anfang der achtziger Jahre auch Einzug in die Technik der Telefonapparate. Tasten hatten inzwischen die langsame mechanische Wählscheibe abgelöst, und dank der Elektronik wurde die Wahlwiederholung und die Speicherung von Rufnummern im Apparat möglich. Die neueste Entwicklung waren die schnurlosen Telefone, die mehr Bewegungsfreiheit beim

*Schnurloses Telefon nach DECT-Standard von Ericsson.*

Telefonieren brachten. Ein schnurloses Telefon besteht aus einer Basisstation, die an das (leitungsgebundene) Telefonnetz angeschlossen ist, und einem Mobilteil, in dem alle zum Telefonieren benötigten Funktionen wie Hören, Sprechen und Wählen integriert sind. Basisstation und Mobilteil stehen über Funk miteinander in Verbindung, die Reichweite der Funkstrecke beträgt einige hundert Meter. Die Frequenzen, die dafür benutzt werden, liegen im Bereich 46...49 MHz und um 900 MHz, die Standards werden mit CT0 (analog), CT1 (analog) und DECT (digital; DECT = Digital Enhanced Cordless Telecommunications) bezeichnet. Der DECT-Standard wurde vom European Telecommunications Standard Institute (ETSI) geschaffen und europaweit eingeführt.

## *1984* SMD-Montagetechnik

Die Komplexität der Schaltungen nahm immer weiter zu. Neue, hochintegrierte IC's mit mehr Anschlüssen kamen auf den Markt, und auch die Anzahl der diskreten aktiven und passiven Komponenten, mit denen die Schaltungen bestückt werden mußten, wuchs ständig. Man suchte deshalb nach einer neuen Montagetechnik für die damals schon sehr kleinen Komponenten, die für die Hybridschaltungen entwickelt worden waren. Die Lösung war die Oberflächenmontage (Surface Mounted Assembly, abgekürzt SMA), bei der die Bauelemente ohne Anschlußdrähte direkt auf die Leiterbahnen der Platine gelötet werden. Dazu mußten die Bauelemente nicht nur äußerst klein, sondern auch besonders zuverlässig sein, denn das Auswechseln defekter Bauteile war wegen der hohen Pakkungsdichte schwierig oder sogar unmöglich. Um die Platinen möglichst effizient automatisch bestücken zu können, wurden Bauelemente in speziellen, miniaturisierten Bauformen entwickelt. Dies sind die „Surface Mounted Devices", abgekürzt „SMD's".

Bewährte Methoden der Schaltungsentwicklung, zu denen der Aufbau eines Prototyps auf einem Experimentierbrett gehörte, waren wegen der diversen parasitären Effekte nicht mehr genügend zuverlässig. Die winzig kleinen SMD's ließen sich nur mühsam von Hand montieren, sie waren für den Versuchsaufbau auf dem Experimentierbrett ungeeignet. Aus diesem Grund wurden nach und nach Computerprogramme entwickelt, mit denen Schaltungen nicht nur am Bildschirm entworfen und gezeichnet werden konnten, sondern der Computer wurde auch befähigt, Schaltungen und ihre Funktionen zu simulieren. Auch die konventionellen Verfahren des Platinenentwurfs waren für die SMD-Technik nicht mehr brauchbar. Die sehr hohe Packungsdichte, die äußerst schmalen Leiterbahnen und die damit verbundenen engen Toleranzen setzten den alten Methoden sowohl technische als auch ökonomische Grenzen. Der Computer wurde in kürzester Zeit zum unentbehrlichen Handwerkszeug des Schaltungsentwicklers, und ein neuer Begriff wurde zum Schlagwort: Computer Aided Design, abgekürzt CAD, hieß die neue Methode, die das Entwickeln und Konstruieren auf den Bildschirm verlagerte.

Die Abmessungen von SMD-Komponenten wurden standardisiert, indem man sogenannte „Bauformen" festlegte. Jeweils zwei Ziffern der Kennzahl geben die Länge und Breite in Hundertstel Zoll (inch) an. Nachstehend sind einige oft verwendete Bauformen und ihre Abmessungen in Millimetern angegeben:

| **Bauform** | **Abmessungen** |
|---|---|
| 0805 | 2,0 × 1,25 mm |
| 1206 | 3,2 × 1,60 mm |
| 1210 | 3,2 × 2,50 mm |

Ein Bestückungsautomat klebt zunächst die SMD's an den vorgesehenen Stellen auf die Platine. Anschließend werden sämtliche Lötstellen, die die Bauelemente mit den Kupferbahnen auf der Platine verbinden, in einem einzigen Arbeitsgang hergestellt. Da die Umstellung auf die SMD-Montagetechnik hohe Investitionen erforderte, konnte sich das Verfahren zuerst nur langsam durchsetzen. Seit den achtziger Jahren hat es jedoch kontinuierlich an Bedeutung gewonnen, unter anderem auch, weil es sich wegen der kurzen Montagezeiten besonders für die Fertigung von Großserien anbietet. Ein weiterer wichtiger Vorteil sind die im Vergleich zur herkömmlichen Verdrahtung wesentlich kürzeren Leitungswege, die höhere Signalfrequenzen zulassen. Ferner ist die Wahrscheinlichkeit von Montagefehlern minimal, vorausgesetzt natürlich, daß der Bestückungsautomat richtig programmiert wurde. In Japan wurden 1979 die ersten Schaltungen von Heimelektronik-Geräten in SMD-Technik hergestellt, zwei Jahre später folgten Hersteller in den USA, und im Jahr 1984 hielt die SMD-Technik auch in Europa Einzug.

## Megaprojekt

1984

Die „Large Scale Integration“ (LSI) machte in den siebziger Jahren die Produktion der ersten dynamischen RAM's mit einer Kapazität von 16 Kbit möglich, was etwa einer voll beschriebenen DIN-A4-Seite entspricht. Siemens begann 1981 als erstes europäisches Unternehmen mit der Produktion von 64-Kbit-DRAM's, die aus ungefähr 150000 MOS-Transistoren bestanden. Der Stand der Halbleitertechnik war inzwischen bei der „Very Large Scale Integration“ (VLSI) angelangt, eine Integrationsdichte, die nach damaliger Definition bedeutete, daß mehr als 100000 Transistoren auf einem einzigen Chip integriert sind. Außer bei den Speicher-IC's lagen die kleinsten lithografischen Strukturen im Jahr 1983 bei 2,5 bis 4 µm. Um die Entwicklung voranzutreiben, hatte Siemens 1980 in der Nähe von München ein Forschungs- und Entwicklungszentrum errichtet. Dort war bis zum Jahr 1983 das 256-Kbit-DRAM bis zur Produktionsreife entwickelt worden. Auf einer Chipfläche von 45 $mm^2$ waren 580 000 Funktionen untergebracht, die Strukturbreite betrug 2 µm. In diesem Speicher-IC war bereits Platz für 16 beschriebene DIN-A4-Seiten.

Gefördert von den zuständigen Ministerien ihrer Länder unterzeichneten Siemens und Philips im Herbst 1984 einen Vertrag über die Zusammenarbeit bei der Entwicklung der Submikrometer-Technologie (Strukturen unter 1 µm). Das kurz darauf ins Leben gerufene „Megaprojekt“ schloß alle Aktivitäten ein, die zum Unterschreiten der Strukturbreite von 1 µm notwendig waren. Arbeitsgrundlage war bei Siemens das 4-Mbit-DRAM, während Philips, zu dessen Produkten keine DRAM's gehörten, das 1-Mbit-SRAM wählte. Beide Speicherarten besaßen hinsichtlich der Integrationsdichte ungefähr die gleiche Komplexität. Auf dem Gelände des Naturwissenschaftlichen Forschungslabors von Philips im niederländischen Eindhoven wurde ein Entwicklungszentrum einschließlich einer Produktionseinrichtung zu Versuchszwecken errichtet. Zur gleichen Zeit erwarb Siemens eine Lizenz von der japanischen Toshiba Corporation, mit der frühzeitig die Produktion des 1-Mbit-Chips aufgenommen werden konnte, Nachfolger des zu der Zeit noch aktuellen 256-Kbit-DRAM. Wo immer möglich wurden alle Aktivitäten auf die Entwicklung der übernächsten Generation konzentriert.

***Zu Versuchszwecken errichtete Produktionsstätte im Rahmen des MEGA-Projektes bei Philips in Eindhoven.***

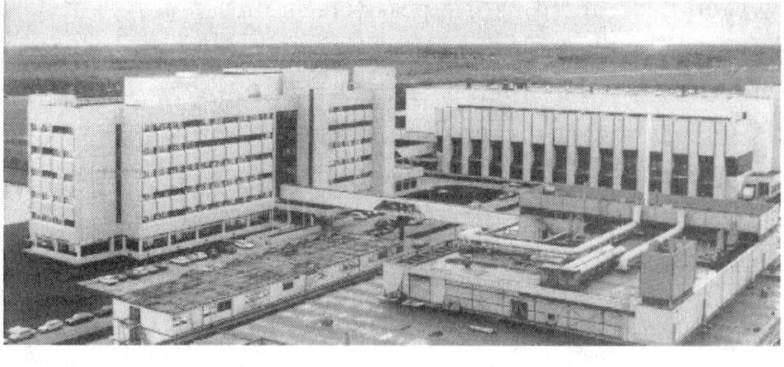

Die Produktion des 1-Mbit-Chips begann bei Siemens im Jahr 1987. Dieses CMOS-IC hatte eine Strukturbreite von 1,2 µm, die Chipfläche betrug 54 $mm^2$. Als das Megaprojekt nach vier Jahren auslief, hatten beide Partner den größten Teil ihrer Ziele erreicht. Außer dem gewonnenen wertvollen „Know-How" waren die Speicher-IC's bis zur Produktionsreife entwickelt worden. Siemens profitierte von der Zusammenarbeit am meisten, denn durch die schnell wachsende Nachfrage nach PC's und anderer speicherintensiver Elektronik nahm die Nachfrage nach DRAM's stark zu. Philips hatte mit seinem 1-Mbit-SRAM etwas weniger Glück. Der stark steigende Bedarf an SRAM's, den viele Experten vorausgesagt hatten, stellte sich nicht ein. Sowohl die Preisentwicklung als auch technologische Verbesserungen hatten das DRAM inzwischen auch für Anwendungen attraktiv gemacht, die kurz zuvor noch zur Domäne der SRAM's gehörten. Noch bevor die Produktion richtig angelaufen war, sah sich Philips veranlaßt, sie wieder zu stoppen. Der finanzielle Verlust war zwar schmerzlich, er konnte jedoch durch Erfolge in anderen Geschäftsbereichen aufgefangen werden. Immerhin hatte das Megaprojekt zu dem Ergebnis geführt, daß nun die neuesten Technologien und Produktionsmittel verfügbar waren. Man konnte der Ära der Submikrometer-Strukturen verhältnismäßig gelassen entgegensehen, und von dem erworbenen Know-How würden schließlich auch andere erfolgreiche Halbleiterprodukte profitieren.

Stärker als sein Partner Siemens hatte Philips auch die Entwicklung der eigenen Produktionsmittel vorangetrieben. Daraus war ein 10:1-Wafestepper entstanden, der die fotoempfindlichen Siliziumscheiben mit lithografischen Strukturen unter 1 µm belichten konnte. Das Justiersystem der Maschine besaß eine Auflösung von 0,02 µm. Für das System hatte das deutsche Unternehmen Carl Zeiss eine spezielle Optik entwickelt, die für die I-Emissionslinie von Quecksilberlampen (Wellenlänge 365 nm) optimiert war. Der Wafestepper verhalf der ASML, einem gemeinsamen Unternehmen von Philips und der Applied Semiconductor Materials, zu einem wichtigen technologischen Vorsprung. Innerhalb eines Jahrzehnts wurde dieser Wafestepper-Hersteller in seinem hochspeziellen Marktsegment zu einem weltweit führenden Unternehmen.

Von hoher marktstrategischer Bedeutung für Siemens und Philips war ferner die vorläufige Unabhängigkeit von Technologietransfers aus anderen Teilen der Welt. Dadurch hatten die Unternehmen eine starke Ausgangsposition, wenn sie mit potentiellen Partnern über die Zusammenarbeit bei zukünftigen Projekten verhandelten.

## *1985* Supraleitung bei hohen Temperaturen

Im November 1985 entdeckten J. G. Bednorz und K. A. Müller, Mitarbeiter des IBM Forschungslabors Zürich, daß ein bestimmtes Oxid von Lanthan, Barium, Kupfer und Sauerstoff bereits bei Temperaturen um 30 K supraleitend wird. Sie veröffentlichten ihre Entdeckung am 17. April 1986. Zum ersten Mal war ein keramisches Material gefunden worden, das die Eigenschaft der Supraleitfähigkeit besaß. Als die Entdeckung von den Wissenschaftlern Paul Chu in Houston und Shoji Tanaka in Tokio innerhalb weniger Wochen bestätigt wurde, stand fest, daß nach 12 Jahren ein neuer Rekord aufgestellt worden war. Chu gelang es sogar, mit einer Verbindung der gleichen Elemente unter bestimmten Randbedingungen eine kritische Temperatur von 40,2 K zu erreichen. Im Februar 1987 entdeckte Chu, daß die Supraleitung nach Tausch des Elementes Lanthan gegen das Element Yttrium ($Y_1Ba_2Cu_3O_7$) sogar schon bei 93 K einsetzte. Damit war ein wichtiger Schwellenwert überschritten, denn für Temperaturen über 77 K brauchte man zur Kühlung kein flüssiges Helium mehr, sondern es genügte der wesentlich preiswertere flüssige Stickstoff. Auch die Entdeckung von Chu erwies sich als reproduzierbar, denn verschiedene Forschungslabors in den USA und Japan kamen zu dem gleichen Ergebnis. In der Folgezeit wurde weltweit danach geforscht, wie man den Rekord von Chu weiter verbessern könnte. Einige Forschungslabors berichteten, daß sie Supraleitung schon bei 0 °C beobachtet hätten, doch diese Behauptungen waren mit der nötigen Skepsis zu betrachten. Von Supraleitung kann nämlich erst dann gesprochen werden, wenn drei Bedingungen erfüllt sind: Es muß ein starker Rückgang des elektrischen Widerstandes feststellbar sein, das Material muß sich ideal diamagnetisch verhalten (Meissner und Ochsenfeld, 1933), und ferner muß das Experiment dem wissenschaftlichen Grundsatz der Reproduzierbarkeit genügen.

Nach einigen Jahren trat die Bedeutung der keramischen Supraleiter wieder in den Hintergrund, nachdem der Rekordwert von Chu nicht nennenswert überboten werden konnte. Die Verwendung von keramischem Material brachte auch einige Probleme mit sich, denn für den SQID (Superconducting Quantum Interference Device) bedeutete eine höhere kritische Temperatur auch mehr Rauschen. Bei anderen Anwendungen, zum Beispiel beim Bau sehr starker Elektromagnete, ergaben sich Schwierigkeiten, aus dem keramischen Werkstoff Leiter in Form von Drähten herzustellen. Auch der Einfluß der Feuchtigkeit in der Umgebung war ein Problem.

## Raster-Elektronenmikroskop *1986*

Zusammen mit Bodo von Borries hatte Ernst Ruska im Jahr 1933 das erste Elektronenmikroskop gebaut. Erst mehr als ein halbes Jahrhundert später, zwei Jahre vor seinem Tod, wurde ihm dafür die höchste Ehrung zuteil; ihm wurde der Nobelpreis verliehen. Allerdings mußte er sich den Nobelpreis mit Gerd Binnig und Heinrich Rohrer vom IBM Forschungslabor Zürich teilen. Diese beiden Wissenschaftler wurden für die Erfindung des „Scanning Tunneling Microscope“ geehrt, einen späten Nachfahren von Ruskas Elektronenmikroskop.

Seit dem Jahr 1933 waren aus dem Elektronenmikroskop verschiedene Weiterentwicklungen hervorgegangen, unter anderem auch das Raster-Elektronenmikroskop, abgekürzt REM. Im REM bewirkt eine zwischen Kathode und Anode angelegte Spannung eine Beschleunigung der Elektronen, die aus einem geheizten Wolframdraht austreten. Eine Elektronenoptik, bestehend aus Kondensor und Objektiv, richten das Elektronenbündel auf ein nicht durchstrahlbares Material aus, so daß dort Sekundäremission auftritt. Der primäre Elektronenstrahl beschreibt auf der Materialoberfläche ein Raster, dazu synchron wird ein Raster auf den Schirm einer Kathodenstrahlröhre geschrieben. Jeder Punkt auf der Materialoberfläche wird durch einen Punkt auf dem Schirm abgebildet. Die Bildinformation entsteht auf die gleiche Weise wie zum Beispiel bei einem Fernsehgerät, die Rasterfrequenz ist jedoch wesentlich höher.

Mit einem Rasterelektronenmikroskop sind Vergrößerungen bis etwa 50000 bei einer Auflösung von 10...20 nm möglich, während bei einem optischen Mikroskop die Obergrenze bei einer Vergrößerung von 1000 und einer Auflösung von 0,1 bis 0,2 µm liegt. Eine andere Eigenschaft des REM kann zur Stoffanalyse genutzt werden. Beim Auftreffen der Elektronen auf das untersuchte Material entsteht Röntgenstrahlung, deren Eigenschaften charakteristisch für die chemische Zusammensetzung sind. Durch Kombination einer geeigneten Meßvorrichtung mit dem REM kann die Anzahl und die Art der Röntgenquanten pro Sekunde bestimmt werden; aus ihnen läßt sich die Zusammensetzung ableiten.

## Flash-EPROM *1987*

Intel brachte 1987 das Flash-EPROM auf den Markt und schloß damit eine Lücke zwischen dem verhältnismäßig teuren EEPROM und dem unflexiblen EPROM. Flash-EPROM's sind nichtflüchtige Speicher, die elektrisch gelöscht und neu programmiert werden können, ohne sie aus der Schaltung herausnehmen zu müssen. Diese Eigenschaften haben sie mit den EEPROM's gemeinsam.

*Löschen und Neuprogrammieren des UV-EPROM ist nur außerhalb der Schaltung mit einem Programmiergerät möglich.*

Das Löschen und Neuprogrammieren von EPROM's ist dagegen nur außerhalb der Schaltung mit UV-Licht und einem speziellen Programmiergerät möglich. Das Wort „Flash" (Blitz) bezieht sich auf die Zeit, die zum Löschen der Daten nötig ist. Der Flash-EPROM-Inhalt läßt sich nämlich in ungefähr einer Sekunde vollständig löschen, während dies beim EEPROM wesentlich länger dauert. Weil dort die Daten byteweise organisiert sind, kann das Löschen abhängig von der Kapazität des EEPROM fünf Minuten oder länger dauern.

## DAT-Recorder

Eine weitere Neuerung im Jahr 1987 war der DAT-Recorder von Sony (DAT = Digital Audio Tape), ein neues digitales Verfahren der magnetischen Tonaufzeichnung. Das verwendete Band ist 3,84 mm breit, hat eine Länge von 60 m und bietet eine Spieldauer von zwei Stunden; die Aufnahmen haben CD-Qualität. Während bei der konventionellen analogen Magnetbandtechnik Längsspuren auf das Band geschrieben werden, mußten für die digitale Aufzeichnung neue Wege beschritten werden. Um die nötige hohe Schreibgeschwindigkeit zu erreichen, wird bei DAT das Schrägspurverfahren mit rotierender Kopftrommel angewendet, das bereits von den Videorecordern bekannt ist. Da der Umschlingungswinkel des Bandes um die Kopftrommel nur 90° beträgt, konnte die mechanische Konstruktion einfach und ohne nennenswerte träge Massen gestaltet werden. Die Kopftrommel hat eine Neigung von 6,35° und dreht mit einer Geschwindigkeit von 2000 Umdrehungen pro Minute. Dabei beträgt die tatsächliche Bandgeschwindigkeit nur 8 mm/s. Bevor die Daten auf das Band geschrieben werden, sorgt ein spezielles Kompressionsverfahren für die Datenreduktion.

Für den Einsatz des DAT-Recorders als Backup-Speicher von Computern entwickelten Sony und Hewlett-Packard das „Digital Data Storage Format" (DDS). Dabei wird das DAT-Format von DDS überlagert, indem es unter anderem die Daten blockweise formatiert. Die Nutzdaten sind in 120 Blöcken untergebracht, die jeweils aus 288 PCM-Bits bestehen. Außerdem werden Adressen aufgezeichnet, um mit Hilfe von Suchfunktionen Datensegmente schnell wiederfinden zu können.

*Digitaler Kassettenrekorder von Philips, dessen dynamischer Bereich 18 Bit umfaßt und der außerdem die adaptive Aufzeichnung mit dem dynamischen Maskierungseffekt koppelt.*

## Digitale Compact Cassette (DCC)

Zur gleichen Zeit arbeitete Philips an der Entwicklung eines digitalen Kassettenrecorders. Bei der Compact Disc (CD) entsteht aus dem analogen Signal durch Abtastung der Amplitudenwerte ein lineares 16-Bit-PCM-Signal, die Abtastfrequenz beträgt 44,1 kHz. Jeder Abtastwert wird von einem 16-Bit-Wort repräsentiert. Im Gegensatz dazu arbeitet die Digitale Compact Cassette (DCC) mit einem dynamischen Bereich, der 18 Bit umfaßt. Wegen der relativ langsamen Bandgeschwindigkeit kann bei der DCC die lineare Pulscodemodulation nicht angewendet werden, so daß man nach einem geeigneten Datenkompressionsverfahren suchen mußte. Theoretische Untersuchungen und ausgedehnte Hörtests führten schließlich zum PASC-Verfahren (Precision Adaptive Subband Coding), bei dem der dynamische Maskierungseffekt und die adaptive Aufzeichnung gekoppelt sind. Die Eigenschaft des menschlichen Ohres, daß laute Signale gleichzeitige leise Signale unhörbar machen, wird „Maskierung" genannt. Das DCC-System nutzt dieses Phänomen, indem es diese schwachen Signale unterdrückt. Dadurch wird auch das Rauschen, bei dem es sich hauptsächlich um Quantisierungsrauschen handelt, unter die Hörschwelle abgesenkt.

Ein wichtiges Merkmal des DCC-Rekorders ist seine Fähigkeit, auch herkömmliche analoge Compact Cassetten abspielen zu können. Ungefähr zur gleichen Zeit, als Philips die DCC einführte, brachte Sony sein konkurrierendes System „MiniDisk" auf den Markt. Als Speichermedium wird hier kein Band verwendet, sondern als Datenträger dient eine CD-ähnliche Scheibe mit einem Durchmesser von 2,5 Zoll. Beim MiniDisk-System wird ein Kompressionsverfahren angewendet, das „ATRAC" heißt (Adaptive Transform Acoustic Coding) und mit PASC ungefähr vergleichbar ist.

## 1988 Black-Line-Farbbildröhre

Philips brachte 1988 einen neuen Bildröhrentyp mit hellerem, kontrastreicherem Bild auf den Markt. Das Glas hatte eine spezielle, dunkle Tönung erhalten, und die Konstruktion der Schattenmaske war weiterentwickelt worden. Invar, eine spezielle Nickel-Eisen-Legierung mit sehr kleinem thermischen Ausdehnungskoeffizienten, gab der Schattenmaske eine erhöhte Stabilität. Die neue Schattenmaske konnte die Streuung von stärkeren Elektronenbündeln auffangen, ohne sich nennenswert zu verformen. Das kam der Farbstabilität und dem Bildkontrast zugute, so daß das Bild insbesondere bei hellem Umgebungslicht an Kontrast und Farbbrillanz gewann.

## Video-Camcorder

Durch die Miniaturisierung von Kamerasystemen und elektronischen Komponenten wurde die Integration von CCD-Kamera und mobilem Videorecorder zu einem handlichen, kameraähnlichen Gerät möglich. Verschiedene japanische und europäische Hersteller der Unterhaltungselektronik-Branche brachten solche „Camcorder" auf den Markt. Zwei nicht miteinander kompatible Systeme stehen zur Wahl: VHS-C und Video 8.

*Über 600 maschinengeschriebene DIN-A4-Seiten kann ein 64-Megabit-Speicher aufnehmen.*

## Jessi-Projekt

Das erste greifbare Ergebnis des Megaprojektes war das 4-Mbit-DRAM, dessen Produktion 1989 bei Siemens begann. Auf dem 91 mm$^2$ großen Chip waren 4194304 Speicherzellen integriert, die kleinste Strukturbreite betrug 0,8 µm. Die Speicherkapazität entsprach dem Text von 250 maschinengeschriebenen DIN-A4-Seiten.

Nachdem das Megaprojekt im Jahr 1988 ausgelaufen war, einigten sich Siemens und Philips auf ein ehrgeiziges Nachfolgeprojekt, das „Jessi" heißen sollte, eine Abkürzung von „Joint European Submicron Silicion Initiative". Die beiden europäischen Konzerne hatten nämlich immer noch berechtigten Grund, eine zukünftige marktbeherrschende Stellung der japanischen und amerikanischen Halbleiterindustrie zu befürchten. In den USA hatte die Halbleiterindustrie mit Unterstützung der Regierung den konzernübergreifenden, auf technologische Zusammenarbeit ausgerichteten Verband „Sematech“ gegründet. Siemens und Philips konnten die Europäische Gemeinschaft davon überzeugen, daß die Bündelung der europäischen Ressourcen von existentieller Bedeutung war. Jessi erhielt den Status eines Eureka-Projektes, und auch der französisch-italienische Halbleiterhersteller SGS-Thomson Microelectronics (STM) schloß sich an. Eine Reihe kleinerer Unternehmen sowie zahlreiche Forschungseinrichtungen übernahmen im Rahmen des Jessi-Projektes Teilaufgaben. Philips geriet kurze Zeit später in eine turbulente Phase der Reorganisation und mußte sich weitgehend von Jessi trennen.

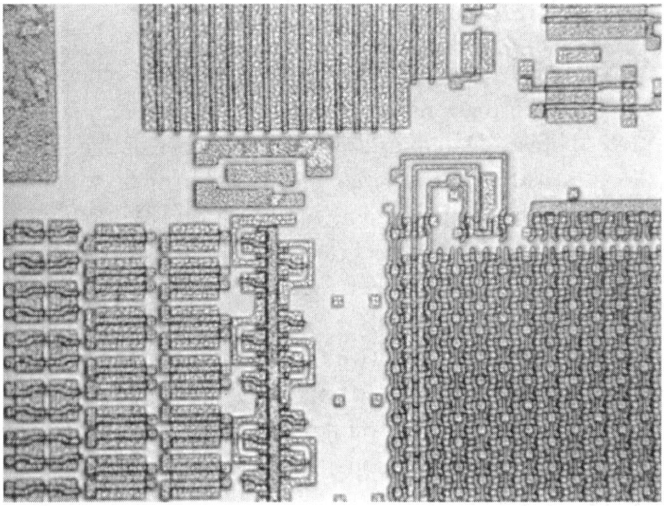

*Teil eines 4-Mbit-Speicherchips.*

## Speicher-IC's (DRAM's)

Siemens ging inzwischen zur Vorbereitung der nächsten DRAM-Generation über, zum 16-Mbit-Chip. Anders als beim Megaprojekt waren die Ziele von Jessi nicht in Form eines bestimmten Endproduktes wie zum Beispiel eines DRAM's festgeschrieben. Deshalb schloß Siemens zusammen mit Toshiba einen Vertrag mit IBM, der die gemeinsame Entwicklung des 16-Mbit-DRAM zum Inhalt hatte. Dieser Chip, in CMOS-Technik und mit kleinsten Strukturen von 0,65 mm, ging 1991 in Produktion. Vier Jahre später, im Jahr 1995, verließen bereits die Nachfolger die Halbleiterschmieden. Der Chip des 64-Mbit-DRAM mit seinen kleinsten Strukturen von 0,4 µm war nicht größer als der frühere 1-Mbit-Chip. IBM, Siemens und Toshiba hatten bereits im Januar 1993 mit der Entwicklung des 256-Mbit-DRAM begonnen. Daraus ging eine zweite, verbesserte Generation von 64-Mbit-DRAM's hervor. Diese DRAM's hatten eine höhere Integrationsdichte, so daß die Chipfläche kleiner war, was man äußerlich an den kleineren Gehäusen erkennen konnte.

## ISDN und lokale Netze

Um 1970 wurde die Idee des öffentlichen, bis zum Teilnehmer digitalisierten Informations- und Datennetzes geboren, das für die Übertragung von Sprache, Text, Daten und Bildern gleichermaßen geeignet sein sollte. Zu dieser Zeit gehörte ein solches Netz jedoch noch weitgehend in den Bereich der Utopie. Zahlreiche Studien, Tagungen und Workshops des CCITT (Comité Consultatif International de Téléphonique et Télégraphique), die sich im Lauf der Jahre mit diesem Thema befaßten, gaben in verschiedenen europäischen Ländern Anstöße für Planungen und Pilotprojekte. Schließlich war das diensteintegrierte digitale Netz, „ISDN" (Integrated Services Digital Network) genannt, nur noch eine Frage der Zeit. Schon 1988 gehörten zum Programm mehrerer Halbleiterhersteller ISDN-Produkte, die nach den Normempfehlungen des CCITT entwikkelt worden waren.

Als Folge der schnellen Verbreitung des Computers, insbesondere des PC, entstand der Wunsch nach lokaler Rechnervernetzung. Verschiedene große Hersteller brachten Hard- und Software auf den Markt, mit denen solche LAN's (Local Area Networks) errichtet werden konnten. Über Interfaces ließen sich die LAN's auch mit anderen Netzen wie zum Beispiel dem öffentlichen Telefonnetz koppeln. Als LAN-Standards wurden außer den Ethernet-Varianten wie Token-Ring (IBM) und Token-Bus auch FDDI (Siemens, AT&T und Hewlett-Packard) und IST-Bus bekannt.

Ethernet, eine Entwicklung von Digital Equipment, Intel und Xerox aus den siebziger Jahren, wurde in den achtziger und neunziger Jahren zum verbreitetsten Standard. Lokale Ethernet- und Thin-Ethernet-Netze sind für die Kommunikation zwischen Computern, Druckern, Plottern, Terminals usw. vorgesehen, sie genügen dem internationalen LAN-Standard IEEE 802.3. Ethernet, ein System mit Busstruktur, kann Abstände bis 2500 m überbrücken, bei Thin-Ethernet sind es 925 m. Das Übertragungsprotokoll ist ebenfalls in der Normschrift IEEE 802.3 festgelegt.

Der IST-Bus (Integrated Service Terminal) wurde als lokales Netz für Wohnhäuser und Büros konzipiert. Der Bus entspricht den ISDN-Spezifikationen und ist für die Kommunikation von Telefonen, PC's, Alarmsystemen, Druckern und ähnlichen Geräten vorgesehen. Die Verbindungen werden durch einfache Zweidrahtleitungen hergestellt, der maximale Abstand beträgt 300 m.

## Bussysteme

Die zunehmende Komplexität und Verarbeitungsgeschwindigkeit digitaler Systeme brachte mit sich, daß immer größere Datenmengen in immer kürzeren Zeiten innerhalb eines Chip zwischen den Komponenten eines Systems und von System zu System transportiert werden mußten. Die Entwicklung vom 4-Bit- zum 32-Bit-Prozessor bedeutete, daß nun viele IC's wesentlich mehr Anschlußpins besaßen und damit auch die Anzahl der Leiterbahnen auf den Platinen stieg. Außerdem mußte den höheren Taktfrequenzen und Arbeitsgeschwindigkeiten durch möglichst kurze Verbindungswege Rechnung getragen werden. Ein System, bei dem eine Vielzahl von Kabeln und Steckern ein unübersichtliches Durcheinander schafft, ist außerdem teurer und störungsanfälliger als ein geordnetes System. Aus diesen Gründen entstanden „schlanke" Multiplexverfahren (hoher Datendurchsatz über Zweidrahtverbindungen wie zum Beispiel im Telefonnetz) sowie an den jeweiligen Verwendungszweck möglichst optimal angepaßte Bussysteme. Ein Bus ist prinzipiell ein Bündel von Leitungen oder Übertragungskanälen, über die Daten und Steuersignale ausgetauscht werden. Von den vielen hundert im Lauf der Zeit entwickelten Bussystemen können hier nur einige erwähnt werden.

**I$^2$C-Bus** (Inter-IC-Bus) wird ein Bus genannt, der zur Kommunikation zwischen integrierten Schaltungen in Steuerungssystemen und ähnlichen Geräten dient. Über den I$^2$C-Bus können 8-bit- und 16-Bit-Mikrocontroller mit peripheren IC's und weiteren Mikrocontrollern innerhalb des gleichen Gerätes kommunizieren. Der Datenaustausch findet im seriellen 8-bit-Format über eine Zweidrahtleitung statt. Verglichen mit einem parallelen 8-bit-Bus hat dies den Vorteil, daß die Anzahl der IC-Pins verringert und die Platine verkleinert werden kann.

**I$^2$S-Bus** (Inter-IC Sound-Bus) ist ein Bussystem für die Kommunikation in digitalen Audio-Systemen wie DAT-Recordern und CD-Spielern. Über den Bus werden digitale Audio-Informationen zwischen den IC's im seriellen Format transportiert, zum Beispiel die 16-bit-Datenworte, die die Abtastwerte eines Stereosignals repräsentieren. Die Vorteile sind die gleichen wie beim I$^2$C-Bus. *1988*

**D$^2$B** (Domestic Digital Bus), ein Bus, der für die zentrale Steuerung von Audio-, Video- und anderen Geräten im häuslichen Bereich geschaffen wurde. Über den Bus kann zum Beispiel der Empfangskanal des TV-Gerätes gewählt und der Videorecorder gestartet oder gestoppt werden. Die Datenübertragung übernimmt eine Dreidrahtleitung mit einer maximalen Länge von 150 m.

**CAN-Bus** (Controller Area Network) heißt ein 1986 von Bosch eingeführter Bus. Dieser serielle Bus ist für die langsame, störsichere Kommunikation zwischen Regelungssystemen in Umgebungen konzipiert, die durch elektromagnetische Störsignale überlagert sind. Typische Anwendungen des CAN-Bus sind Aggregate und Steuerungen in Autos sowie Industriemaschinen. Die maximal 100 m lange Zweidrahtleitung kann dort die teuren, vieladrigen Kabelbäume ersetzen.

**VME-Bus** (Versabus Module Europe) ist der Name einer europäischen Bus-Variante, die um 1980 aus einem industriellen Bus-System von Motorola, dem „Versabus" entstand. Der VME-Bus entwickelte sich schnell zum Standard für die Europakarten-Module in den genormten 19-Zoll-Gehäusen, wie sie im professionellen Bereich weit verbreitet sind. Beim VME-Bus handelt es sich um einen schnellen, parallelen 32-bit-Bus (40 Mbyte/s) für den „Real-Time"-Datentransport. Der Bus wurde als Quasi-Standard von zahlreichen Herstellern übernommen, so daß man heute aus der Vielzahl der angebotenen VME-Module leistungsfähige, maßgeschneiderte Prozessorsysteme zusammenstellen kann. Im Lauf der Jahre wurde der VME-Bus mehrfach an die technische Entwicklung angepaßt. So wurde 1997 die Version VME 320 eingeführt, die die Übertragungsgeschwindigkeit des inzwischen auf 64 Bit erweiterten Bus von 80 auf 320 Mbyte/s steigerte.

## Datenkompression

Die Digitalisierung von Bild und Ton mit immer besseren Auflösungen, Farbtiefen und Klangqualitäten führte dazu, daß Bild- Klang- und Filmclip-Dateien immer umfangreicher wurden. Um Speicherplatz zu sparen und Übertragungszeiten zu reduzieren, ging man dazu über, Datenkompressionsverfahren anzuwenden. Die ISO (International Standardisation Organisation) rief eine Expertengruppe ins Leben, die einheitliche Kompressions- und Expansionsverfahren für den Bereich der audiovisuellen Information und Kommunikation erarbeiten sollte. Diese Arbeitsgruppe wurde unter ihrem Namen „Motion Pic-
*1988* ture Expert Group" (MPEG) bekannt. Die daraus hervorgegangenen Standards heißen MPEG-1 (ISO 11172) für Ton- und MPEG-2 (ISO 13818) für Bildkompression.

## Compact Disc Interactive (CD-i)

Nach dem großen Erfolg der Compact Disc lag der Gedanke nahe, Audio- und Videoinformationen, Text und Daten gemeinsam auf einer CD zu speichern.

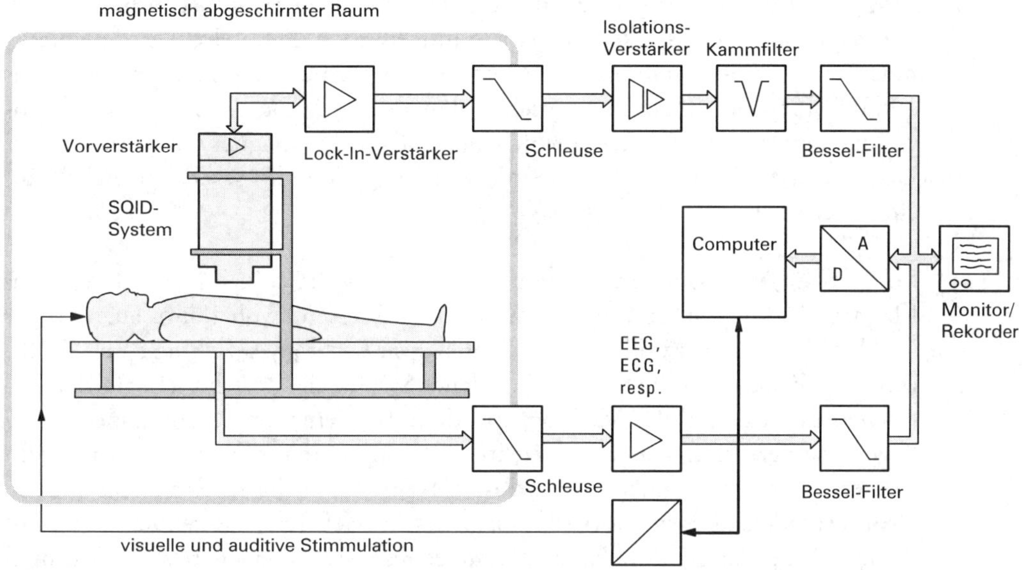


***Prinzip eines Krenikon-Systems für die biomagnetische Diagnostik.***

Das Ziel war ein multimediales System, bei dem der Anwender in den Ablauf und die Art der Präsentation interaktiv eingreifen konnte. Bedingung sollte dabei sein, daß die Informationen auf die 12-cm-Standard-CD passen und daß die CD auch auf einfacheren CD-Wiedergabesystemen abspielbar ist. Das Ergebnis war das CD-i-System, wobei das „i" für „interaktiv" steht. Im November 1988 stellte Philips das System der Presse vor. Um die größeren Informationsmengen auf der CD unterzubringen, mußte das bei der Audio-CD verwendete Datenformat geändert werden. Dort wird das analoge Signal mit einer Frequenz von 44,1 kHz abgetastet, die Abtastwerte werden als lineare 16-bit-PCM-Worte gespeichert. Bei der CD-i wird das digitale Signal außerdem nach MPEG-2-Standard datenkomprimiert.

## Krenikon

Die biomagnetische Diagnostik ist eine Methode, die magnetische Körpersignale des Patienten mißt und auswertet. Solche Signale werden von bestimmten Organen ausgesendet, insbesondere vom Herz und vom Gehirn. Für den Patienten hat die biomagnetische Diagnostik den unschätzbaren Vorteil, daß keine

Eingriffe in den Körper nötig sind. Der technische Aufwand ist recht hoch, da die magnetische Feldstärke der Signale nur etwa ein Zehntel des Erdmagnetismus beträgt. Die ersten Arbeiten auf diesem Gebiet stammen aus dem Jahr 1965. Baule und MacFee beschrieben damals das Aufnehmen eines Magneto-Cardiogramms durch Messen von Änderungen der magnetischen Induktion. Dazu benutzten sie zwei Spulen mit sehr hoher Windungszahl, gewickelt auf einen Ferritkern.

Von Cohen, Edelsack und Zimmermann wurde 1970 zum ersten Mal ein Magneto-Cardiogramm mit einem SQID gemessen, wobei nur ein einziger Meßkanal vorhanden war. Damit konnten zwar wichtige Aufschlüsse und Erfahrungen gewonnen werden, doch ein solches System eignet sich nicht für den klinischen Einsatz, weil der Meßkopf mit dem magnetischen Sensor ständig seine Lage verändern muß. Spontane elektrische Aktivitäten, die zum Beispiel beim Herzen auftreten können, sind selbst als Summe nicht meßbar. Aus diesem Grund entwickelte Siemens das biomagnetische Meßsystem „Krenikon", das mit nicht weniger als 37 Meßkanälen und ebenso vielen magnetischen Sensoren (Gradiometern) arbeitet. Die Gradiometer haben eine sechseckige Form, sie passen wie Bienenwaben ineinander. Dadurch wird eine maximale Empfindlichkeit für den magnetischen Fluß erreicht. Die Meßergebnisse weichen nur geringfügig von den Ergebnissen ab, die andere, in den Körper des Patienten eingreifende Diagnoseverfahren liefern; für die Vorbereitung einer Therapie, zum Beispiel eines chirurgischen Eingriffs, sind sie voll ausreichend.

## *1990* Fuzzy Logic

Unscharfe Logik (Fuzzy Logic) ist eine Methode, mit der bestimmte Aufgaben, hauptsächlich aus der Steuerungs- und Regelungstechnik, ohne komplizierte wissenschaftliche Modelle gelöst werden können. Außerdem gibt es Fälle, für die kein definiertes und damit lösbares wissenschaftliches Modell existiert. In solchen Situationen kann die Fuzzy Logic oft weiterhelfen. Die Grundlagen wurden schon 1965 von Lofti Zadeh, Professor an der Berkeley University, beschrieben. Zadeh ging von der Theorie über die Gruppenbildung von Elementen aus, die nur teilweise einer bestimmten Gruppe angehören. Anfang der neunziger Jahre wurde dieser Theorie wieder mehr Aufmerksamkeit zuteil. Fuzzy Logic ist auf viele Objekte anwendbar, bei denen mehrere Prozesse gleichzeitig geregelt oder gesteuert werden müssen. Als Beispiele seien Klimaanlagen, Robotersysteme und intelligente Kameras genannt.

## Hochauflösendes Fernsehen (HDTV) *1992*

Auch die Fernsehtechnik schritt im Lauf der Jahre weiter voran. Digitale Techniken hielten sowohl in die Studios als auch in die Empfangsgeräte Einzug, so daß sich neue Möglichkeiten der Programmgestaltung und des Gerätekomforts eröffneten. Der nächste Schritt war die Weiterentwicklung der schon Jahrzehnte alten Fernsehnormen.

Die heute weltweit verbreiteten TV-Systeme kann man abhängig von der verwendeten Farbfernsehnorm in drei Hauptgruppen unterteilen. Zur Zeit existieren folgende Farbfernsehnormen:

- das amerikanische NTSC-System (National Television System Committee) mit 525 Zeilen und einer Rasterfrequenz von 60 Hz, verbreitet in 32 Ländern,
- das französische Secam-System (Sequentiel Couleur à Memoire) mit 625 Zeilen und einer Rasterfrequenz von 50 Hz, verbreitet in 42 Ländern,
- das deutsche PAL-System (Phase Alternating Line) mit ebenfalls 625 Zeilen und einer Rasterfrequenz von 50 Hz, verbreitet in 63 Ländern.

***Prototyp eines HDTV-Gerätes von Philips.***

HDTV (High Definition Television) bedeutet „hochauflösendes Fernsehen“, es soll die bisherigen TV-Standards in naher oder ferner Zukunft ablösen. HDTV-Systeme verbessern insbesondere die vertikale Bildauflösung, indem sie, verglichen mit den bisherigen Systemen, mit ungefähr der doppelten Zeilenzahl arbeiten. Dadurch erreicht die Bildauflösung eine so hohe Qualität, daß das Bild vom menschlichen Auge bei normalem Betrachtungsabstand nicht stärker aufgelöst werden kann. Ferner ist das Bildformat von 4:3 auf 16:9 verbreitert, und das Stereo-Tonsignal hat CD-Qualität. Folgende HDTV-Systeme sind bisher vorgestellt worden:

- das japanische MUSE-System (Multiple SubNyquist Sampling Encoding) mit 1125 Zeilen und 60 Hz Rasterfrequenz; das Übertragungsverfahren arbeitet analog, gesendet wird über Satellit,

- das europäische HD-MAC-System (High Definition Multiplexed Analogue Components) mit 1250 Zeilen und 50 Hz Rasterfrequenz; auch hier arbeitet das Übertragungsverfahren analog, gesendet wird ebenfalls über Satellit,

- das amerikanische System mit 1050 Zeilen und 60 Hz Rasterfrequenz, vorgesehen für digitale Übertragungsverfahren über terrestrische Sender und Satellit.

Das japanische MUSE-System, entwickelt von der NHK (Nippon Hoso Kyokai), war schon 1975 vorführbereit. MUSE war jedoch zu keinem existierenden System kompatibel, so daß weder die TV-Studios noch die Zuschauer um die Neuanschaffung sämtlicher Geräte herumgekommen wären, wenn die TV-Sender das System eingeführt hätten. Japan unternahm 1982 einen Anlauf, das MUSE-System vom CCIR (Comité Consultatif International des Radiocommunications) zur internationalen HDTV-Norm erklären zu lassen. Dies scheiterte jedoch an dem erheblichen Widerstand von Frankreich (Thomson), den Niederlanden (Philips) und anderen Ländern. Im Mai 1990 stellten Philips, Thomson und Bosch dem CCIR ein neues, europäisches HDTV-System vor. Das CCIR faßte jedoch noch keinen definitiven Beschluß über einen HDTV-Weltstandard.

Inzwischen wurde in den USA an der Entwicklung digitaler TV-Übertragungssysteme gearbeitet. Digitale Übertragungsverfahren und die damit verbundene Videokompression haben im Vergleich zu analogen Verfahren viele Vorteile, die benötigte Bandbreite des Übertragungskanals ist jedoch wesentlich höher. Der Datenfluß des nichtkomprimierten digitalen Videosignals wurde deshalb durch Kompression um den Faktor 20 bis 40 von 216 Mbit/s auf 5...10 Mbit/s reduziert. Die Bild- und Tonqualität wird dadurch für den Zuschauer nicht spürbar beeinträchtigt. Das komprimierte Videosignal kann über terrestrische Sender und Satelliten ausgestrahlt werden, und auch die Speicherung auf digitalen Medien ist möglich. Bei digitalen HDTV-Signalen beträgt der Datenfluß jedoch einige Gbit/s, so daß hier noch eine bedeutend stärkere Kompression notwendig wäre.

Die Entwicklung ist zur Zeit noch sehr im Fluß, digitales Fernsehen wird jedoch schon von einigen kommerziellen Satellitensendern angeboten.

## Elektronenmikroskopie *1994*

Im März 1994 stellte Philips ein neues, sehr leistungsfähiges Raster-Elektronenmikroskop (REM) vor. Die Entwicklung fand im Rahmen des Brite-Euram-Projektes „Sub Ångström Characterisation" statt, an dem auch die Universitäten Tübingen, Antwerpen und Delft teilnahmen. Um ein Bild von der Oberfläche des zu untersuchenden Präparates zu erzeugen, wird das Präparat von einem Elektronenstrahl abgetastet. Dieses REM erreicht eine maximale Vergrößerung von mehr als 400000. Das Bild wird digital gespeichert und angezeigt; es kann sowohl von einer Polaroid-Kamera fotografiert als auch von einem Laser- oder Videodrucker ausgedruckt werden. Für die digitale Bildspeicherung steht ein Archivierungssystem zur Verfügung, mit dem sich Bilder leicht wiederfinden lassen. Inzwischen gelang es auch, die Hochspannung, mit der das REM arbeitet, von 20...30 kV auf 0,8...2 kV zu reduzieren. Ein weiteres Entwicklungsziel ist die Erhöhung der Auflösung auf 10 nm. Mit dieser Auflösung ist die Untersuchung von Objekten möglich, deren Größenordnung im Bereich der Moleküle liegt. Raster-Elektronenmikroskope werden vielfältig für die Untersuchung von Halbleiterstrukturen eingesetzt, so daß die Halbleiterindustrie der größte Abnehmer ist.

Zu einem anderen Zweig der Elektronenmikroskopie gehört das Transmissions-Elektronenmikroskop (TEM). Die Weiterentwicklung dieses Mikroskopes war ebenfalls ein Ziel des erwähnten Brite-Euram-Forschungsprojektes. Ein TEM läßt sich mit einem Diaprojektor vergleichen, bei dem ein Bild auf eine Leinwand projiziert wird, wenn Licht durch das Dia dringt. Beim TEM wird nicht Licht durch das Präparat geschickt, sondern es werden extrem schnelle Elektronen hindurchgeschossen, die auf einem dahinter angeordneten fluoreszierenden Schirm ein Bild erzeugen. Das Präparat muß äußerst dünn sein (weniger als einige zehn Nanometer), da es anderenfalls die Elektronen blockiert. Ein TEM kann deshalb nicht zur Untersuchung der Präparatoberfläche eingesetzt werden. Kleinere Atome wie die Atome von Sauerstoff, Stickstoff und Kohlenstoff, zum Beispiel in keramischen Materialien, sehr harten Carbiden und Oxiden, kann man mit einem TEM voneinander unterscheiden. TEM's trifft man seit längerer Zeit in medizinisch-biologischen Laboren an, und auch für die Materialuntersuchung und die Entwicklung von Arzneimitteln werden sie zunehmend eingesetzt.

## Zellularer Mobilfunk

Ein Mobiltelefon ist ein portables Gerät, das unabhängig von einer individuellen Basisstation an jedem Ort eines landesweiten oder länderübergreifenden Netzes betriebsbereit ist. Die heutigen Netze haben eine Struktur aus überlappenden

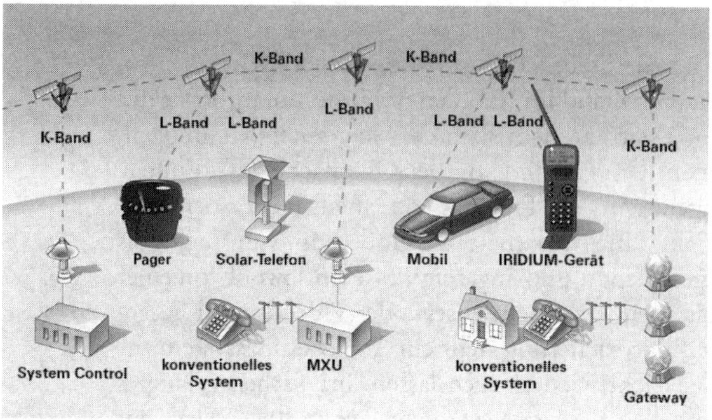


*Das Telekommunikationsnetz „Iridium", konzipiert von Motorola.*

Funkzellen, so daß die verfügbaren Frequenzbänder ökonomisch genutzt werden können. In Deutschland wurde 1985 das sogenannte C-Netz in Betrieb genommen, ein analoges, zellular aufgebautes Mobilfunknetz. Digitale zellulare Netze gibt es in Europa seit Anfang der neunziger Jahre. Der dafür entwickelte Standard ist das „Global System for Mobile Communication", abgekürzt GSM. Zwei außereuropäische Standards, die noch erwähnt werden sollen, sind „US Digital" (USA) und „Digital" (Japan). Digitale Mobilfunknetze erlaubten zunächst nur die Sprachkommunikation innerhalb der Mobilfunk- und Festnetze, inzwischen ist jedoch auch die Daten- und Faxkommunikation möglich.

*1994*

Motorola entwickelte in den letzten Jahren das Iridium-Projekt, das die weltweite mobile Sprach- und Datenkommunikation ermöglichen soll. Das Rückgrat dieses Netzes bilden insgesamt 66 geostationäre Telekommunikationssatelliten. Nach den Plänen der Entwickler soll Iridium noch in diesem Jahrhundert seinen Betrieb aufnehmen.

## *1995* Optischer Bandrecorder

Auf der Konferenz für optische Datenspeicherung, die 1995 in Dana Point (Kalifornien) stattfand, stellte Philips den Prototypen eines digitalen Kassettenrecorders vor. Die Daten (Audio, Video oder beliebige andere Daten) wurden bei diesem Recorder optoelektronisch gelesen. Die digitale optische Datenspeicherung auf Bändern als Speichermedium ist technisch schwieriger beherrschbar als beispielsweise bei der flachen Compact Disc. Das von Philips entwickelte System arbeitete mit einer geschlossenen Kassette, in der sich ein Fenster für die optische Abtastung befand.

Ein schwieriges Problem war die präzise parallele Spurführung auf dem Band über relativ lange Strecken hinweg. Gelöst wurde das Problem durch Aufteilung der Spuren in 1 mm lange Abschnitte, so daß die exakte Parallelität nur für jeweils einen solchen Abschnitt eingehalten werden mußte. Das zweite Problem bestand darin, die Spurabschnitte mit einem Laserstrahl genügend schnell abzutasten. Um die angestrebte hohe Datengeschwindigkeit zu erreichen, mußte sich der Laserstrahl mit einer Geschwindigkeit von 20 m/s über die 1 mm langen Spurabschnitte bewegen. Dieses Problem wurde durch einen Sechskantspiegel gelöst, der sich mit 3000 Umdrehungen pro Sekunde um die eigene Achse drehte. Das Ergebnis war, daß der Strahl 3000 x 6 = 18000 mal pro Sekunde über jeden einzelnen Spurabschnitt geführt wurde. Während dieses Vorganges bewegte sich das Band um genau einen Millimeter vorwärts. Die Spiegelaufhängung mußte sehr hohen Anforderungen genügen, damit der Spiegel nicht in Schwingungen geriet. Beim vorgestellten Prototypen bestand das Band aus Zelluloid als Träger und einer fotoempfindlichen Schicht als digitalem Speichermedium. Philips gab bekannt, daß der Datenrecorder zunächst noch nicht in Produktion gehen soll.

## 256-Mbit-DRAM

Im Jahr 1995 war das 64-Mbit-DRAM der Stand der Technik in der Produktion von dynamischen RAM's. Wie schon beschrieben, arbeiteten IBM, Siemens und Toshiba seit Januar 1993 gemeinsam an der Entwicklung der nächsten DRAM-Generation. Am 6. Juni 1995 präsentierten die drei Partner gleichzeitig ihre ersten Muster des kleinsten und schnellsten vollwertigen 256-Mbit-DRAM der Welt. Einzelheiten über die angewendete CMOS-Technik wurden auf dem VLSI-Symposion veröffentlicht, das vom 6. bis 10. Juni in Kyoto (Japan) stattfand. Der Chip hatte eine Fläche von 13,25 x 21,55 mm, die kleinsten Strukturen betrugen 0,25 µm bei einem kleinsten gegenseitigen Abstand von 0,55 µm, und die Zugriffszeit lag bei 26 ns. Dieser Chip konnte mit seinen 256 Millionen Speicherzellen bequem den Text von 16000 maschinengeschriebenen DIN-A4-Seiten speichern, ein Umfang, den die vollständigen Werke von Goethe, Schiller, Lessing und Shakespeare zusammen noch längst nicht erreichen.

Motorola schloß sich der Zusammenarbeit von IBM, Siemens und Toshiba im November 1995 an. Die vier Unternehmen beschlossen die gemeinsame Entwicklung von technologisch hochentwickelten Speicherchips, wobei die Entwicklung des 1-Gbit-Chip das erklärte Hauptziel war.

## *1996* Der flache TV-Bildschirm

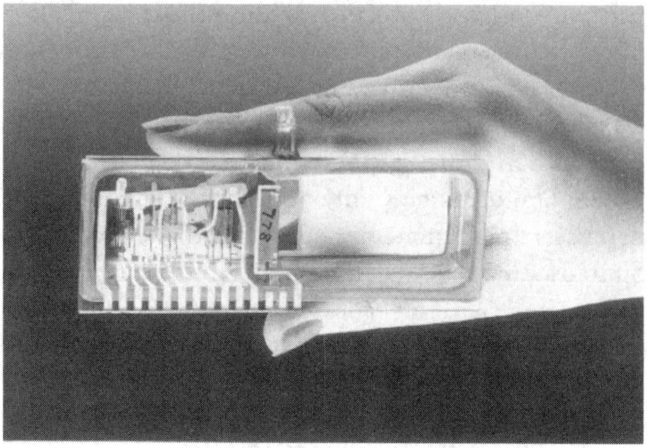

***Der flache TV-Bildschirm von Sinclair Research mißt 10 x 5 x 2 cm.***

Schon Anfang der sechziger Jahre gab es die Vision vom flachen TV-Bildschirm, der wie ein modernes Gemälde an der Wand hängt. Als Mitte der sechziger Jahre die lichtemittierenden Dioden (LED's) einsatzfähig wurden, glaubte man, das dies der erste Schritt zum flachen Bildschirm sei. Doch die Steuerung von hunderttausenden stromfressenden Leuchtpunkten in den drei Primärfarben und auch die dadurch verursachte Störstrahlung erwiesen sich als ein Problem, das mit akzeptablem Aufwand nicht gelöst werden konnte. In den späten siebziger Jahren wurde ein neuer Anlauf unternommen, denn mit den inzwischen technisch ausgereiften Flüssigkristallanzeigen (LCD's) stand eine völlig neue Technologie zur Verfügung. Die Entwicklung führte zunächst zu text- und grafikfähigen monochromen LCD-Flachbildschirmen für tragbare Computer, auch „Laptops" genannt. Etwas später gelang es, Miniatur-LCD-Anzeigen auch in Farbe herzustellen; sie wurden unter anderem in Suchersysteme von Videokameras und in Taschen-TV-Empfänger eingebaut. Ferner machten die Plasmabildschirme von sich reden, die jedoch wegen ihres hohen Preises nur als Monitore von Computersystemen Verwendung fanden.

Auf der Messe „Cebit Home", die im August 1996 in Hannover stattfand, zeigte Philips einen flachen, für die farbige TV-Bild-Wiedergabe entwickelten Großbildschirm mit einer Diagonalen von 107 cm und einer Tiefe von nur 10 cm. Grundlage für die Entwicklung war eine Plasmatechnologie, die jedoch nicht von Philips stammte. Auch auf der Berliner Funkausstellung im Spätsommer 1997 erwies sich der Großbildschirm als Publikumsmagnet. Andere TV-Gerätehersteller, unter ihnen Grundig und Loewe, zeigten hier ebenfalls, wie das TV-Gerät der Zukunft aussehen könnte. Die Vision vom flachen TV-Bildschirm ist inzwischen Wirklichkeit geworden, doch da er im Vergleich zur Farbbildröhre zur Zeit noch ein Vielfaches kostet, werden noch einige Jahre vergehen, bis er in Millionen Wohnzimmern an der Wand hängt. Daß der Preis in naher Zukunft kontinuierlich sinken wird, bezweifelt niemand. Schließlich mußten schon in den dreißiger Jahren die meisten Menschen eine volle Woche arbeiten, um sich eine einzige Radioröhre kaufen zu können…

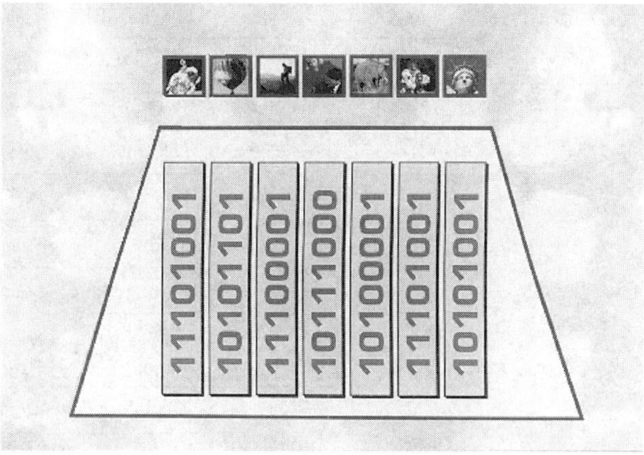


***Für das Programmangebot bedeutet digitales Fernsehen eher Quantität als Qualität.***

## Digitales Fernsehen

Moderne Kompressionsverfahren können die für die digitale TV-Übertragung theoretisch notwendige Bandbreite ohne sichtbare Qualitätseinbußen stark reduzieren. Die Verfahren sind inzwischen so weit entwickelt, daß die digitale Übertragung im Rahmen der bisherigen TV-Kanäle möglich ist. Einige kommerzielle Sender, die ihre Programme über Satelliten ausstrahlen, setzen seit 1997 auch digitale Übertragungsverfahren ein. Für den Zuschauer bedeutet dies, daß er (gegen Entgelt) unter zahlreichen weiteren Programmen auswählen kann.

***Zahlreiche Unternehmen präsentieren sich mit hohem Engagement im Internet.***

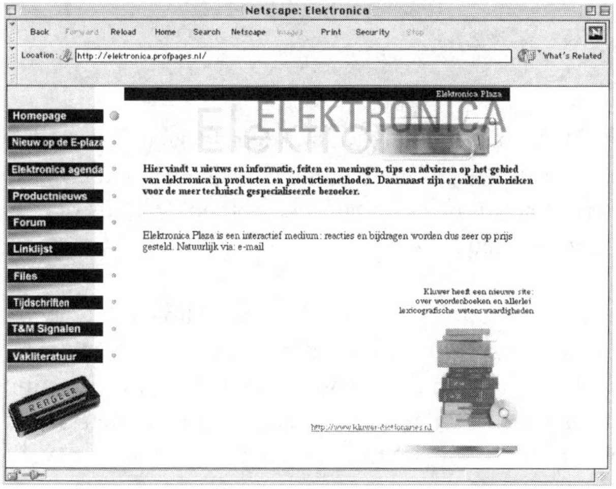


## Internet *1997*

Der letzte Abschnitt dieses Buches ist dem Internet gewidmet, und das hat sicher eine symbolhafte Bedeutung. Obwohl das Internet erst seit kurzer Zeit im Blickpunkt des öffentlichen Interesses steht, kann es doch auf eine längere Geschichte zurückblicken. Im weitesten Sinn fließen im Internet fast alle

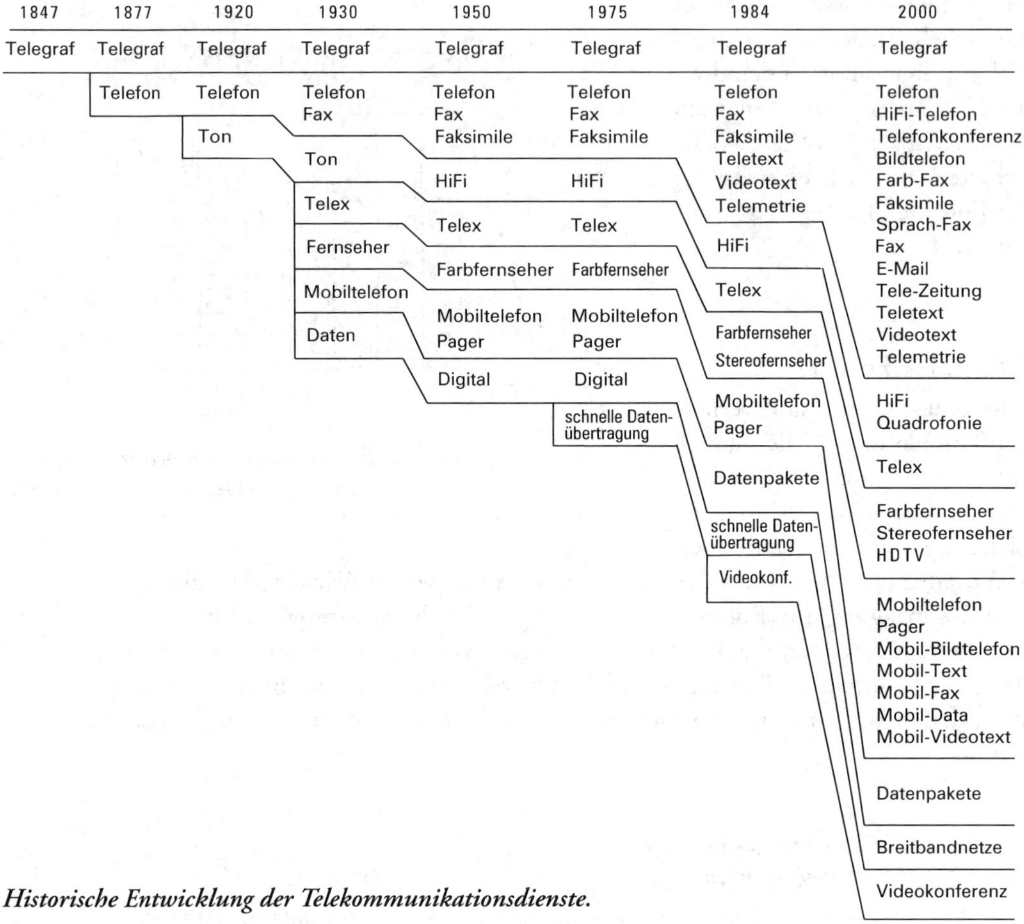


***Historische Entwicklung der Telekommunikationsdienste.***

Strömungen der in diesem Buch beschriebenen zweihundertjährigen Geschichte der Elektrotechnik und Elektronik zusammen. Die engere Internet-Entstehungsgeschichte reicht immerhin rund 40 Jahre zurück, in jene Zeit, als der erste Weltraumsatellit die Erde umrundete.

Nachdem die Sowjetunion am 4. Oktober 1957 ihren ersten „Sputnik“ erfolgreich in den Weltraum geschossen hatte, litten die Amerikaner unter dem sogenannten „Sputnik-Schock“. Für das amerikanische Verteidigungsministerium war dies Anlaß genug, alle wissenschaftlichen Ressourcen der amerikanischen Universitäten und sonstigen Forschungseinrichtungen auf dem Gebiet der Weltraumforschung zu bündeln. Dazu wurde die Advanced Research Projects Agency (ARPA) gegründet, die innerhalb kurzer Zeit ein spezielles nationales Kommunikations- und Datennetz installierte. Über das ARPA-Netz konnten die für heutige Maßstäbe noch sehr einfachen und leistungsschwachen Computer der Universitäten und Forschungseinrichtungen Informationen austauschen. Allmählich wuchs das ARPA-Netz zu einem internationalen Netzverbund der wissenschaftlichen Zentren heran. Wegen der Vielzahl der unterschiedlichen Computersysteme glichen die Übertragungsprotokolle und sonstigen technischen Standards allerdings eher einem Flickenteppich als einer präzise definierten Plattform. Zwei Entwicklungen, die ihren Ursprung beim Forschungszentrum CERN in Genf hatten, waren für die Verbreitung und Popularisierung des Internet entscheidend. Der erste Schritt war das Kommunikationsprotokoll TCP/IP (Transport Control Protocol / Internet Protocol), das inzwischen zum Internet-Standardprotokoll geworden ist. An zweiter Stelle stand ein „Notebook"-Programm, das CERN-Mitarbeiter Tim Berners-Lee im Jahr 1980 schrieb. Dieses Programm schuf die Grundlage für das später als „Hypertext" bekanntgewordene objektorientierte Konzept für die Darstellung von Informationsinhalten. Anfang 1989 entwickelte Berners-Lee eine Systematik, mit der die Flut an Textinformationen innerhalb des CERN auf der Grundlage von stichwortorientierten Suchmechanismen übersichtlicher und beweglicher gestaltet werden sollte. In den Jahren 1989 bis 1995 entstand daraus das World Wide Web, eine Entwicklung, die ebenfalls von CERN-Wissenschaftlern vorangetrieben wurde. Seit dem Start der ersten Web-Version gegen Ende des Jahres 1990 ist die Popularität des World Wide Web ständig gestiegen. Inzwischen erschließt das Internet den Zugriff auf viele Millionen Dokumente zu allen nur denkbaren Themenkreisen, gespeichert in Datenbanken, die über den ganzen Globus verstreut sind. Ein Schreibtischcomputer mit Modem, eine Telefonleitung und eine Anmeldung bei einem Internet-Anbieter genügen, um auf die „Datenautobahn" zu gelangen. Die Welt wird durch die damit geschaffene globale Vernetzung zum virtuellen Dorf, in dem die Begriffe von Raum und Zeit eine neue Dimension erhalten.

# Nachwort

*Prof. Dr. J. Davidse*

Dieses Buch führt den Leser chronologisch durch die zweihundertjährige Geschichte der Elektrotechnik und Elektronik. Trotzdem ist das Buch kein historischer Abriß, der sich streng wissenschaftlich an Jahreszahlen orientiert, sondern es hat eher den Charakter einer Enzyklopädie. In dem folgenden Nachwort, um das mich Autor und Verlag baten, habe ich einige Gedanken zu diesem Buch zusammengefaßt.

Manchen Entwicklungen geht eine lange Vorgeschichte voraus, so daß später nicht mehr nachvollziehbar ist, wo die Wurzeln lagen und welche Kräfte die Richtung vorgaben. Der Ursprung einer Innovation ist sicher wichtig; noch wichtiger aber scheint mir, in welchem Umfeld eine Innovation den Durchbruch schaffte und wie sie das Leben der Menschen veränderte. Das Buch zeichnet ein eindrucksvolles Bild von den Anfängen, den Wegen, den Zwischenstationen und den Zielen der Entwicklungen auf dem jungen, faszinierenden Gebiet der Elektrotechnik und Elektronik.

## Schlüsselrolle der Elektronik

Als Geburtsstunde der Elektronik gilt die Erfindung der Vakuumtriode von Lee de Forest im Jahr 1906. Die Triode war das erste aktive, signalverstärkende Bauelement, dessen Arbeitsweise auf der Erkenntnis beruht, daß elektrische Ladung an geladene Teilchen, Elektronen genannt, gebunden ist. Die Elektronik ist noch nicht einmal ein Jahrhundert alt, und es sind noch Menschen unter uns, die die gesamte Entwicklung von Anfang an miterlebt haben. Obwohl ein knappes Jahrhundert, gemessen an den Dimensionen der Weltgeschichte, nur ein äußerst kurzer Zeitraum ist, haben die Ergebnisse dieser Entwicklung fast alle menschlichen Lebensbereiche durchdrungen. Es ist tatsächlich so, daß die Gesellschaft von der Elektronik in hohem Maß abhängig geworden ist. Das wird schnell deutlich, wenn man sich den hypothetischen Fall vorstellt, daß plötzlich alle elektronischen Systeme und Geräte ihren Dienst versagen. Es gäbe keine Kommunikation mehr über das Telefon und auch kein Radio und kein Fernsehen. Der Straßenverkehr käme zum Erliegen, nicht nur weil die Ampeln streikten, sondern auch weil die Autos mit ihren elektronisch gesteuerten Aggregaten stehenbleiben würden. Flugzeuge könnten weder starten noch landen, Aufzüge blieben stecken, und Kaminfeuer und Kerzen müßten wieder als Heizung und Beleuchtung dienen. Der Geldverkehr wäre auf einfache Bargeld-Transaktionen reduziert, und sämtliche Bürocomputer ständen nur noch nutzlos herum. Der einzige Segen für die Menschheit wäre, daß gleichzeitig alle modernen Waffensysteme nur noch Schrottwert hätten…

Keine andere neue Technik konnte im Verlauf der Menschheitsgeschichte einen so hohen Durchdringungsgrad in so kurzer Zeit erreichen. In der Rückschau ist das wahrscheinlich nur dadurch erklärbar, daß die Elektronik für die modernen Informationstechnologien der Nährboden und Wegbereiter war. Das Streben, Informationen zu steuern, zu kanalisieren und zum eigenen Wohl zu nutzen, gehörte schon immer zu den Aktivitäten des Menschen. Frühere Manifestationen dieses Strebens waren zum Beispiel die Entwicklung der artikulierten Sprache, das Entstehen von Schriftsystemen, die Buchdruckerkunst und sogar die Filmtechnik. Auch von diesen Entwicklungen wurde das Leben der Menschen verändert und durchdrungen; auffällig ist allerdings, daß dies um so langsamer geschah, je weiter die betreffende Entwicklung zurückliegt. Als die elektronischen Informationstechniken in das alltägliche menschliche Leben vordrangen, fanden sie eine fast ideale Infrastruktur vor, und ferner kamen sie elementaren menschlichen Bedürfnissen entgegen, die wahrscheinlich niemals ganz befriedigt werden können.

## Innovationen zur richtigen Zeit

Die Realisierung von Ideen und Visionen ist ebenso wie die technische Nutzung von Erfindungen nur möglich, wenn die dafür notwendigen Technologien bereitstehen. Das wirklich Erstaunliche an der Entwicklung der Elektronik von den Anfängen bis zur Gegenwart ist die Tatsache, daß immer dann, wenn eine Technologie an ihre Grenzen stieß und der Fortschritt abzuflachen drohte, eine neue, die Grenzen überwindende Technologie am Horizont erschien. Während der ersten vierzig Jahre war die Elektronenröhre das Bauelement, das im Mittelpunkt des Geschehens stand. Bis zum Ende dieser Epoche waren ihre funktionellen Eigenschaften so weit herangereift, daß man sie fast als ideal bezeichnen konnte. Trotzdem hatte die Röhre einige Eigenschaften, die ihrem Einsatz in manchen Geräten und Systemen recht deutliche Grenzen setzten: Sie beanspruchte viel Raum und Fläche, sie war erschütterungsempfindlich und zerbrechlich, und außerdem war sie verschwenderisch im Umgang mit elektrischer

Energie. Gerade zur richtigen Zeit, nämlich im Jahr 1947, wurde der Transistor erfunden, der genau diese Begrenzungen um mindestens eine Größenordnung nach vorn verschob. Damit wurde gleichzeitig das bis dahin weitgehend verschlossene Tor aufgestoßen, das der Realisierung digitaler Verfahren und Systeme im Weg stand. Als zu Beginn der sechziger Jahre die Komplexität der Schaltungstechnik einen Stand erreicht hatte, der unter vertretbarem Aufwand und bei unveränderter Zuverlässigkeit kaum noch steigerbar war, kam die nächste technologische Revolution zu Hilfe: Diesmal waren es die integrierten Schaltungen, die zur richtigen Zeit die erreichten Grenzen sprengten. Am Anfang war der Integrationsgrad noch bescheiden, doch das änderte sich schnell, und die Zeiten, die zwischen SSI (Small Scale Integration), LSI (Large Scale Integration), VLSI (Very Large Scale Integration), ULSI (Ultra Large Scale Integration) und ELSI (Extremly Large Scale Integration) lagen, waren ziemlich kurz. Inzwischen sind Chips mit vielen Millionen Transistorfunktionen längst keine Besonderheit mehr.

## Höhen und Tiefen

Wenn man in diesem Buch blättert, kann man sehr leicht den Eindruck gewinnen, daß die Geschichte der Elektronik von einem Höhepunkt zum nächsten eilte. Doch Niederlagen und Mißerfolge werden in der Rückschau oft von Siegen und Triumphen überdeckt, das ist ein bekanntes menschliches Phänomen. Die Elektronik blieb nicht von Irrwegen und Fehlentwicklungen verschont, auch wenn es vergleichsweise nicht sehr viele waren. Ein Beispiel für einen fatalen Fehlschlag sind die Magnetblasenspeicher, in deren Entwicklung zwar Unsummen investiert wurden, die aber trotzdem in die Kategorie der geschichtlichen Kuriositäten eingestuft werden müssen. Nur wenig besser erging es der Tunneldiode: Obwohl man sich zunächst viel mehr von ihr versprochen hatte, nimmt sie heute nur einen bescheidenen Platz unter den Halbleiterbauelementen ein. Wahrhaft gigantische Summen wurden in die Entwicklung von Audio- und Videosystemen, insbesondere in alternative Bildaufzeichnungsverfahren investiert. Ein unter dem Namen „Selectavision" vorgestelltes System mit kapazitiver Bildspeicherung war ebenso ein Fehlschlag wie die TED-Bildplatte mit ihrer mechanischen Abtastung.

Als gefährliches Terrain für Investitionen von Kapital und Arbeitskraft erwiesen sich auch die Signal-Bild-Wandler, insbesondere von dem Zeitpunkt an, als die Entwicklung über einfache Oszilloskop- und Schwarz-Weiß-Bildröhren hinausging. Seit den dreißiger Jahren war die einstrahlige Kathodenstrahlröhre der unangefochtene Favorit, bis um 1950 Bewegung in die Szene kam. Inzwischen hatte man nämlich neue Möglichkeiten entdeckt, die den Traum vom flach an der Wand hängenden TV-Bild („Picture-on-the-Wall TV") ein Stück näher rückten. Für die Realisierung standen gleich mehrere physikalische Grundprinzipien zur Wahl: die Elektrolumineszenz, der gerade erst erforschte Mechanismus der lichtemittierenden Diode (LED) und die Gasentladung. Man war überzeugt, daß mindestens eine der vielen vorhandenen Ideen zum Erfolg führen müßte. Doch das sollte sich trotz aller Bemühungen als Trugschluß erweisen.

Der Realisierung der absolut flachen Kathodenstrahlröhre, von der in jener Zeit ebenfalls die Rede war, stand ein enormer Aufwand an Entwicklungsarbeit auf dem Gebiet der Elektronenoptik entgegen. Inzwischen war auch das Schwarz-Weiß-Bild nicht mehr zeitgemäß, sondern die elektronischen Bilder mußten nun, dem Vorbild der Kinofilme folgend, farbig werden. Für die Realisierung gab es von verschiedenen Seiten mehrere erfolgversprechende Vorschläge. Eine der ersten Ideen war die Verwendung von drei mechanisch voneinander unabhängigen Bildröhren, deren Bilder über Grundfarbenfilter übereinanderprojiziert werden sollten. Ein anderer Vorschlag begnügte sich mit einer einstrahligen Direktsicht-Bildröhre; sie sollte so gesteuert werden, daß der Elektronenstrahl stets den richtigen Bildpunkt in der für den Bildaufbau notwendigen Primärfarbe aufleuchten ließ. Für die Realisierung dieses Prinzips gab es weitere, unterschiedliche Ideen. Auch die Bildröhre mit drei Elektronenstrahlen, einen für jede Primärfarbe, gehörte zu den damaligen Vorschlägen. Bei dieser Bildröhre mußte dafür Sorge getragen werden, daß jeder Elektronenstrahl nur Bildpunkte der ihm zugeordneten Primärfarbe treffen konnte. Die Herstellung der dreistrahligen Bildröhre war aufwendig, die Röhrenkonstruktion war mit verschiedenen prinzipiellen Unzulänglichkeiten behaftet, zum Beispiel der hohen Empfindlichkeit gegen magnetische Störfelder. Die Steuerung konnte jedoch einfacher und weniger kostspielig realisiert werden als bei den anderen Verfahren. Da damals alle Schaltungen mit Röhren arbeiten mußten, war auch dies ein wichtiger Gesichtspunkt.

Die Idee von der dreistrahligen Farbbildröhre führte schließlich zum Konzept der Schattenmasken-Röhre. Bei der Radio Corporation of America (RCA) setzte man alles daran, die Schattenmaskenröhre so schnell wie möglich zur Serienreife zu entwickeln. Erstaunlicherweise gewann RCA gegenüber konkurrierenden Entwicklungen einen erheblichen Vorsprung, und schon nach verhältnismäßig kurzer Zeit kam die erste, einigermaßen brauchbare Farbbildröhre auf den Markt. Damit war das Rennen um den zukünftigen Signal-Farbbild-Wandler entschieden. Der weitere Weg war vorgezeichnet, ihn waren schon, um nur zwei

Beispiele zu nennen, der Automotor und die Schallplatte gegangen: Ein unvollkommenes, unzulängliches Grundprinzip konnte sich dank zahlreicher, immer wieder neuer kleinerer Verbesserungen sehr lange behaupten, obwohl der Umstieg auf ein anderes Grundprinzip zur richtigen Zeit zu einer eleganteren und ökonomisch besseren Lösung geführt hätte. Die mechanische Schallplatte räumte erst nach rund hundert Jahren ihr Feld zugunsten der CD, und die Kraftfahrzeugtechnik wird noch immer von dem Motor beherrscht, der durch das Zünden von Explosionen Bewegung erzeugt. Um 1955 wäre einem Zukunftsforscher sicher wenig Vertrauen in den Erfindergeist des Menschen bescheinigt worden, wenn er damals vorausgesagt hätte, daß vierzig Jahre später noch immer die Schattenmaskenröhre die einzige gangbare Alternative unter den Signal-Farbbild-Wandlern ist. Am Beispiel der RCA wird ferner deutlich, daß ein einziger glänzender Erfolg noch längst keine Garantie für weitere Erfolge ist. Die Radio Corporation of America gibt es inzwischen nicht mehr, denn bei der Entwicklung weiterer Projekte, zu denen unter anderem ein alternatives Großbildsystem gehörte, hatte man sich zu sehr verausgabt. Noch immer werden weltweit viele Milliarden investiert, um den idealen Nachfolger der Schattenmasken-Farbbildröhre zu entwickeln. Bis zur Marktreife kann es jedoch noch längere Zeit dauern, schließlich wurde auch die antiquierte mechanische Schallplatte erst nach vielen Jahrzehnten von der CD abgelöst.

Andererseits gibt es in Geschichte der Elektronik auch zahlreiche Beispiele für geradlinige, fast schon zwangsläufige Entwicklungen. Die Evolution der integrierten Schaltungen war nicht von nennenswerten Fehlschlägen und Irrtümern begleitet. Das Grundkonzept erwies sich als äußerst solide, die Marschrichtung stimmte, und nur so war es möglich, daß eine technische Revolution begann, die fünfundzwanzig Jahre früher noch in den Sternen gestanden hatte.

## Erfinder und Erfindungen

Der Motor des Fortschritts hat zwar vielfältige Gestalt, immer aber sind es Menschen, die ihn vorantreiben. Während der Anfangsjahre mußten in der Elektronik zunächst grundlegende Prinzipien und Verfahren entwickelt werden, ein Betätigungsfeld, das dem individuellen Forscher und Erfinder am nächsten liegt. Daher war das erste Jahrzehnt von Einzelgängern geprägt, deren Antrieb vor allem die Suche nach neuen Erkenntnissen und später auch deren technische Nutzung war. Auf der einen Seite gab es den grübelnden, mit wissenschaftlichen Methoden arbeitenden Gelehrten, auf der anderen Seite den experimentierfreudigen Pragmatiker, der ohne tiefgreifende wissenschaftliche Vorbildung mit einer gewissen Unbefangenheit an die Dinge heranging. Ein typisches und gleichzeitig auffälliges Beispiel für die zweite Gruppe ist Thomas Alva Edison, ein sehr ideenreicher, kreativer Erfinder. Edison wollte einmal eine Telegrafenverbindung demonstrieren, die ohne Relais größere Entfernung überbrücken konnte. Die Vorführung, die ihm zuvor an einem anderen Ort mühelos gelungen war, scheiterte an der Unkenntnis der physikalischen Zusammenhänge. Edison hatte übersehen, daß sich das Kabel, das diesmal auf einer Trommel aufgewickelt war, anders verhielt als das in voller Länge ausgerollte Kabel während des ersten Versuchs. Nachzutragen ist hier, daß Koaxialkabel zu jener Zeit noch nicht existierten...

Wissenschaftliche Persönlichkeiten aus der Pionierzeit der Elektronik waren Fleming, Lee de Forest, Langmuir, Braun, von Ardenne und Tellegen, um nur einige von ihnen zu nennen. Marconi gehörte etwa zur Hälfte beiden Gruppen an, denn einerseits besaß er durchaus solide Grundkenntnisse der Physik, andererseits war er der unermüdliche, fast schon besessene Experimentator, der manchmal die Realität vergaß. An das technische Gespür und die zielsichere Intuition von Edison reichte er längst nicht heran. Ein typisches Beispiel ist Marconis Antennenanlage, mit der er von England aus drahtlos den Atlantik überbrücken wollte. Kurz nachdem sie errichtet war, bereitete der erste stärkere Sturm dem Vorhaben ein jähes Ende.

In späteren Jahren wurden die mit der Weiterentwicklung verbundenen Aufgaben zunehmend komplexer. Die Einzelkämpfer standen immer mehr auf verlorenem Posten, die Gruppenarbeit, heute „Teamwork" genannt, setzte sich durch. In Patentschriften aus neuerer Zeit findet man nicht selten eine längere Namensliste, in der die gemeinsamen Erfinder verzeichnet sind.

## Grenzen und Rahmenbedingungen

Wenn man die stürmische Geschichte der Elektronik von ihren Anfängen bis zur Gegenwart betrachtet, taucht irgendwann die Frage auf, ob die Möglichkeiten der Innovation und Weiterentwicklung grenzenlos sind, oder ob es natürliche Grenzen gibt. Es wird sich sicher lohnen, diese Frage etwas genauer zu untersuchen.

Die erste und am leichtesten nachvollziehbare Grenze bilden die physikalischen Gesetze; sie haben absoluten Charakter, denn sie sind nicht veränderbar. Allerdings ist keineswegs immer leicht zu entscheiden, ob eine erreichte Grenze unverrückbares Naturgesetz ist oder ob das nur den Anschein hat. Irrtümer unterlaufen hier insbesondere den Erfindern, denen die Naturwissenschaften und ihre Gesetze etwas weniger vertraut sind. Doch auch die etablierte Wissenschaft ist davor nicht immer gefeit. So stritt man sich in den zwanziger Jahren um die Frage, wie viele Sender in einem vorgegebenen Frequenzband untergebracht werden können, ohne daß sie sich gegenseitig stören. War das Phänomen der Seitenbänder nur Bestandteil des mathematischen Modells, oder existierten die Seitenbänder, die ein Stück des spektralen Raumes belegen, tatsächlich? Wenn sie nicht existieren, würde die Anzahl der möglichen Sender ausschließlich von der Trennschärfe des Empfängers abhängen. Die Erfindung der Frequenzmodulation löste eine ähnliche Diskussion aus. Wie groß mußte der Frequenzhub mindestens sein, um Informationen übertragen zu können? An solchen Fragen wird deutlich, daß eine Grenze, die zunächst als unüberwindliches Naturgesetz gilt, auch von einer ganz anderen Qualität sein kann.

Ein weiteres Beispiel: In den ersten Jahren nach der Erfindung des Transistors wurde schnell klar, daß der Transistor die Elektronenröhre in vielen Anwendungen ersetzen würde. Die Verstärkung von hochfrequenten Signalen, so glaubte man, würde jedoch immer eine Domäne der Elektronenröhre bleiben. Dafür gab es das scheinbar unwiderlegbare Argument, daß die Elektronen im Vakuum der Röhre hohe Geschwindigkeiten erreichen können, während sie beim Transistor durch das Kristallgitter in ihrer Bewegungsfreiheit behindert werden. Das ist, wie man heute weiß, tatsächlich so, doch bei der Verstärkung hochfrequenter Signale kommt es nicht auf die Geschwindigkeit der Elektronen an, sondern auf ihre Laufzeit, also auf den Quotienten aus dem zurückgelegten Weg und der Geschwindigkeit. Die Grenzen der damaligen Transistortechnik waren kein unumstößliches Naturgesetz, sondern es waren Grenzen, die von der verfügbaren Technologie gesetzt wurden. Daß die weitere Entwicklung zu Submikrometer-Strukturen führen könnte, lag ganz einfach außerhalb des Vorstellungsvermögens. In diesem Zusammenhang ist schon erstaunlich, daß die Transistorisierung der TV-Geräte im HF-Teil, dem Tuner, begann.

Im Lauf der Geschichte von Naturwissenschaften und Technik ist es nur äußerst selten vorgekommen, daß die Entwicklung bis zu einer tatsächlich unüberwindbaren Grenze vorstieß. Zum Beispiel liegt die Anzahl der Siliziumatome, die zur sicheren Speicherung eines einzelnen Bit mindestens notwendig ist, immer noch um viele Größenordnungen niedriger als die Anzahl der Siliziumatome, aus denen die heutigen Strukturen bestehen. Hier gibt es also, mindestens theoretisch, noch viel Entwicklungsspielraum. Ein Gegenbeispiel ist der Bildverstärker, dessen Entwicklung fast die natürliche Grenze erreicht hat. Die Aufgabe eines Bildverstärkers besteht darin, die von Photonen getragenen Informationen in Informationen umzusetzen, die von Elektronen getragen werden. Für den primären Photonenstrom gelten die Poisson'schen Gesetze, die besagen, daß das Signal-Rausch-Verhältnis proportional zur Wurzel aus der Anzahl der Photonen ist. Bei modernen Bildverstärkern ist die Umsetzung und die nachfolgende Verstärkung so effizient, daß diese Prozesse so gut wie kein Rauschen zum Signal hinzufügen. Eine weitere, nutzenbringende Verbesserung des Bildverstärkers ist deshalb nicht mehr möglich. Natürlich schließt das nicht die Weiterentwicklung mit dem Ziel aus, daß man mit einfacheren Mitteln und niedrigeren Kosten das gleiche Ziel erreicht. Doch damit wird nicht die erreichte Grenze überwunden, sondern es entsteht eine alternative, effizientere Technologie.

Hier wird nun eine zweite Grenze deutlich; es ist eine Grenze, die von der Verfügbarkeit der Technologien abhängt und deshalb verschiebbar ist. Ein gemeinsames Kennzeichen solcher Grenzen ist ihre Bindung an die Zeit: Was früher unmöglich schien, ist heute selbstverständlich, was heute Utopie ist, kann schon bald zum Bereich des Möglichen gehören. Prophezeiungen von dem, was die Zukunft bringen wird, sind allerdings schwierig, und Vorhersagen darüber, wann ein bestimmtes Ziel erreicht ist, sind fast unmöglich. Ein Beispiel ist die Halbleitertechnik, deren Entwicklung in der Vergangenheit mit ungeahnter Geschwindigkeit voranschritt. Von der Erfindung des Transistors bis zu den heutigen Hochleistungschips haben sich immer wieder alle vorausschauenden Abschätzungen während der einzelnen Etappen als unzutreffend erwiesen. Nach wie vor ist die Halbleitertechnik in schnell fortschreitender Bewegung begriffen, und selbst wenn irgendwann einmal ein Ende erreicht sein sollte, bleibt immer noch ein enormes Entwicklungspotential für neue Anwendungen übrig. Es kommt weniger darauf an, welche Möglichkeiten für die Entwicklung neuer Geräte und Systeme die zukünftigen Technologien schaffen, wichtiger ist vielmehr, welche Entwicklungen sinnvoll und ökonomisch erfolgversprechend sind. Auch hier stößt der Fortschritt auf Grenzen, die ihre eigenen Gesetzmäßigkeiten und Unwägsamkeiten haben.

Als erstes sei der ökonomische Aspekt betrachtet: Für die meisten Produkte gilt die Regel, daß der Preis einen wichtigen Einfluß auf die Nachfrage hat. Die Entwicklung der Halbleitertechnik hat das Preis-Leistungs-Verhältnis von Produkten aus dem Bereich der Elektronik im Lauf der Jahre erheblich verbessert. Während der Ära der diskreten Halbleiterbauelemente gingen kluge Leute davon aus, daß zehn bis zwanzig für damalige Maßstäbe „große“ Computer den Weltbedarf an Computerleistung abdecken würden. Selbst in den gewagtesten

Zukunftsvisionen war kein Platz für die Vorstellung, daß fünfundzwanzig Jahre später ein kleines, preiswertes Gerät in der Schultasche eines Fünfzehnjährigen die Rechenleistung eines damaligen Großcomputers haben könnte. Die ökonomischen Rahmenbedingungen hängen zweifellos in hohem Maß vom Entwicklungsstand der Technologien ab. Trotzdem gibt es absolut keine Garantie dafür, daß bezahlbare Produkte sich immer einen Markt erobern. Vorhersagen sind oft falsch gewesen, und insbesondere die Entwickler von neuen Produkten haben sich häufig geirrt. Vielleicht liegt das daran, daß sie dazu neigen, ihre eigene Begeisterung am technischen Fortschritt zu verallgemeinern; sie gehen davon aus, daß jeder das neue Produkt unbedingt besitzen möchte. Während der ersten Jahrzehnte in der Geschichte der Elektronik traf das auch tatsächlich zu. Fast alle neuen Erfindungen und die daraus entwickelten Produkte wurden vom faszinierten Publikum gefeiert. Dann aber ging die Begeisterung allmählich zurück, man glaubte nun, daß im Bereich der Elektronik sowieso nichts mehr unmöglich sei. Über neue Produkte und Dienste staunte man kaum noch, sie wurden fast wie selbstverständlich hingenommen. Da zahllose Neuerungen in immer kürzeren Abständen aufeinander folgten, mußten die Menschen zwangsläufig neue Mechanismen für die Akzeptanz von neuen Produkten entwickeln. Nicht nur die Ingenieure und Techniker, sondern auch die Marktstrategen tun sich mit der Einschätzung dieses Konsumverhaltens äußerst schwer. Weshalb konnte sich die Audio-CD in kürzester Zeit etablieren, während die Video-Platte einige Jahre zuvor ein Fehlschlag war? Warum gelang der digitalen Compact Cassette (DCC) nicht, was die Audio-CD mühelos schaffte? Aus technischer Sicht ist die DCC ein hervorragendes Produkt; die Geräte sind sogar zur alten Technik kompatibel, was für die Audio-CD nicht zutrifft. Ein anderes Beispiel für die Unberechenbarkeit des Marktes sind die digitalen Armbanduhren: Sie mußten ihren Marktanteil weitgehend an die analogen Zeigeruhren zurückgeben, während bei Weckuhren mit oder ohne Radioteil die Digitalanzeige allgemein akzeptiert wird. Da die Art der Anzeige nur ein Ausstattungsdetail ist, konnten sich die Uhrenhersteller verhältnismäßig leicht an die Käufergewohnheiten anpassen. Für ein völlig neues Produkt müssen jedoch nicht selten Milliarden in die Entwicklung und Produktionsvorbereitung investiert werden. Hier kann die Interaktion zwischen „Market Pull“ und „Technology Push“ unvorhersehbare Folgen in ganz anderen Dimensionen nachsichziehen. Bei der Entwicklung von Produkten für den professionellen Markt sind solche Unsicherheiten zwar geringer, trotzdem darf man sie auch hier nicht unterschätzen. Aus nicht immer nachvollziehbaren Gründen gelingt es manchen mittelmäßigen Produkten oder Systemen, einen „De-facto-Standard“ zu schaffen, während die technisch überlegene Konkurrenz das Nachsehen hat.

Eine weitere Kategorie von Grenzen und Rahmenbedingungen liegt im sozialen und politischen Bereich. Betroffen ist hier vor allem die Entwicklung von solchen Systemen, die unmittelbare oder mittelbare Auswirkungen auf die Infrastrukturen haben. Dazu zählen zum Beispiel militärische Systeme, Verkehrsleit- und -kontrollsysteme, medizinisch-diagnostische Systeme und vieles mehr. Ob ein bestimmtes militärisches Nachrichtensystem, ein Gebührenerfassungssystem für Autobahnzufahrten oder ein Rechnerverbundsystem für Schulen entwickelt wird, um nur einige Beispiele zu nennen, hängt von politischen Entscheidungen ab. Für den Ingenieur und Techniker ist die Einschätzung einer politischen Marschrichtung noch wesentlich schwieriger als die Beurteilung der Akzeptanz eines zukünftigen Produktes durch den Käufer.

Damit ist der Kreis der Grenzen und Rahmenbedingungen noch nicht geschlossen. Es fehlt noch eine sehr wichtige Kategorie, die man als „Lasten der Vergangenheit" bezeichnen könnte. Nachfolgend sollen zwei Arten von Altlasten an einigen Beispielen verdeutlicht werden.

Die Festschreibung von technischen Standards muß sich an den technischen Möglichkeiten orientieren, die zur Zeit der Festschreibung aktuell gegeben sind. Wenn sich später infolge der fortschreitenden Entwicklung neue, bessere Möglichkeiten eröffnen, müßten eigentlich auch die Standards angepaßt werden. Inzwischen sind jedoch hohe Investitionen an Geld und Arbeitskraft in die Infrastrukturen geflossen, die auf den festgelegten Normen aufbauen. Eine stetige Anpassung der Standards an den technischen Fortschritt ist deshalb unmöglich. Stellvertretend für zahlreiche Beispiele sei hier der AM-Rundfunk genannt, der wegen der Belegung eines doppelten Seitenbandes und der geringen Modulationstiefe ein ausgesprochen ineffizientes Verfahren ist. Doch in den Anfangsjahren des Rundfunks hatte man keine andere Wahl, weder die Sende- noch die Empfangstechnik konnte eine Alternative bieten. Bei der Fernsehtechnik war die Situation sehr ähnlich. Die Synchronisation durch Impulse, deren Breite einem Viertel des Bildinhaltes entspricht, ist aus heutiger Sicht eine ausgesprochen verschwenderische Methode. Gegen Störeinflüsse durch überlagertes Rauschen ist dieses Verfahren jedoch ziemlich unempfindlich, eine Eigenschaft, die in der Anfangszeit unverzichtbar war. An den Beispielen wird deutlich, daß die Forderung nach Kompatibilität zu einer älteren, eigentlich längst überholten Technik eine schwere Hypothek für neue Entwicklungen bedeuten kann.

Eine andere Art von Altlast muß mitgeschleppt werden, wenn es einer neuen, an sich überlegenen Technik nicht gelingt, sich gegen eine etablierte ältere Technik durchzusetzen. Das ältere System ist häufig im Vorteil, weil die prinzipiell bedingten Nachteile durch zahlreiche kleinere Verbesserungen kaschiert worden sind und sich der Käufer mit den trotzdem noch vorhandenen Unzulänglichkeiten arrangiert hat. Die Ablösung der zwar schlechteren, aber voll entwickelten Technik gelingt nur, wenn die Überlegenheit der neuen Technik unübersehbar (oder unüberhörbar) ist. Anders läßt sich kaum erklären, daß die alte Rillenschallplatte ein rundes Jahrhundert überdauern konnte. Die Schattenmasken-Farbbildröhre befindet sich noch immer im Wettstreit mit neuen, besseren Alternativen. Nur dort, wo ihre Nachteile so schwer ins Gewicht fallen, daß eine andere Lösung unumgänglich war (zum Beispiel beim Laptop), mußte sie bisher ihr Feld räumen.

Die letzte, aber nicht weniger wichtige Kategorie von Grenzen und insbesondere von Rahmenbedingungen betrifft den Menschen; man kann sie unter dem Begriff der „Ergonomie" zusammenfassen. Alle Produkte und Systeme müssen stets so beschaffen sein, daß der Mensch mit ihnen umgehen kann, ohne sich mühsam an sie anpassen zu müssen. Dies mag eigentlich selbstverständlich erscheinen, und in vielen Fällen ist es tatsächlich selbstverständlich. Die Breite einer Klaviertaste wird von der Anatomie der menschlichen Hand bestimmt, die Anzahl der Klaviertasten hängt von den Eigenschaften des menschlichen Ohres ab. Auch die Abmessungen eines Taschenrechners orientieren sich an der menschlichen Anatomie, und nicht etwa am Volumen der eingebauten elektronischen Bauelemente. Daß die ergonomischen Rahmenbedingungen vernachlässigt werden, passiert jedoch öfter als man glaubt. Technisch gesehen sind die Bedienelemente von Geräten und Systemen oft sehr ausgeklügelt, - man denke an die drei- oder vierfache Funktionsbelegung von Tasten oder Hebeln -, für den Benutzer werden sie jedoch schnell zum Alptraum. Ebenso läßt das Einfühlungsvermögen der Autoren von Bedienungsanleitungen in die Denkweise des Käufers oft zu wünschen übrig, auch hier liegt die Ergonomie häufig sehr im argen.

Die Liste der Grenzen und Rahmenbedingungen, an die der Fortschritt gebunden ist, ließe sich noch ein Stück verlängern. Doch trotz aller einschränkenden Vorgaben werden im Bereich der Elektronik ständig neue Produkte entwickelt und auf den Markt gebracht. Dabei hat sich das Tempo, mit dem dies geschieht, im Vergleich zu früheren Jahren stark beschleunigt. Überraschen kann das kaum, denn die technologischen Rahmenbedingungen, insbesondere in der Chip-Produktion, sind inzwischen so weit gesteckt, daß eine Ausschöpfung der Möglichkeiten in näherer Zukunft kaum zu erwarten ist.

## Wie wird es weitergehen?

Nach so eingehenden Betrachtungen der Vergangenheit soll natürlich auch ein Blick auf die nähere und vielleicht auch fernere Zukunft geworfen werden. Allerdings darf man vom Autor dieses Nachwortes nicht allzu viel an sicheren Vorhersagen erwarten, da er der Zunft der Ingenieure und Techniker angehört. Diese Berufsgruppe zeichnet sich bekanntlich dadurch aus, daß ihre Visionen noch seltener Realität werden als die Zukunftsvorstellungen anderer Menschen.

Was bringt die Zukunft? Die größten Leistungen der modernen Elektronik liegen im Bereich der Speicherung und Verarbeitung informationstragender Signale. Um dieses Potential nutzen zu können, müssen die informationstragenden Signale von geeigneten Signalquellen geliefert werden, für den Transport sind Übertragungskanäle notwendig, die Verarbeitung macht Signalwandler und Aktuatoren erforderlich, und schließlich wird für jede einzelne Funktion in der Verarbeitungskette Energie benötigt. Im Vergleich zur Signalverarbeitung scheint bei der Entwicklung der übrigen Bereiche ein gewisser Nachholbedarf vorhanden zu sein.

Signalquellen sind in der Regel Sensoren, denn die zu verarbeitenden primären Informationen haben nur selten die physikalische Form elektrischer Signale. Von den Sensoren werden die Informationen gewissermaßen in eine von elektronischen Systemen verstehbare Form übersetzt. Die Neu- und Weiterentwicklung von Sensoren für die verschiedensten Zwecke läuft schon seit einiger Zeit auf Hochtouren, und sicher ist die Annahme berechtigt, daß dieser Zweig der Elektronik noch stark an Bedeutung gewinnen wird. Die Miniaturisierung wird dabei eine wichtige Rolle spielen.

Für den Signaltransport braucht man Verbindungen, die entweder aus Leitungen (Kupfer, Glasfaser) oder aus Funkstrecken bestehen. Funkkanäle sind nicht beliebig vermehrbar, es gibt nur die Möglichkeit, die verfügbaren Frequenzbänder effizienter zu nutzen. Die Kosten von Leitungen sind relativ hoch, insbesondere, wenn sie erst neu verlegt werden müssen. Besonders zukunftsträchtig scheint deshalb die Entwicklung leistungsfähiger Verfahren für die Informationsbündelung zu sein. Für die Lösung dieser Aufgaben haben Bussysteme und andere Multiplexverfahren eine große Bedeutung; sie wird in Zukunft sicher noch erheblich steigen.

Wenn Signale am Zielort angekommen sind, müssen sie, abhängig von den darin enthaltenen Informationen, so verarbeitet werden, daß sie entweder von den Sinnen des Menschen wahrnehmbar sind oder aber einen Aktuator steuern können. Statistisch gesehen werden am häufigsten visuelle Informationen übertragen, was sicher kein Zufall ist, da der Gesichtssinn der mit Abstand leistungsfähigste Informationskanal des Menschen ist. Die großen Anstrengungen, die in der Vergangenheit bei der Entwicklung visueller Wiedergabesysteme unternommen wurden, werden in der Zukunft sicher fortgesetzt. Weniger sicher fällt die Antwort aus, wenn es um die Frage nach den technischen Lösungen geht, die das Rennen gewinnen werden. Von der LCD-Technik (Liquid Crystal Display) wird viel erwartet, aber auch anderen Grundprinzipien wie der Kathodenlumineszenz und der Gasentladung (Plasmadisplay) räumt man gute Chancen ein. Daneben gibt es noch andere, mehr exotische Verfahren, zum Beispiel die Bildwiedergabe mit Mikrospiegeln.

Der Bereich der elektroakustischen Wandler wird schon seit langem vom elektrodynamischen Prinzip beherrscht. Alternativen gibt es zwar, bisher mußten sie sich jedoch mehr oder weniger mit einem Schattendasein zufriedengeben. Ob sich daran in Zukunft etwas ändern wird, darüber kann man nur spekulieren. Auf jeden Fall sind ernstzunehmende Konkurrenten zur Zeit nicht in Sicht.

Jedes elektronische System oder Gerät benötigt elektrische Energie, wenn es seine Funktion erfüllen soll. Die netzunabhängige Stromversorgung durch Batterien, Akkumulatoren und Solarzellen gewinnt immer mehr an Bedeutung, da die Entwicklung stark zum kleinen, leichten, portablen Gerät tendiert. Verantwortlich sind dafür nicht allein funktionale Aspekte, sondern die Hauptursache ist wahrscheinlich das tiefverwurzelte menschliche Gefühl, daß ein am Körper getragener Gegenstand ein Teil des Körpers selbst wird. Für den im Körper getragenen Herzschrittmacher gilt das natürlich noch viel stärker; hier ist die Stromversorgung von lebenswichtiger Bedeutung für den Träger. Da die Minimierung des Stromverbrauchs bei allen netzunabhängigen Systemen ein wichtiges Ziel ist, wird der sogenannten Low-Power-Elektronik eine große Zukunft vorausgesagt. Der heutige Stand ist in diesem Bereich schon recht beachtlich, bis die physikalischen Grenzen erreicht sind, wird jedoch noch sehr viel Entwicklungsarbeit zu leisten sein.

Alternative Signalverarbeitungsverfahren, zum Beispiel die neuronalen Netze, werden neue, zum Teil noch unbekannte Möglichkeiten bieten. Doch ob sie jemals eine Revolution auslösen werden, steht zur Zeit noch in den Sternen. Es ist nicht unwahrscheinlich, daß mehrere, völlig unterschiedliche Methoden parallel zueinander angewendet werden, wobei der Zweck die Auswahl bestimmt.

Ich möchte dieses Nachwort mit einem spekulativen Gedanken abschließen. Elektronische Systeme wurden während der ersten sechzig Jahre nach Erfindung der Triode ausschließlich mit diskreten Komponenten aufgebaut. Erst als die monolithisch integrierten Schaltungen erfunden waren, trat hier eine Veränderung ein. Seitdem wurden die zu realisierenden Funktionen in immer kleineren Strukturen auf einigen Quadratmillimetern Silizium integriert. Trotzdem denken die meisten IC-Entwickler auch heute noch in den Kategorien diskreter Komponenten. Bei ihnen steht die Überlegung im Vordergrund, wie die Transistoren, Widerstände und Kondensatoren am besten auf dem Siliziumchip untergebracht werden können. Doch genau betrachtet steckt darin eine unnötige Beschränkung. Das Ziel jeder Chip-Entwicklung ist die Realisierung von Funktionen in Silizium. Dazu wird das Silizium behandelt und bearbeitet, es werden örtliche Dotierungen vorgenommen und Verbindungen zwischen den dotierten Inseln angebracht. Zur Vorbereitung dieser Prozesse dienen immer noch Standard-Strukturen, die dem Entwickler seit langer Zeit vertraut sind. Würde die konsequente Abkehr von dieser Denkweise völlig neue Perspektiven eröffnen? In den zurückliegenden Jahren gab es einige Anläufe in diese Richtung. Das bekannteste Beispiel war das Konzept des sogenannten „Carrier Domain Device". Obwohl daraus nicht viel geworden ist, halte ich den Ansatz einer Überlegung wert.

# Personenverzeichnis

## A



## B



## C



## D

## E



## F



## G



## H



## J



## K



## L

## T



## V



## W



## Z

# Wissenschaftliche Institute

# Organisationen und Kommissionen

# Stichwortverzeichnis

## D



## E

## F



## G

## H



## I

## J



## K



## L

## M



## N



## O

## P



## Q



## R

## S



## T

## U



## V

## W



## X



## Z